21世纪高等学校系列教材 | 计算机科学与技术

XML基础教程

（第二版）

靳新 主编
郑颖 于旭蕾 张伟 副主编

清華大学出版社
北京

内容简介

XML 可扩展标记语言的出现为互联网的发展提供了新的动力，它主要用于网络中数据的表示、传递和交换。本书从初学者的角度出发，以通俗的语言、丰富的实例介绍了与 XML 相关的各种内容，主要包括 XML 概述、XML 基础语法、文档类型定义、XML Schema、CSS 层叠样式表、可扩展样式语言 XSL、XML 数据岛、文档对象模型 DOM、简易应用程序编程接口 SAX、简易对象访问协议 SOAP 和可伸缩矢量图形 SVG 等相关知识。

本书内容由浅入深，在讲解基础知识的同时给出大量实例，每章给出选择题、填空题、简答题和上机操作题等习题，便于读者巩固所学的知识。

本书适合作为高等院校计算机、软件等相关专业的教材，还可供相关技术研究人员、应用程序开发人员学习和参考。

图书在版编目(CIP)数据

XML 基础教程/靳新主编. —2 版. —北京：清华大学出版社，2024.1
21 世纪高等学校系列教材·计算机科学与技术
ISBN 978-7-302-62565-0

Ⅰ. ①X… Ⅱ. ①靳… Ⅲ. ①可扩充语言－程序设计－高等学校－教材 Ⅳ. ①TP312

中国国家版本馆 CIP 数据核字(2023)第 022875 号

责任编辑：贾 斌
封面设计：傅瑞学
责任校对：胡伟民
责任印制：宋 林

出版发行：清华大学出版社
网 址：https://www.tup.com.cn，https://www.wqxuetang.com
地 址：北京清华大学学研大厦 A 座 **邮 编**：100084
社 总 机：010-83470000 **邮 购**：010-62786544
投稿与读者服务：010-62776969，c-service@tup.tsinghua.edu.cn
质量反馈：010-62772015，zhiliang@tup.tsinghua.edu.cn
课件下载：https://www.tup.com.cn，010-83470236
印 装 者：三河市龙大印装有限公司
经 销：全国新华书店
开 本：185mm×260mm **印 张**：15.5 **字 数**：390 千字
版 次：2016 年 9 月第 1 版 2024 年 1 月第 2 版 **印 次**：2024 年 1 月第 1 次印刷
印 数：1～1500
定 价：49.80 元

产品编号：089744-01

在现实生活中，计算机系统、数据库系统或网络系统中所存储的数据方式多种多样，对于开发者来说，最消耗时间的就是在遍布网络的系统之间存储和交换数据。如何快速、有效地存储和交换数据，这是 XML 存在的意义。将系统中的数据转换或保存为 XML 格式，将会大大减少交换数据的复杂性，并且这些数据能够被不同的程序读取，可提高数据的交互能力。XML 允许用户自己定义标记，是一种能够创建标记语言的元语言，非常适合 Web 传输，通过使用相应的标记，满足了 Web 内容的发布和交互。XML 正在成为遍布网络的系统之间交互信息所使用的主要语言，并且适合作为各种数据存储和共享的通用平台，它在计算机和网络等领域具有举足轻重的作用。

本书系统介绍了 XML 文档的相关技术，通过对本书的学习，读者能够创建并丰富自己的 XML 文档，能够设计 DTD 或者是 Schema 验证文件，能够使用 SVG 技术创建矢量图形，掌握 CSS 和 XSL 样式单的编写方式，掌握 SOAP 通信技术，了解数据岛、DOM 和 SAX 技术等高级语法知识。本书分为 11 章，分别是 XML 概述、XML 基础语法、文档类型定义、XML Schema、CSS 层叠样式表、可扩展样式语言 XSL、XML 数据岛、文档对象模型 DOM、简单应用程序编程接口 SAX、简易对象访问协议 SOAP、可伸缩矢量图形 SVG。本书由浅及深，一步步将 XML 知识进行解析和讲解，书中每章都附有习题，可更好地帮助读者学习。各章简介如下。

第 1 章　XML 概述，讲述 XML 产生的背景和发展过程，简单介绍 XML 特点和相关技术。

第 2 章　XML 基础语法，讲述 XML 的基本语法知识，包括 XML 的应用工具、文档结构、声明、处理指令、元素、属性、CDATA 区段和预定义实体等基本语法。

第 3 章　文档类型定义，讲述 DTD 的基本结构、元素的声明、属性的声明和 DTD 的结构，并详细讲解实体的声明和使用方式。

第 4 章　XML Schema，讲述命名空间的基本特性，XML Schema 文档的基本结构、数据类型、元素声明和属性声明等知识。

第 5 章　CSS 层叠样式表，讲述 CSS 基本结构、CSS 选择器和属性的特点。

第 6 章　可扩展样式语言 XSL，讲述 XSL 转换特性、XSL 中模板元素的使用、XSL 节点的选择方式等。

第 7 章　XML 数据岛，讲述数据岛的基本特性，以及如何使用数据岛操作 XML 文档。

第 8 章　文档对象模型 DOM，讲述 DOM 基本节点，以及如何使用 DOM 操作 XML 文档。

第 9 章　简单应用程序编程接口 SAX，讲述 SAX 基本工作方式和解析 XML 文档的方式。

第 10 章　简易对象访问协议 SOAP，讲述 SOAP 定义、SOAP 消息结构及 SOAP 元素和使用 SOAP 调用 Web 服务的方法。

第 11 章　可伸缩矢量图形 SVG,讲述 SVG 协议、SVG 基本图形对象的创建、SVG 特殊效果实现技术和 SVG 对象的动态交互。

由于作者水平有限,书中难免有不足之处,恳请读者批评指正。

作　者

2023 年 8 月

目 录

第1章 XML概述

内容导读

XML(eXtensible Markup Language,可扩展标记语言)是W3C(World Wide Web Consortium,万维网联盟)于1998年2月发布的标准。它是为了克服HTML缺乏灵活性和伸缩性的缺点以及SGML过于复杂、不利于网络应用的缺点而发展起来的一种元标记语言,主要在网络中进行数据表示、传递和交换。

本章介绍标记语言的产生和发展历史,在对标记语言了解的基础上,介绍SGML和HTML,并概述XML的特点和相关技术。

本章要点

◇ 了解标记语言的概念和特点。

◇ 了解标准通用标记语言SGML的特点。

◇ 了解超文本标记语言HTML的特点。

◇ 掌握超文本标记语言HTML常用标记。

◇ 了解XML可扩展标记语言的特点、应用领域和相关技术。

1.1 标记语言

文本处理是计算机科学的一个重要分支,标记语言则是伴随着文本处理系统发展而来的一种语言。所谓标记就是为了处理的目的,在数据中加入附加的信息,这种信息称为标记。标记语言则是运用一系列约定好的标记来对电子文档进行标记,以实现对电子文档的语义、结构及格式的定义。标记语言中定义的标记必须很容易和文本数据内容区分,并且易于识别。其中,XML、SGML和HTML都属于标记语言。

1.1.1 标准通用标记语言SGML

在20世纪60年代,IBM公司的研究人员为了采用一种通用的文档格式来提高系统的可移植性,创建了GML(Generalized Markup Language,通用标记语言)。GML要求所使用的文档格式必须遵守特定的规则,主要通过在文档中附加相应的标记,就可标识文档中的每种元素。GML是IBM许多文档系统的基础,是一种自参考语言。

在标记语言的概念达成共识的基础上,IBM公司的研究人员Charles Goldfarb带领的开发团队完善了GML,将其称为SGML(Standard Generalized Markup Language,标准通用标记语言)。最初SGML仅作为IBM内部格式化和维护合法化文件的一种手段,经过多年的拓展和修改,在1986年SGML被国际标准化组织(ISO)所采纳,成为了一种标准的通用标记语言,当作一种全面的信息标准在适应工业范围中进行推广使用。

SGML是一种用于定义其他语言的元标记语言,它可以根据自己的需求,按照规则进行创建,因而在定义上具有灵活性。SGML的功能非常强大,但也非常复杂,需要许多昂贵的软件配合才能运行,然而其方便的操作性和格式互相转换的功能,能够达到反复使用的优点,使其备受关注,成为信息处理和存储的主要技术之一。

虽然SGML在军事、化工、电信、汽车、航空等大型组织中已应用多年,但是它庞大的系统和应用的复杂性,仍令用户难以掌握,特别是随着Web的发展,其复杂程度即便是网络上的日常应用都令人难以承受,它无法实现在网络上进行有效信息的传输,并且几个主要的浏览器厂商都明确拒绝在其浏览器中支持SGML,这无疑使SGML在网上传播遇到极大的阻碍,因而Web的发明者欧洲粒子物理实验室的研究人员根据当时的情况,在SGML的基础上提出了超文本标记语言HTML。

1.1.2 超文本标记语言 HTML

由于SGML的复杂性和网络的不适应性,1989年由欧洲粒子物理实验室的研究人员Tim Berners-Lee和Anders Berglund共同研发了一种基于SGML简化版本的标记语言——HTML,并于1993年6月作为互联网工程工作小组(IETF)工作草案进行发布(并非标准)。

HTML(HyperText Markup Language,超文本标记语言)是一种简化的SGML文档类型,通过设定相应的标记,用于对Web页面进行格式的设置和排版。HTML语言简单易用,发布不久便得到各个浏览器厂商的支持,并且它提供了大量免费的资源文件和代码,因此在网络中应用非常广泛。

自从1993年发布了HTML之后,W3C承担了HTML的开发和标准化工作,经过不断完善,现在已发布了HTML5标准版。HTML简单易用,但是它侧重于描述文件的样式,因而在描述文档内容时显得力不从心,由此一种新的标记语言应运而生。

1.1.3 可扩展标记语言 XML

XML(eXtensible Markup Language,可扩展标记语言)由W3C于1996年提出其雏形,是用于描述文档具体内容的一种方式。1998年2月,W3C推出了XML1.0规范,自此XML真正登上了历史的舞台。

XML是一种可扩展的标记语言,它来源于SGML,允许用户自己定义标记,因此它是一种能够创建标记语言的元语言。通过使用相应的标记,满足了Web内容的发布和交互,并且适合作为各种数据存储和共享的通用平台。XML的出现能够很好地适应网络中数据交换和集成,为Web技术带来一次新的革命。

1.2 HTML 简介

1.2.1 HTML 特点

自 20 世纪 80 年代以来，随着网络的飞速发展，信息的获取和交互成为网络应用的关键技术，HTML 在此领域起到至关重要的作用。正是由于 HTML 的出现，用户只需使用简单的标记语言就可在网页上得到图文并茂的资源信息，网页成了用户接近网络、了解网络信息、发布信息的一个主要渠道。

HTML 起源于 SGML，是 SGML 的一个子集。HTML 主要用于构成网页文档，是一种独立于操作系统平台的文本文档。HTML 语法格式简单易懂，且功能强大，主要用于在浏览器中显示信息，方便用户交互信息。

HTML 文本由标记组成，结构包括头部和主体两大部分，其中头部描述浏览器所需的信息，而主体则包含页面显示的具体内容，并且支持不同数据格式文件的嵌入，如图片、声音、动画等内容。

1.2.2 HTML 基本语法格式

HTML 是一种静态的文本，由浏览器解释执行，浏览器根据标记的设置决定网页的显示效果。HTML 可以使用文本开发工具进行编辑，如记事本、Dreamweaver 等，文件扩展名为 html 或 htm。

HTML 文本的基本语法格式如文件 1-2-2-1. html 所示。

文件 1-2-2-1. html

```
<html>
    <head><title>页面标题</title></head>
    <body bgcolor = "yellow">
        正文部分
    </body>
</html>
```

在浏览器中运行该文档，其文档结构的显示效果如图 1-1 所示。

语法格式说明如下。

① HTML 文档由<html>标记开始，中间包含头部标记<head>和主体标记<body>两部分。

② <head>标记中使用子标记<title>显示页面的标题，方便用户浏览及查阅信息。

③ <body>标记用于显示正文部分。

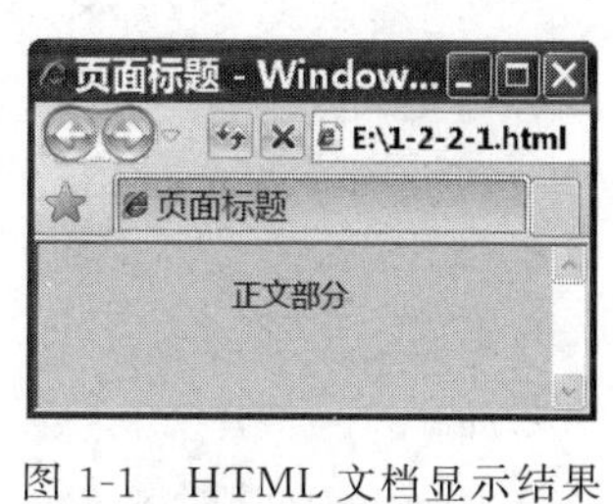

图 1-1 HTML 文档显示结果

④ 在 HTML 文档中，可以通过在标记中定义一个或多个属性对该元素的特征做进一步描述，如 bgcolor="yellow"用于设置页面背景色为黄色。

⑤ HTML 文档不区分字母大小写，对于错误的元素，浏览器不予识别。

⑥ 在 HTML 文档中可以使用标记"<! ——注释——>"方式添加注释信息。

1.2.3 HTML 常用标记及使用

HTML 文本主要通过设置标记来完成对网页页面的格式描述。常用标记包括文本格式标记、表格标记、图像标记、表单标记、链接标记等。本书仅对常用标记进行介绍。

1. 文本格式标记

在 HTML 中,文本格式标记主要用于修饰 HTML 格式、控制 HTML 的内容以及修饰文本中的字体,使 HTML 在显示方面更加美观。HTML 常用文本格式标记如表 1-1 所示。

表 1-1 HTML 常用文本格式标记

标记名	说　明
<hn>	标题标记,n 为 1～6
<p>	段落标记,标识一个段落
<center>	居中对齐标记,内容居中显示
<font>	字体标记,设置文本的字体、尺寸和颜色
<b>	字体加粗标记,文字加粗显示
<i>	斜体标记,文字以斜体方式显示
<sup>	上标标记,文字以上标方式显示
<sub>	下标标记,文字以下标方式显示
<ul>	无序列表标记
<ol>	有序列表标记
<li>	列表项目标记

使用记事本创建一个 HTML 文档,演示文本格式标记的使用方法。

文件 1-2-3-1.html

```
<html>
    <head>
        <title>文本格式标记</title>
    </head>
    <body>
        <h3>文本格式标记</h3>
        <ul>
            <li>
                <b><i>数学公式:</i></b>
                (X+Y)<sup>2</sup> = X<sup>2</sup> + 2XY + Y<sup>2</sup></li>
            <li>
                <b>化学方程式:</b>
                H<sub>2</sub>O = 2H + O</li>
        </ul>
    </body>
</html>
```

在浏览器中运行该文档,文本格式标记显示结果如图 1-2 所示。

2. 表格标记

使用表格标记可以对网站的页面进行灵活地排版,表格由行和列组成,常用表格标记如

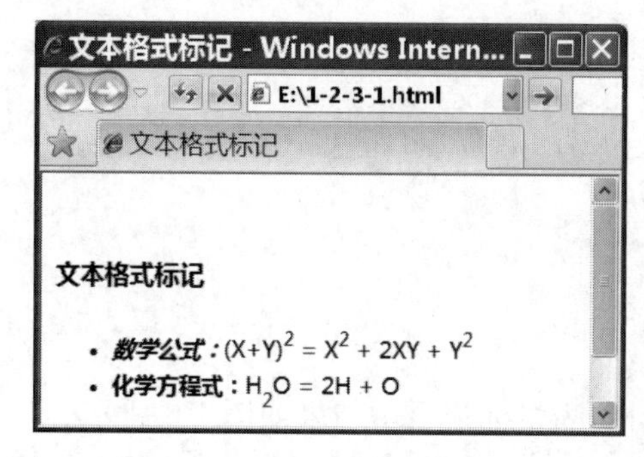

图 1-2 文本格式标记显示结果

表 1-2 所示。

表 1-2 HTML 常用表格标记

标记名	说　明
<table>	表格标记，标识一个表格
<caption>	表格标题标记
<th>	表格中的表头单元格标记
<tr>	表格中的行标记
<td>	表格中的单元格标记
<thead>	表格中表头内容标记
<tbody>	表格中主体内容标记

使用记事本创建一个 HTML 文档，演示表格标记的使用方法。

文件 1-2-3-2.html

```
<html>
    <head>
        <title>表格标记示例</title>
    </head>
    <body>
        <h3 align = "center">表格标记示例</h3>
        <table align = "center" border = "1" cellpadding = "10" >
            <thead>
                <tr>
                    <th>姓名</th>
                    <th>性别</th>
                    <th>生日</th>
                    <th>家庭住址</th>
                    </tr>
                </thead>
                <tbody>
                    <tr>
                    <td>张红</td>
                    <td>女</td>
                    <td>1986 - 02 - 15 </td>
                    <td>金地滨河小区 2 号楼 203 室</td>
                </tr>
                <tr>
```

```
                    <td>王刚</td>
                    <td>男</td>
                    <td>1990-08-25</td>
                    <td>青年居易 2 号楼 203 室</td>
                </tr>
            </tbody>
        </table>
    </body>
</html>
```

在浏览器中运行该文档,表格标记显示结果如图 1-3 所示。

图 1-3 表格标记显示结果

3. 表单标记

为了提高网页的交互性,用户使用表单标记在网页中输入信息,通过 JSP、ASP 等编程语言,将请求发送给服务器进行处理,并将处理结果返回给用户,以此达到网页的交互功能。HTML 提供表单功能,可以添加文本框、密码框、复选框、单选框、列表框、按钮等控件,以便接收用户输入的数据。常用表单标记如表 1-3 所示。

表 1-3 HTML 常用表单标记

标记名	说 明
<form>	表单标记,容纳各种控件
<input>	输入域或按钮标记,使用 type 属性设置不同类型的输入域或按钮
<textarea>	文本域标记,表示一个多行的输入控件
<select>	选择列表标记,使用 mutiple 属性可设置多选列表
<option>	下拉列表中的选项标记,作为<select>的子标记使用

使用记事本创建一个 HTML 文档,演示表单标记的使用方法。

文件 1-2-3-3.html

```
<html>
    <head>
        <title>表单标记示例</title>
    </head>
    <body>
```

```
        <h3>表单标记示例</h3>
        <form name="myform" id="myform">
            姓名:<input type="text" name="username" value="张三"/><br>
            密码:<input type="password" name="password" value="123456"><br>
            性别:<input type="radio" name="gender" value="男" checked>男</input>
                  <input type="radio" name="gender" value="女">女</input><br>
            籍贯:<select name="Birthplace">
                        <option value="河北">河北</option>
                        <option value="山东">山东</option>
                        <option value="辽宁" selected="selected">辽宁</option>
                        <!-- 可列举更多省份 -->
                  </select><br>
            喜欢的汽车品牌:
                  <input type="checkbox" name="cars" value="大众" checked>大众</input>
                  <input type="checkbox" name="cars" value="福特" checked>福特</input>
                  <input type="checkbox" name="hobby" value="宝马">宝马</input>
                  <!-- 可设置更多汽车品牌 -->
                  <input type="checkbox" name="hobby" value="其他">其他</input><br>
            备注:<textarea cols="30" rows="5">可添加备注信息</textarea><br>
            <input type="submit" value="提交">
            <input type="reset" value="重置">
        </ form>
    </body>
</html>
```

在浏览器中运行该文档,表单标记显示结果如图 1-4 所示。

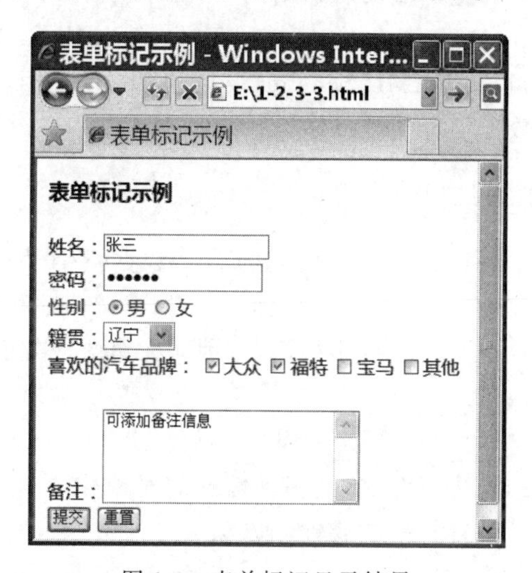

图 1-4 表单标记显示结果

1.3 XML 简介

1.3.1 XML 特点

XML 由 W3C 于 1996 年提出,1998 年 2 月推出 XML1.0,2000 年月 10 月发布了

XML1.0 标准第二版。XML 是 SGML 的一个子集,是一种能够扩展的元语言,可以根据用户所需信息自定义标记。它以一种简单、标准、可扩充的形式将各种信息以原始数据的方式进行储存,并在存储过程中加入可供识别的标记。凭借这些标记,服务器或客户端设备能够将信息内容做进一步处理,从而获取所需的信息,因此 XML 更侧重于描述信息内容。

XML 主要特点包括以下几个方面。

1. 数据内容与显示相分离

XML 的数据内容与显示相分离,其显示效果可以通过相关的样式表进行显示。一般情况下,可使用相同的 XML 文件,链接到不同的样式表中,就可以让 XML 文本显示不同的效果。

2. 可扩展性

HTML 的标记是固定的,它通过标记描述文本的格式及显示效果。而 XML 是元标记语言,它的标记可以根据用户需求自行定义,以此增加文档的可读性,因而它是具有可扩展性的。不同的企业或用户可以根据需求自行定义不同的标记。

3. 验证机制

XML 的标记虽然可以自行定义,但是也需要遵循相应的语法规则。由于 XML 可以在网络中进行交互,如果不同的企业或用户共用同一文档,就需要使用统一的格式设定 XML,其中 DTD(Document Type Definition,文档类型定义)和 XML Schema(XML 架构)提供了一个验证的机制。根据 DTD 或 XML Schema 设计的 XML 文档,可以详细定义元素及属性值的相关信息,以达到数据信息的统一性。

4. 跨平台、跨语种的信息交互

XML 是一种基于文本的标记语言,其语法简单、数据量小,因而可以应用在不同的开发平台中,如计算机、手机、数字电视等,并且同一 XML 文档还可在不同的终端使用。其次,XML 采用 Unicode 标准编码,支持多种语言,因而在跨语种方面也具有重要意义。

5. 面向对象的特性

XML 文档采用树状结构进行存储,是一种信息的对象化语言,每个树状结构中的元素都可映射为一个对象,并可设置相应的属性和方法。

1.3.2 XML 应用领域

目前,XML 作为通用的数据交换格式,它的平台无关性、语言无关性、系统无关性给数据集成与交互带来了极大的方便,并在网络中的很多应用领域得到了巨大的发展。XML 的应用领域包括以下几个方面。

1. 数据交换

信息系统是网络中的一种应用,它是在不同时期,由不同企业利用不同的开发工具、不

同的运行平台开发出来的，并且运行在不同的操作系统或不同的数据库平台上，因而容易造成一个个"信息孤岛"，要想在不同的平台中实现数据透明的交互，实现跨平台、跨系统、跨应用的数据通信，需要通过相应的方式进行数据交换。

对于数据交换来说，最重要的是双方在进行数据交互时要达成统一的数据格式，方可实现数据自动处理等功能，XML 在数据定义、文件解析、数据显示方面以及其他相关的验证机制完全能满足数据处理的要求。

2. 电子商务

电子商务是通过互联网以电子交易的方式进行商务活动的一种手段。电子商务以其便捷的信息传输方式改变人们的消费模式，通过网络中低成本的通信方式，能够快捷、简单地进行商品交易。电子商务作为互联网衍生产物，正在日益深入并改变人们的日常生活，它在网络中发挥着极其重要的作用。

XML 之所以称为电子商务应用的基石，主要原因在于 XML 的简单性和双向沟通的能力。在电子商务中，商家和买家之间的交易涉及很多往来信息，如商品信息、订单信息、物流信息等，XML 通过提供传送自我描述的数据，将文件和结构化数据一起移动并进行沟通。

另外，异构性是企业异构数据集成必须面临的首要问题。电子商务中主要存在于系统异构、模式异构的平台中，利用 XML 的开放性，将其作为异构应用之间进行数据通信的媒介，便可方便地解析和管理信息。

3. 数据库支持

关系数据库的数据存储方式是二维的，结构是固定的，它通过表与表之间的关联性来描述数据间的关系，关系数据库一般主要应用于大型的具有结构化信息的系统中。而 XML 采用层次化结构，通过元素间的嵌套关系对数据进行描述，它不需使用数据库系统，在应用上非常简单、灵活，且数据结构统一。

XML 是一种文本文件，在数据处理上效率高，利用它的简单性可以分散关系数据库的压力。XML 数据库是一种支持对 XML 格式文档进行存储和查询等操作的数据管理系统，它通过一个具有能力管理和控制这个文档集合本身及其所表示信息的系统来维护。XML 数据库不仅是结构化数据和半结构化数据的存储库，而且还像管理其他数据一样，持久的 XML 数据管理包括数据的独立性、集成性、访问权限、视图、完备性、冗余性、一致性以及数据恢复等。这些文档是持久的并且是可以操作的。

4. Web 集成和服务

随着网络中信息量的急剧增加，Web 系统集成已经成为越来越迫切的工作。XML 作为一种应用于网络中数据表示和数据交换的标准，使得 Web 系统集成成为可能，利用 XML 能够将巨大的数据进行共享、处理和利用，从而更好地服务用户。在 XML 技术中，通过 XML 解析器、文档对象模型、XSL 等都可将数据集成在 Web 应用中，并实现异构系统的数据交互。

Web 服务是一种面向服务的体系结构，其突出优点是实现了真正意义上的平台无关性和语言独立性。XML Web 服务既可以由单个应用程序使用，也可通过网络中任意数量的应用程序使用,通过标准接口对数据进行访问,使得 XML Web 服务在异构系统中能够作为一个计算网络协同运行。XML Web 服务并不追求一般的代码可移植性功能,而是为实现数据和系统的互操作性提供了一种可行的解决方案。XML Web 服务使用基于 XML 的消息处理作为基本的数据通信方式,以帮助消除使用不同组件模型、操作系统和编程语言之间存在的差异。

5. 配置文件

XML 文件适用于各种平台,可移植性好,因而可以作为配置文件对底层数据进行存储和管理。

XML 通过树状结构的层次关系,能够方便地定位在某个功能位置,并能够方便地将数据集成到应用系统中。目前,XML 作为配置文件被大量用在各种自由、商业软件中。例如,在 JavaEE(Java Enterprise Edition,Java 企业级应用版本)的程序设计中,可以在启动服务器时,自动调用 web. xml 部署描述符文件运行 Java Web 程序。此外,还可使用 springmvc. xml、applicationContext. xml 等 XML 文件对 JavaEE 的相应开发进行框架设计。

1.3.3 XML 相关技术

XML 常用的技术包括以下几个方面。

1. DTD

DTD(Document Type Definition)文档类型定义是有效的 XML 文档的基础,主要用于规范和约定 XML 文档,目的就是让符合规范的 XML 文档成为数据交换的标准。由于 XML 文本通过树状结构来组织数据,因此在 DTD 中,需要根据 XML 文档结构具体规定引用该 DTD 的 XML 文档可以使用哪些元素、元素之间如何进行嵌套、各个元素出现的先后顺序有何要求、元素中可包含的属性、属性值的数据类型、可使用的实体及符号规则各有什么特点等。这样不同的公司或团体只要根据具体的 DTD 建立相应的 XML 文档,就可以方便地使用 XML 文档进行数据交互。

2. XML Schema

XML Schema 又被称为 XML 模式或者 XML 架构,它是用于定义和描述 XML 文档的结构和内容相关的文本文件。由于 DTD 存在诸多不足,因此 XML Schema 是继 DTD 之后的第二代用于规范和约束 XML 文档的一种规范模式。

3. CSS

XML 文本侧重于数据的描述,它将显示内容与格式相分离。如果单纯地使用 XML 文本,对于使用它的程序人员而言,在阅读文档时会显得枯燥乏味,并且无法获取所需要的重要数据。将 XML 文本链接到 CSS(Cascading Style Sheet,层叠样式表)中,可以轻松地控制

XML 页面的布局、颜色、样式等,使其在使用时页面美观实用。

4. XSL

XSL(eXtensible StyleSheet Language,可扩展样式语言)是由 W3C 制定的专门针对 XML 文档设计的一种样式语言。与 CSS 不同的是,XSL 是遵循 XML 规范制定的,符合 XML 语法规则,并且在样式设计的功能上比 CSS 更强大,但语法也更复杂。使用 XSL 能够将 XML 转换成适用于不同应用的语言,因此在使用功能上更加灵活。

5. XML 数据岛

XML 数据岛是指在 HTML 网页中嵌入 XML 文本的一种技术,数据岛将一个 XML 文本或一段 XML 代码当作一个类似于数据库的对象,使用一般操作数据库的方法操作 XML 文本中的数据,如数据的添加、删除、修改和查询等。数据岛技术实现了真正意义上的数据内容与数据显示相分离。

6. DOM

DOM(Document Object Model,文档对象模型)是由 W3C 组织定义并公布的一组独立于语言和平台的应用程序编程接口(API)。应用程序的开发者能够使用任何面向对象的开发语言调用 DOM 对象中的方法和属性,动态地创建 XML 文档、遍历文档,甚至可以添加、修改、删除文档内容。

7. SAX

SAX(Simple API For XML)称为简易应用程序编程接口,它是事件驱动型 XML 解析的一个标准接口。使用 SAX 能够在读取文档时激活一系列事件,这些事件被推给事件处理器,然后由事件处理器提供对文档内容的访问。

8. SOAP

SOAP 是简单对象访问协议,是交换数据的一种协议规范,属于一种轻量的、简单的、基于 XML 的协议,它被设计成在 Web 上交换结构化的和固化的信息。

9. SVG

SVG 是一种用 XML 定义的语言,用来描述二维矢量及矢量/栅格图形,SVG 图形是可交互的、动态的,可以在 SVG 文件中嵌入动画元素或通过脚本来定义动画。

1.4 小结

SGML 标准通用标记语言是一种元标记语言,它可以根据需求定义其他元素,因而定义上非常灵活。SGML 功能强大,因而在军事、化工、电信、汽车、航空等大型组织中应用多年,但是它庞大的系统和应用的复杂性使其成为日常应用的一种障碍。

由于 SGML 的复杂性和网络的不适应性,HTML 作为一种简化的 SGML 文档类型应运而生。HTML 语法格式简单易懂且功能强大,主要通过标记显示网页的样式、控制网页的内容、修饰文本字体等,使得 HTML 在浏览器中显示更加美观,方便用户交互信息。

HTML 虽然简单易用,但是侧重于数据样式的设计,因而在描述复杂内容的文档时,HTML 无法胜任其职,因此 W3C 发布了一个用于网络中信息传递和交互的标准——XML。XML 是 SGML 的一个子集,也是一种能够定义其他元素的元语言。XML 的简单性、可扩展性、跨平台性等特点,使它能够方便地应用于网络服务中,主要包括数据交互、电子商务、数据库支持、Web 集成和服务以及配置文件的使用。

需要注意的是,设计 XML 的目标并非取代 HTML,它们有各自的应用领域,HTML 侧重于对数据格式的描述,而 XML 侧重于对数据内容的描述,但是在 XML 中,可以与 HTML 结合使用,共同完成其功能。

1.5 习题

1. 选择题

(1) (　　)不是元标记语言。

A. GML　　B. SGML　　C. HTML　　D. XML

(2) XML 技术的应用领域不包括(　　)。

A. 数据交换　　B. Web 集成和服务　　C. 配置文件　　D. 网页制作

(3) (　　)是 XML 文本显示的一种样式表语言。

A. XSL　　B. XML Schema　　C. HTML　　D. DTD

(4) (　　)是有效的 XML 文档的基础,主要用于规范和约定 XML 文档。

A. XSL　　B. DSO　　C. DTD　　D. DOM

(5) XML 通过(　　)结构的层次关系,能够方便地定位在某个功能位置,并能够方便地将数据集成到应用系统中。

A. 星状　　B. 树状　　C. 网状　　D. 线状

2. 简答题

(1) 什么是 SGML? 它有哪些特性?

(2) 什么是 HTML? 它有哪些优势和局限性?

(3) 为什么说 XML 是一种元语言?

(4) XML 主要有哪些特点?

(5) XML 主要应用在哪些领域?

3. 上机操作

使用 HTML 中的相关标记制作一份个人简历。

XML基础语法

内容导读

XML 被设计用来传输和存储数据，作为一种标记语言，它的语法规则简单而具有逻辑性。只有语法正确才能通过解析器的解析，并完成应用程序之间的交互和沟通。

本章首先介绍 XML 文档编写的工具，然后重点介绍 XML 的基础语法知识和 XML 文档的基础结构，以及创建构造规范的 XML 文档需要遵循的规则，包括命名约定、正确的标记嵌套、属性规则、声明等。只有遵循语法规则的 XML 文档才能正确地被 XML 解析器处理。通过本章的学习，可以为后续的内容打下坚实的基础。

本章要点

◇ 学会使用 XML 语法编辑工具。

◇ 理解 XML 的文档结构。

◇ 掌握 XML 的语法知识。

2.1　XML 应用工具

2.1.1　XML 编辑器

XML 是一种文本文档，由数据内容和标记组成，它通过以标记包围数据内容的方式将大部分数据信息包含在元素中。在 XML 中，不同的标记表示不同的作用，并且标记是可以自定义的，对于 XML 而言，其语法却更为严格。

XML 既然是一种文本文档，就可以使用一些常用的文本编辑器进行编辑，它的处理过程是：首先使用编辑工具创建 XML 文档；然后编辑工具中内置的解析器对 XML 文档进行解析处理，并将处理过程传输给浏览器；最后进行显示。XML 文档的处理过程如图 2-1 所示。

图 2-1　XML 文档的处理过程

XML 文档是一种纯文本格式的文档，因此有多种工具可以用于 XML 文档的编写。常用的编辑工具主要包括以下几个。

(1) 记事本。

(2) 写字板。

(3) XML Notepad。微软发布的 XML Notepad 是一个简单、易用的 XML 阅读和编辑工具,支持多种语法显示和数型结构排列,并提供了大量编写 XML 所需的工具。

(4) XMLWriter。XMLWriter 是一种 XML 编辑工具,可以在 Windows 的环境下支持 XML、XSL、DTD、CSS、HTML 及文本格式的文件。一个集成的预览窗口能够格式化 XML 文件,只要使用 CSS、XSL 即可。XMLWriter 有一个直观、个性化的用户界面,同时具有书签功能,可自动查找并替代。其他的功能还有 XML 在线帮助、插件管理、即时色彩编码转换、树状结构查看、批量及命令行处理、可扩充的能力及更多功能。

(5) Altova XML Spy。XML Spy 是所有 XML 编辑器中做得完美的软件之一,它支持 Unicode、多字符集,支持规范和有效的两种类型的 XML 文档,支持 NewsML 等多种标准 XML 文档的所见即所得的编辑,同时提供强有力的样式表设计。本书主要以 XML Spy 作为 XML 文本的编辑器进行讲解。

用户可以通过官方网站 http://www.altova.com/下载 Altova XML Spy 相应的试用版本。Altova XML Spy 操作界面如图 2-2 所示。

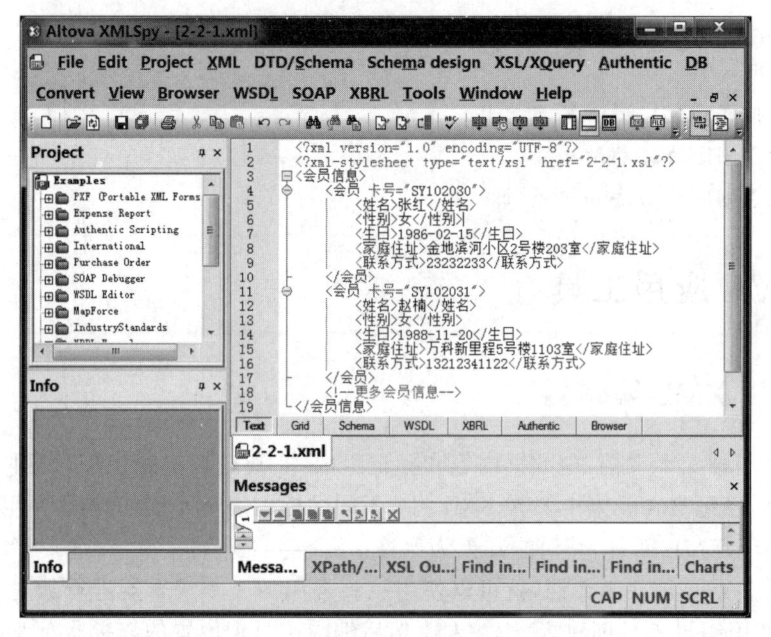

图 2-2 XML Spy 文档操作界面

2.1.2 XML 解析器

能够识别和验证 XML 语法是否正确的工具称为解析器,或者称为 XML 处理器。XML 是一种数据格式,每一种数据格式都需要一个解析器将其中的信息解析出来为应用程序所用。

解析器能够读取检查文档是否完整、文档中是否有结构上的错误以及确定文档是否正确,并且解析器能够剥离 XML 文档中的标记,读出正确的内容,以交给后续应用程序处理。

解析器根据 XML 的语法规则，检查文档的规范性及有效性。目前，许多编辑器都将解析器的功能融入其中，方便用户使用。

2.1.3 XML 浏览器

从 XML 文档的处理过程可以看出，如果 XML 文档符合语法要求，最后解析器会将 XML 文档传输给客户端的应用程序，这个应用程序大多通过浏览器进行显示。

当前支持 XML 文档的浏览器有 IE 5.0 以上版本、NetScape、Mozilla 等，它们使用自行开发的解析器进行文档解析，因此相同的文档在不同的浏览器中可能显示不同，或者不一定解析正确。此外，许多编辑器也将浏览器的功能融入其中，方便用户使用。

2.2 XML 文档结构

XML 文档具有可扩展性，其标记可以自定义，但是这些标记的创建需要遵循一定的规则和语法才能保证 XML 文档具有良好的结构。

XML 文档由声明、元素、注释、处理指令等组成，整个文档以.xml 为扩展名加以保存。在介绍 XML 文档组成部分前，先看一个简单的 XML 文档，具体代码如下。

文件 2-2-1.xml

```
<?xml version = "1.0" encoding = "gb2312"?>
<?xml - stylesheet type = "text/xsl" href = "2 - 2 - 1.xsl"?>
<会员信息>
    <会员 卡号 = "SY102030">
        <姓名>张红</姓名>
        <性别>女</性别>
        <生日> 1986 - 02 - 15 </生日>
        <家庭住址>金地滨河小区 2 号楼 203 室</家庭住址>
        <联系方式> 23232233 </联系方式>
    </会员>
    <会员 卡号 = "SY102031">
        <姓名>赵楠</姓名>
        <性别>女</性别>
        <生日> 1988 - 11 - 20 </生日>
        <家庭住址>万科新里程 5 号楼 1103 室</家庭住址>
        <联系方式> 13212341122 </联系方式>
    </会员>
    <!-- 更多会员信息 -->
</会员信息>
```

根据 XML 文档的结构，其在逻辑上由以下几个部分组成。

① XML 声明。

② XML 处理指令(XML 声明时必须使用处理指令)。

③ 元素。

④ 注释。

2.3 XML声明

根据XML语法的规定,每个XML文档的第一行必须以文档的声明语句开头。声明语句中主要包括XML版本信息、所使用的字符集以及是否为独立文档等信息。其格式为:

```
<?xml version = "1.0" encoding = "GB2312" standalone = "yes"?>
```

格式说明如下。

① <? xml:表示该文档是一个XML文档,即XML文档声明的开始。

② version属性:不可省略,表示XML使用的版本信息,值为1.0。

③ encoding属性:可选属性,声明该XML文档采用的编码方式,XML文档可选择多种字符集编码,默认为UTF-8编码。常见编码方式有以下几种。

- 简体中文编码:GB2312、GB18030、GBK。
- 繁体中文编码:BIG5。
- 压缩的Unicode编码:UTF-8。
- 压缩的UCS编码:UTF-16。

④ standalone属性:可选属性,值为yes或no,表示该文档是否为独立文档。如果值为yes,表示该文档不依赖其他文档;如果值为no,表示该文档需要依赖外部文档,如DTD文档。

2.4 XML处理指令

XML处理指令中包含XML处理器传递给应用程序的信息,它的格式是以"<?"开始,以"? >"结束。其中,XML声明语句是必需的处理指令。处理指令的一般格式为:

```
<?target instruction?>
```

格式说明如下。

① target:为目标程序名,表示指令所指向应用的名称。

② instruction:用来传送信息的指令。

处理指令示例如下:

```
<?xml - stylesheet type = "text/xsl" href = "1.xsl"?>
```

该指令具体含义如下。

① <? ……? >:表示处理指令。

② xml-stylesheet:为目标程序名,表示该指令用于设定XML文档所使用的样式表文件。

③ type="text/xsl":表示传递信息的指令,用于设定该文档使用XSL样式语言。

④ href="1. xsl":表示传递信息的指令,用于设定样式语言的地址。

2.5 XML 元素

元素是 XML 文档的基本组成部分,用来存放和组织数据。XML 元素是以树状结构排列的。从语法上讲,一个 XML 元素由一个起始标记(也称为标记名)、一个结束标记以及夹在这两个标记之间的数据内容组成,其数据内容可包含其他元素、文本或者两者的混合元素,并且元素中也可以拥有属性,用于提供其他有关内容的信息。其语法格式为:

```
<开始标记 属性名 1 = "属性值 1" 属性名 2 = "属性值 2" … …>数据内容</结束标记>
```

在一个 XML 文档中,需注意以下几点。

① 一个 XML 文档中至少有一个元素。

② 一个 XML 文档有且只有一个根元素。

③ 元素中的标记必须严格配对,所有元素都需要有结束标记。

④ 标记要正确嵌套。

2.5.1 XML 元素的命名规则

XML 元素是可以自行定义的,但是其元素的命名必须遵循一定的规则才是合法的元素,这里需指出,元素名也就是标记名,其命名规则如下。

(1) 元素名可以由英文字母(a~z、A~Z)、中文字符、数字(0~9)、下画线(_)、句点字符(.)及短横线(—)组成。默认字符编码的情况下,元素名必须以英文字母(a~z、A~Z)或下画线(_)开头;在支持中文字符编码的情况下,元素名可以用中文或下画线(_)开头。在指定其他编码字符集后,可使用该字符集中合法字符。

(2) 元素名中不能有空格。

(3) 元素名的英文字符区分大小写。

2.5.2 XML 元素的种类

XML 元素包括空元素和非空元素两种类型。其中非空元素包括仅含文本的元素、含其他元素的元素、混合元素 3 种形式。

1. 空元素

如果元素的开始标记和结束标记中不包含任何数据内容,则它是一个空元素,空元素的写法有两种方式,例如:

```
<姓名></姓名>
```

或者:

```
<姓名/>
```

2. 仅含文本的元素

仅含文本的XML元素指在开始标记和结束标记之间包含一定的数据内容，并且数据内容仅含文本信息。例如：

```
<姓名>张红</姓名>
```

3. 含其他元素的元素

含其他元素的XML元素是指该元素中包含其他元素，上层元素为父元素，下层元素为子元素。例如：

```
<会员>
    <姓名>张红</姓名>
</会员>
```

4. 混合元素

混合元素是指在XML元素中除了包含其他元素外，还包含文本信息的元素。例如：

```
<会员>相关会员信息
    <姓名>张红</姓名>
</会员>
```

在包含文本信息的数据内容中不得包含“<”“>”“&”、单引号、双引号等之类的字符，如果必须使用，则应将这些符号使用预定义的特殊字符取代，具体参见2.8节“预定义实体的引用”。

2.5.3 XML元素的嵌套

元素中包含了其他元素，这就构成了元素的嵌套。XML规范指出，一个格式正确的XML文档必须明确地拥有一个唯一的顶层元素，该元素称为根元素；一个包含若干个嵌套元素的元素称为父元素(parent element)；而一个直接包含在父元素之下的元素则称为该父元素的子元素(child element)或父元素的嵌套元素。

事实上，XML文档中几乎所有的元素都是以嵌套形式存在的(除非整个文档只有一个元素)。在XML文档中，标记要正确嵌套，也就是说，XML元素不能重叠，元素的顺序一定是开始标记、数据内容和结束标记，而数据内容中允许有其他元素，但是嵌套元素的标记并不重叠，因此这就构成了XML文档元素的树状结构。

例如，以下元素嵌套是错误的：

```
<会员>
    <姓名>张红<性别>
    </姓名>女</性别>
</会员>
```

错误原因是两个标记<姓名><性别>之间出现交叉，错误的嵌套在XML解析器中是无法解析的,浏览器中不能正确显示 XML 文档;只有正确的元素嵌套才可以被 XML 解析器解析,浏览器中可以显示出正确的 XML 文档。

对于元素的嵌套,再次强调以下几点。

① 所有 XML 文档都从根节点开始,在根节点下只包含一个根元素。注意区分根节点和根元素。根节点:代表整个文档;根元素:文档中唯一的顶层元素。

② 一个 XML 文档有且只有一个根元素,其他元素要包含在根元素中。

③ 任何子元素都要完全包含在其父元素的开始和结束标记内部。每个子元素必须在下一个子元素开始之前结束。

④ 包含子元素的元素也可称为枝干元素,没有子元素的元素称为叶子元素。

2.6 XML 元素的属性

XML 元素在开始标记处可以使用元素属性,用来包含一些关于元素的额外信息,并且 XML 元素的属性也可以自定义,因此使用非常灵活。

2.6.1 XML 元素属性的定义

在 XML 中,属性是元素的可选组成部分,其作用是用来包含元素的额外信息。属性由属性名和属性值组成,并置于开始标记中。对于属性名和属性值需要用等号"="连接,且属性值需要放在半角的单引号或双引号中。

非空元素定义属性的语法格式为:

```
<开始标记 属性名 1 = "属性值 1" 属性名 2 = "属性值 2" … …>数据内容</结束标记>
```

例如:

```
<会员>
    <姓名 性别 = "女">张红</姓名>
</会员>
```

空元素定义属性的语法格式为:

```
<开始标记 属性名 1 = "属性值 1" 属性名 2 = "属性值 2" … …> </结束标记>
```

或者是:

```
<开始标记 属性名 1 = "属性值 1" 属性名 2 = "属性值 2" … … />
```

这里需强调以下两点。

① 可以为一个元素定义多个属性,各个属性之间需要用空格分开。

② 每个属性总是以属性名和属性值的形式成对出现,中间用等号"="相连。

2.6.2 属性名的命名规则

属性名的命名规则与元素名的命名规则相似。

(1) 默认字符编码的情况下,属性名必须以英文字母(a～z、A～Z)或下画线(_)开头;

在支持中文字符编码的情况下,属性名可以以中文或下画线(_)开头。

(2) 默认字符编码的情况下,属性名可以由英文字母(a～z、A～Z)、数字(0～9)、下画线(_)、句点字符(.)及短横线(—)组成。在指定其他编码字符集后,可使用该字符集中的合法字符。

(3) 属性名中不能有空格。

(4) 属性名区分大小写。

(5) 同一个元素不允许有两个同名的属性,但不同的元素可以有相同的属性名。

2.6.3 属性值的定义规则

与属性名不同,属性值的内容没有很严格的要求。属性值可以以数字、句点字符或短横线开头,也可以包含空格。但是属性值也有以下定义规则需要注意。

(1) 属性值字符串必须用半角的单引号或者双引号括起来。

(2) 属性值的字符串不能包含用来界定属性值的引号。也就是说,当属性值本身必须含有单引号时,应该用双引号括起来;当属性值本身包含有双引号时,应该用单引号括起来;或者可以使用预定义的特殊字符来替代。

(3) 如果属性值的字符串中包含"<"">""&"等字符,可以使用预定义的特殊字符来替换,字符和实体引用参见2.8节"预定义实体的引用"。

例如,以下XML元素是不规范的:

```
<宝贝 外号 = ""双眼皮""/>
< movie actor = "Tom&Jerry"/>
< xsl:when test = "成绩> 90"/>
```

2.6.4 元素内容与属性的相互转换

属性用于描述XML元素的额外信息,因此存储在子元素中的数据也可以存储在属性中。例如:

```
<会员>
    <姓名>张红<性别>
    </姓名>女</性别>
</会员>
```

可以写为:

```
<会员>
    <姓名 性别 = "女">张红</姓名>
</会员>
```

由此可以看出,在XML中,可以将属性与元素相互转换来表达相同含义,但是有以下在使用属性时引发的问题。

① 属性不容易扩展。

② 属性不能够描述结构,而子元素可以描述出树状结构。

③ 属性很难被程序代码处理。

④ 属性值很难通过 DTD 进行测试。

由于 XML 的子元素可以利用其相关性来描述文档的结构，因此尽量使用元素来存储数据。如果使用属性来存储数据，虽然可以使文档结构比较清晰，但所编写的 XML 文档在一定程度上较难阅读和操作。建议将某些较不重要并能描述某元素信息的内容设为属性。

2.7 XML 注释

XML 规范目标之一是“XML 文档应该便于阅读而且相当清晰”。尽管 XML 处理器通常会忽略注释，但是位置恰当且有意义的注释可大大增强 XML 文档的可读性和清晰度，就像注释可以使程序源代码更容易理解一样。

注释的语法格式为：

```
<!-- 注释内容 -->
```

例如：

```
<!-- 其他会员信息 -->
```

注释是为了便于程序阅读及理解，以“＜！ ——”开始、以“——＞”结束，在起始符和结束符之间是注释内容。在添加注释时需要遵循以下规则。

（1）注释不能在 XML 声明之前使用。

（2）注释内容中不可以使用双连字符（——）。

（3）注释不允许出现在标记中。

（4）注释可以包含元素，但要求元素不包含双连字符（——），此元素成为注释的一部分。

（5）注释不能嵌套和重叠使用。

根据以上分析，以下的注释都是不合法的：

```
<!-- this is a Xml. Author:JinXin.Date:2023.01.01 --><?xml version = "1.0"?><author/>
<!-- Hello -- How are you -->
<!-- Hello<!-- How are you -->>
<!--  How are you < Hello -- Hi >-->
```

2.8 预定义实体的引用

在 XML 文档中，只有规范的文档才能被解析器正确解析，由于 XML 中元素的内容（包含文本信息的元素）和属性值都属于文本，因此不允许直接使用“＜”“＞”“&”、单引号、双引号等字符。如果必须出现这些符号，应使用预定义的实体进行引用。

实体是指预先定义好的数据或数据集合，它可以方便地引用到任何需要这些数据或数据集合的地方。实体以符号“&”开头，以符号“;”结束。XML 共有 5 个预定义的实体，分别代替文本中出现的“＜”“＞”“&”、单引号、双引号等字符，如表 2-1 所示。

表 2-1 预定义实体

实 体	表示字符
&	&
<	<
>	>
'	'
"	"

对于 2.6.3 节中格式错误的文档,可以改为:

```
<宝贝 外号 = "&quot;双眼皮 &quot;"/>
< movie actor = "Tom&amp;Jerry"/>
< xsl:when test = "成绩 &gt;90"/>
```

2.9 CDATA 区段

在 XML 中,如果出现"<"">""&"、单引号、双引号等符号,应使用预定义实体进行引用。但对于某些文本,如 JavaScript 代码,包含大量特殊字符,如果都使用预定义字符进行引用,则代码显得非常凌乱并且容易出现错误。为了避免错误,可以将这些代码段放在 CDATA 区段中。包含在 CDATA 区段中的内容能够当作纯文本数据进行处理,解析器不会解析 CDATA 区段中的任何符号和标记。

2.9.1 CDATA 区段格式

CDATA 区段的语法格式为:

```
<![CDATA[
      数据内容
   ]]>
```

格式说明如下。

① CDATA 区段以 "<! [CDATA[" 开始,以 "]]>" 结束。

② CDATA 字符要求必须大写。

③ 在两个定义的符号之间,可以输入除"]]>"之外的任何字符数据。

④ 在 CDATA 中,不允许嵌套其他 CDATA 区段。

⑤ 标记 CDATA 部分结尾的 "]]>" 不能包含空格或换行符。

例如,在 JavaScript 中,包含大量"<"或">"等字符,为了避免错误,可以将脚本代码定义在 CDATA 区段中,CDATA 区段中的内容会被解析器忽略。以下是 CDATA 区段的正确使用方法:

```
< script type = "text/javascript">
   <![CDATA[
      function compare(a,b){
         if (a < b) {
```

```
                alert("a 小于 b");
            }
            else if (a > b) {
                alert("a 大于 b");
                }
            else {
        alert("a 等于 b");
            }
        }
    ]]>
</script>
```

2.9.2 CDATA 区段位置

CDATA 区段要放在文档的元素中使用，并且不可嵌套；否则会出现解析错误。

(1) CDATA 没放在元素中，出现解析错误，其代码为：

```
<?xml version = "1.0" encoding = "gb2312"?>
<![CDATA[
    没有放在元素中，错误!
]]>
<会员>
    <姓名>张红</姓名>
</会员>
```

(2) CDATA 区段嵌套，出现解析错误，其代码为：

```
<?xml version = "1.0" encoding = "gb2312"?>
<会员>
    <![CDATA[
        <![CDATA[
            CDATA 区段嵌套，错误!
        ]]>
    ]]>
    <姓名>张红</姓名>
</会员>
```

(3) CDATA 区段放在元素的标记中，出现解析错误，其代码为：

```
<?xml version = "1.0" encoding = "gb2312"?>
<会员<![CDATA[
    CDATA 区段放在元素标记中，错误!
    ]]>>
    <姓名>张红</姓名>
</会员>
```

2.10 格式正确的 XML 文档

在 XML 中，元素是可以自行定义的，但是只有符合 XML 语法规则的文档，解析器才会正确处理。所谓格式正确的XML文档,是指该文档既是规范的也是有效的。

2.10.1 规范的XML文档

一个XML文档必须符合其语法规则才能被解析器解析,这样的文档称为规范的XML文档。如果一个XML文档以声明开始,并包含一个或多个元素,各元素能正确嵌套,元素及属性的定义符合规范要求,那么就认为该文档是一个规范的XML文档。建立一个规范的XML文档,应遵循以下规则。

(1) XML文档必须以声明开始。

(2) XML文档中有且只有一个根元素。

(3) 所有非空元素必须有开始标记和结束标记,且开始标记和结束标记中的字符书写要一致。

(4) 空元素可以在开始标记中使用"/>"结束。

(5) 各元素要正确嵌套,不能交叉。

(6) 元素名和属性名要符合语法规定。

(7) 属性值要放在半角的单引号和双引号中。

(8) 正确引用预定义实体。

只有符合上述规则的XML文档,才能称为规范的XML文档。

2.10.2 有效的XML文档

一个规范的XML文档是指该文档符合语法要求,能被XML解析器解析。但在实际应用中,如果应用程序需要进行交互,除了文档规范外,还需要该文档是有效的。

一个XML文档如果满足:

① XML文档是规范的;

② XML文档是根据DTD或XML Schema设计的;

③ DTD或XML Schema语法是正确的。

那么,该XML文档是有效的。

2.10.3 规范和有效的XML文档的关系

根据规范性及有效性的定义,可以看出XML文档"有效性"的限制比"规范性"的限制多,并且"有效性"是建立在"规范性"之上,其关系如图2-3所示。

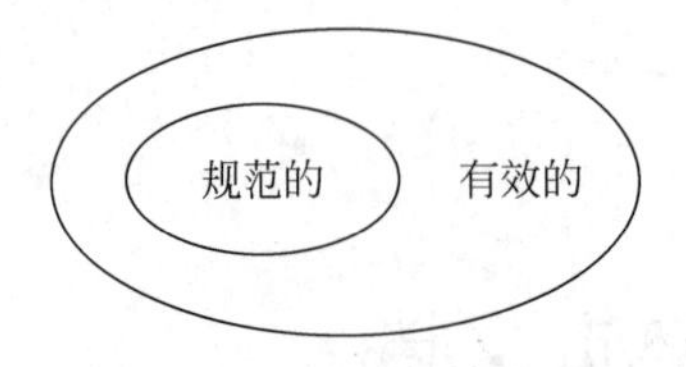

图2-3 "规范的"和"有效的"文档间关系

2.11 小结

XML 文档由声明、元素、注释、处理指令等组成，整个文档以.xml 为扩展名加以保存。XML 文档具有可扩展性，其标记可以自行定义，但是这些标记的创建需要遵循一定的规则和语法格式才能保证 XML 文档具有良好的结构。

根据 XML 语法规定，每个 XML 文档的第一行必须以文档的声明语句开头。声明语句中主要包括 XML 版本信息、所使用的字符集以及是否为独立文档等信息。

XML 处理指令中包含了 XML 处理器传递给应用程序的信息，它的格式是以“＜?”开始、以“? ＞”结束。其中，XML 声明语句是必需的处理指令。

元素是 XML 文档的基本组成部分，用来存放和组织数据。XML 元素是以树状结构排列的。从语法上讲，一个 XML 元素由起始标记、结束标记以及夹在这两个标记之间的数据内容组成，其数据内容可包含其他元素、文本或者两者的混合元素，并且元素中也可以拥有属性，用于提供其他有关内容的信息。

XML 元素包括空元素和非空元素两种类型。其中非空元素包括仅含文本的元素、含其他元素的元素、混合元素 3 种形式。

在 XML 中，属性是元素的可选组成部分，其作用是用来包含元素的额外信息。属性由属性名和属性值组成，并放于开始标记中。属性名和属性值需要用等号“＝”连接，且属性值需要放在半角的单引号或双引号中。

注释是为了便于程序阅读及理解的，注释以“＜! －－”开始、以“－－＞”结束，在起始符和结束符之间是注释内容。

在 XML 文档中，只有规范的文档才能被解析器正确解析，由于 XML 中元素的内容(包含文本信息的元素)和属性值都属于文本，因此不允许直接使用“＜”“＞”“&”、单引号、双引号等字符。如果必须出现这些符号，应使用预定义的实体进行引用。

对于某些文本，如 JavaScript 代码，包含大量特殊字符，如果都使用预定义字符进行引用，则代码显得非常凌乱并且容易出现错误。为了避免错误，可以将这些代码段放在 CDATA 区段中。包含在 CDATA 区段中的内容能够当作纯文本数据进行处理，解析器不会解析 CDATA 区段中的任何符号和标记。

一个有效的 XML 文档一定是规范的，而规范的 XML 文档不一定是有效的。

2.12 习题

1. 选择题

(1) 下列(　　)是规范的 XML 元素。

A. <_user_name>　　B. <factory&Apple>

C. <5class>　　D. <Book　Case>

(2) XML 采用(　　)数据组织结构。

A. 星状　　B. 线状　　C. 网状　　D. 树状

(3) XML 解析器忽略 XML 文档的特定部分的正确语法是(　　)。

A. <xml：CDATA[Text to be ignored]>

B. <PCDATA> Text to be ignored </PCDATA>

C. <! [CDATA[Text to be ignored]]>

D. <CDATA>> Text to be ignored </CDATA>

(4) 以下关于 XML,说法正确的是(　　)。

A. XML 文档中有且只有一个根元素

B. 元素必须正确嵌套

C. 标记可以任意大小写

D. 有效的 XML 文档一定是规范的

(5) 以下关于属性的写法,正确的是(　　)。

A. <match team="China" team= "England"/>

B. <student age=20 sex=male />

C. <weather forecast="cold & wind" />

D. <book classify=<computer>/>

2. 填空题

(1) ________是 XML 文档的基本组成部分,用来存放和组织数据。

(2) 从语法上讲,一个 XML 元素由________、________,以及夹在它们之间的________组成。

(3) <person blighty="Beijing">Jerry</ person>是一个 XML 元素,其中元素的属性值为________。

(4) CDATA 段的标记以________开始、以________结束。

(5) 在预定义实体中,“<”“>”“&”、单引号、双引号分别使用________、________、________、________、________来代替。

3. 简答题

(1) XML 文档包括几个部分?分别表示什么内容?

(2) XML 元素和属性在使用时有哪些注意事项?

(3) 什么是 CDATA 段?如何使用?

(4) 在 XML 中如何添加注释?在添加注释时需要遵循哪些规则?

(5) 什么是规范的 XML 文档?什么是有效的 XML 文档?它们之间有什么关系?

4. 上机操作

(1) 以下文档中存在多处错误,请改正后在浏览器中运行,查看其结果。

```
<!-- 作者:李明.性别:男. <!-- 编辑日期:2023 年 1 月 --> -->
<?xml version = "1.0" encoding = "gb2312"?>
<![CDATA[
<HTML>
```

```
    <HEAD><TITLE>欢迎,朋友!</TITLE></HEAD>
    <BODY><H1>欢迎光临我的主页!</H1></BODY>
</HTML>
]>
<Example>
    <my name gender="男">李毅<my name>
    <title greet="PRIDE&HAPPY">XML基础教程</title>
</Example>
<Example>
    <Greeting>
        你好,欢迎来到XML的世界!
    <Hello>
        大家好
    </Greeting>
    </Hello>
</Example>
```

(2) 建立一个描述学校信息的XML文档,要求如下。

① 包含的标记和属性为学校、学校名、地址、班级(专业)、学生(学号、性别、出生年月),其中,括号中的内容使用属性标识。

② 根据描述的XML文档,画出对应的树状结构。

③ 在浏览器中运行,查看文件的运行结果。

第3章 文档类型定义

内容导读

XML 文档用于描述数据内容，并进行数据交流。如果使用 XML 文档在不同的应用程序间进行交互，则应保持文档一致性，也就是要求该文档是有效的。有效的 XML 文档要符合文档类型定义(Document Type Definition，DTD)，根据 DTD 设计的文档，严格规范了 XML 的语法格式，能够保证数据正常地交流和共享。

本章主要围绕 DTD 的基本结构及语法格式进行详细介绍，并结合实例描述如何根据 DTD 进行 XML 文档设计。

本章要点

◇ 理解 DTD 的概念及文档基本结构。

◇ 掌握 DTD 中元素声明。

◇ 掌握 DTD 中属性声明。

◇ 掌握 DTD 在 XML 文档中的引用方式。

◇ 掌握 DTD 中实体的使用。

3.1 DTD 概述

3.1.1 DTD 简介

在信息的高速交流中，不同领域之间的信息交换越来越紧密，如何才能保证这些不同领域之间的信息可以更容易且更有效率地交换成为用户首要关注的问题。在实际的应用中，程序员经常会编写内容相似的 XML 文档，如描述个人简历信息、商品订单信息、产品说明等文档，这些文档可能不仅用于显示，还可能给应用程序提供数据信息或用于数据交流。然而 XML 作为一种元标记语言，不同开发团队开发的 XML 格式也不尽相同，如果没有一定的规范来约束 XML 文档，则会影响数据的共享。因此，在保证 XML 文档格式良好的同时，还需要使用 DTD 对文档进行有效性验证，以保证文档的结构和数据类型也符合相关应用程序的要求。

在如今的电子商务中，XML 作为一种经常使用的数据交流媒介，可以在不同企业的信息中进行交互，如果不同的厂商使用不同的标记描述具有相同意义的产品信息，必然导致数据无法进行共享与交互。就如同两个不同国家的人想要进行交流，如果各自使用自己本国的语言沟通，必然会发生交流障碍。为了解决这个问题，就需要不同的领域来针对该领域的特性制定共同的信息内容模型，然后再通过这个共同的内容模型来标识信息。而DTD就是用来规范XML文档的一种内容模型。

DTD是有效的XML文档的基础，主要用于规范和约定XML文档，目的就是让符合规范的XML文档成为数据交换的标准。由于XML文本通过树状结构来组织数据，因此在DTD中，需要根据XML文档结构，具体规定引用该DTD的XML文档可以使用哪些元素、元素之间如何进行嵌套、各个元素出现的先后顺序有何要求、元素中可包含的属性、属性值的数据类型、可使用的实体及符号规则各有什么特点等。这样不同的公司或团体只要根据具体的DTD建立相应的XML文档，就可以方便地使用XML文档进行数据交互。

DTD可以看作一个或者多个XML文件的模板，每个XML文件中的元素、元素的属性、元素的排列方式、元素包含的内容、实体等相关内容，都可以通过模板进行创建。由于各行各业有自己的相关规范及要求，因此DTD可以根据不同行业的特点，建立相关的领域中整体性高、适应性广的规范文档，方便相关行业统一文档格式，以更好地进行数据共享和交互。

根据各个行业的要求，目前DTD在电子商务、医学、工商、建筑等领域已形成统一规范的文档。例如，在电子商务对应的DTD中，包含了商品名称、商品编号、商品信息、订单编号、订单信息等项目，这样任何使用以XML为基础文件的相关电子商务机构，都可以方便地读取该文件中的信息。DTD的相关规范，也为XML文档在网络中合理、正确地传输起到基础作用。也就是说，只有严格按照DTD规范设计的文档，才能通过XML解析器的正确解析，以保证文档结构与数据的有效性。

因此，DTD是XML中的一个重要技术之一。使用DTD规范的XML文档，在网络中才具有实用性。使用DTD的主要作用主要包括以下几个方面。

① 每个XML文档均可携带一个有关其自身格式的描述，以验证数据的有效性。

② 独立的团队可以共同使用某个已制定好标准的DTD来交换和共享数据。

③ 应用程序可以使用某个标准的DTD来验证从外部接收到的数据信息。

④ 用户根据DTD就能够获知对应XML文档的逻辑结构。

使用DTD设计的XML文档，可以为XML提供统一的设计模式，方便程序设计人员能够不依赖具体数据，即可获知XML文档的逻辑结构及相关元素、属性、实体等对应的内容。使用DTD设计的文档能够规范统一，在保证有效性的同时，更便于数据在网络中的传输与共享。

3.1.2　DTD基本结构

DTD的语法格式与XML语法不同，其原因是DTD最初是为SGML设计的，对于DTD文件而言，早在XML出现之前就已存在，每一份SGML文件均应有相应的DTD。但是就目前而言，DTD仍然是约束和规范XML文档的一种常用模式。

DTD的基本结构包括XML文档元素的声明、元素间相互关系、属性列表声明以及实体的使用等。为了更好地理解DTD的结构，下面通过一个实例来说明DTD文档的基本结构。

文件3-1-2-1.xml

```
<?xml version = "1.0" encoding = "gb2312"?>
<!-- 会员信息相关文档 -->
<!DOCTYPE 会员信息 [
```

```
<!ELEMENT 会员信息 (会员 * )>
<!ELEMENT 会员 (姓名,性别,生日,家庭住址,联系方式)>
<!ELEMENT 姓名 ( # PCDATA)>
<!ELEMENT 性别 ( # PCDATA)>
<!ELEMENT 生日 ( # PCDATA)>
<!ELEMENT 家庭住址 ( # PCDATA)>
<!ELEMENT 联系方式 ( # PCDATA)>
<!ATTLIST 会员 卡号 ID # REQUIRED >
]>
<会员信息>
    <会员 卡号 = "SY102030">
        <姓名>张红</姓名>
        <性别>女</性别>
        <生日> 1986 - 02 - 15 </生日>
        <家庭住址>金地滨河小区 2 号楼 203 室</家庭住址>
         <联系方式> 23232233 </联系方式>
</会员>
<会员 卡号 = "SY102031">
        <姓名>赵楠</姓名>
        <性别>女</性别>
        <生日> 1988 - 11 - 20 </生日>
        <家庭住址>万科新里程 5 号楼 1103 室</家庭住址>
        <联系方式> 56561234 </联系方式>
    </会员>
</会员信息>
```

文档说明如下。

① 文档第 1 行是 XML 声明语句。

② 文档第 2 行为注释语句。

③ 文档“<! DOCTYPE 会员信息 [”至“]>”区域为 DTD 声明语句。

④ DTD 声明语句下方是对应有效的 XML 文档。

将该文档保存在 Altova XMLSpay 环境中,使用浏览器查看,程序运行后显示结果如图 3-1 所示。

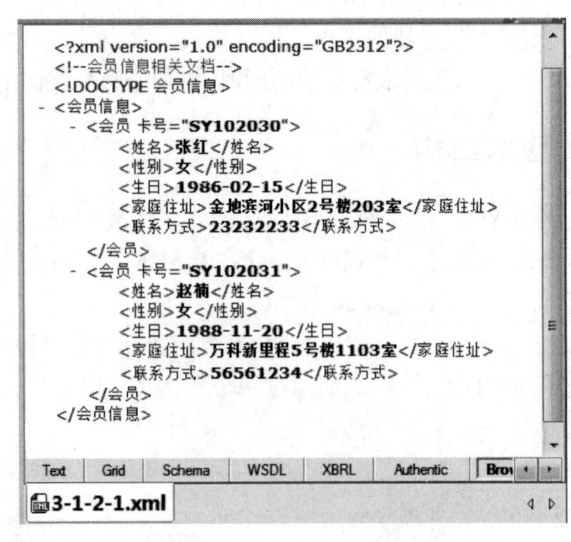

图 3-1　程序运行显示结果

3.2 DTD中元素的声明

3.2.1 DTD声明语句

DTD有自己的语法规则。在DTD中,需要使用专用的关键字以告知解析器该区域之间的数据为DTD声明,其声明语法格式如下:

```
<!DOCTYPE 根元素 [
    <!-- DTD定义内容 -->
]>
```

语法格式说明如下。

① <! DOCTYPE:表示DTD声明部分开始。

② 根元素:由于XML采用树状结构,有且只有一个根,因此根元素表示与XML文档中对应的根元素的名称。

③ “DTD定义内容”:包括DTD元素声明、DTD属性声明和DTD实体声明。

④]>:表示DTD声明部分结束。

3.2.2 元素声明的语法格式

元素是XML文档的基本组成部分,用来存放和组织数据。在DTD中规定了XML文档可使用哪些元素、元素间嵌套关系以及各个元素出现的先后顺序等。

XML采用树状结构排列数据,根据它的结构类型,可以将元素分为叶子元素和枝干元素。所谓叶子元素表示元素中不包含任何子元素,该类元素为末端节点。枝干元素表示元素包含一个或多个子元素。例如,文件3-1-2-1.xml,其对应元素的树状结构如图3-2所示。

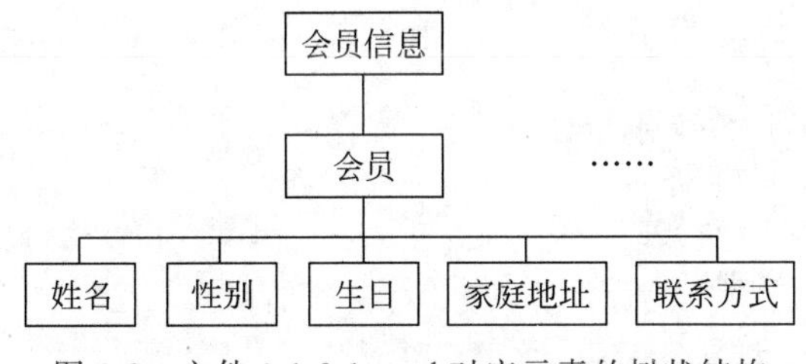

图3-2 文件3-1-2-1.xml对应元素的树状结构

在树状结构中,<姓名><性别><生日><家庭住址><联系方式>元素为叶子元素,<会员信息><会员>为枝干元素。需要注意的是,<会员信息>为根元素,由于根元素中包含子元素,因此在元素分类中,根元素可以归为枝干元素。

1. 叶子元素声明语句

```
<!ELEMENT 元素名 元素内容类型>
```

语句说明如下。

① ＜！ELEMENT：元素声明语句的开始，关键字 ELEMENT 必须大写。

② 元素名：表示所声明元素的名称。

③ 元素内容类型：表示元素中数据内容的类型，常用类型有＃PCDATA、EMPTY 和 ANY；其中＃PCDATA 表示字符类型数据，EMPTY 表示空元素，ANY 表示元素为任意内容。

例如：

```
<!ELEMENT 姓名 (＃PCDATA)>
```

对应有效的 XML 文档为：

```
<姓名>张红</姓名>
```

或者：

```
<姓名/>
```

2. 枝干元素声明语句

```
<!ELEMENT 元素名 (子元素 1,子元素 2,……)>
```

语句说明如下。

① ＜！ELEMENT：元素声明语句的开始，关键字 ELEMENT 必须大写。

② 元素名：表示所声明的元素名称。

③ (子元素 1，子元素 2，……)：表示枝干元素的若干个子元素。

注意以下两点。

① 枝干元素内包含的子元素如果不止一个，需要用半角的逗号“,”将各子元素分隔开。

② 子元素列表(子元素 1，子元素 2，……)不仅定义该枝干元素拥有的子元素个数，而且表示该元素对应子元素出现时所必须遵守的顺序，并且每个子元素只能出现一次。

例如：

```
<!ELEMENT 会员信息 (姓名,性别,生日)>
<!ELEMENT 姓名 (＃PCDATA)>
<!ELEMENT 性别 (＃PCDATA)>
<!ELEMENT 生日 (＃PCDATA)>
```

对应有效的 XML 文档为：

```
<会员信息>
    <姓名>张红</姓名>
    <性别>女</性别>
    <生日>1986-02-15</生日>
</会员信息>
```

下面的 XML 文档中，子元素顺序错误，是一个非有效的 XML 文档：

```
<会员信息>
    <性别>女</性别>
    <姓名>张红</姓名>
```

```
    <生日>1986-02-15</生日>
</会员信息>
```

3. 选择性子元素的声明

在 XML 文档中，有时需要在两个或多个互斥的元素中选择某一元素作为其子元素，则语法格式为：

```
<!ELEMENT 元素名 (子元素 1|子元素 2|……)>
```

注意：可供选择的各个子元素之间需用"|"符号分隔，并只能在子元素列表中选择其一作为它的子元素。

例如：

```
<!ELEMENT 会员类型 (金卡会员|普通会员)>
<!ELEMENT 金卡会员 (#PCDATA)>
<!ELEMENT 普通会员 (#PCDATA)>
```

对应有效的 XML 文档为：

```
<会员类型>
    <金卡会员>三倍积分</金卡会员>
</会员类型>
```

或者：

```
<会员类型>
    <普通会员>双倍积分</普通会员>
</会员类型>
```

3.2.3 控制子元素出现次数的声明

在 DTD 中定义枝干元素时，如果该元素中的某个或某些子元素需要重复出现或不出现，此时可以使用特殊符号表示该元素子元素出现的次数，以达到对子元素次数的控制。控制子元素出现次数的符号如表 3-1 所示。

表 3-1 控制子元素出现次数的符号

声明符号	表示含义
无符号	子元素只能出现 1 次
?	子元素只能出现 0 次或 1 次
+	子元素至少出现 1 次或多次
*	子元素可出现 0 次或多次，即可出现任意次

控制子元素出现次数的符号可相互结合使用，达到对 XML 文档中子元素出现次数的灵活运用，通过以下几种常用实例进行说明。

1. 子元素只出现一次

例如：

```
<!ELEMENT 会员(姓名,联系方式)>
```

说明：表示<会员>元素中只能有<姓名>和<联系方式>两个子元素，并且两个子元素必须按顺序出现。对应有效文档为：

```
<会员>
    <姓名>张红</姓名>
    <联系方式> 23232233 </联系方式>
</会员>
```

2．子元素至少出现一次

例 3-1

```
<!ELEMENT 会员 (姓名,联系方式)+>
```

说明：表示<会员>元素中有<姓名>和<联系方式>子元素，<姓名>和<联系方式>两个子元素必须按顺序出现，且至少出现一次或多次。对应有效文档的其中一种方式为：

```
<会员>
    <姓名>张红</姓名>
    <联系方式> 23232233 </联系方式>
    <姓名>赵楠</姓名>
    <联系方式> 56561234 </联系方式>
</会员>
```

例 3-2

```
<!ELEMENT 会员 (姓名,联系方式+)>
```

说明：表示<会员>元素中有<姓名>和<联系方式>子元素，其中<姓名>元素出现 1 次；<姓名>元素后为<联系方式>元素，且<联系方式>元素至少出现一次或多次。对应有效文档的其中一种方式为：

```
<会员>
    <姓名>张红</姓名>
    <联系方式> 23232233 </联系方式>
    <联系方式> 13233339999 </联系方式>
</会员>
```

3．子元素出现零次或多次

例 3-3

```
<!ELEMENT 会员 (姓名, 联系方式)*>
```

说明：表示<会员>元素中的<姓名>和<联系方式>两个子元素必须按顺序同时出现，且可出现任意次。

例 3-4

```
<!ELEMENT 会员 (姓名, 联系方式*)>
```

说明：表示<会员>元素中的<姓名>和<联系方式>两个子元素必须按顺序同时出现，且<姓名>元素在前，必须出现一次，<联系方式>在后，且可出现任意次。

4. 子元素出现零次或一次

例 3-5

```
<! ELEMENT 会员 (姓名?)>
```

说明：表示<会员>元素中的<姓名>元素，可以出现，也可以不出现。

5. 子元素列表选择

如果选择性子元素中使用控制符号，那么对元素内容的控制将更加灵活。例如，<! ELEMENT 会员类型 (金卡会员|普通会员) *>，选择性子元素(金卡会员|普通会员)中使用了控制符号"*"，其元素可以出现任意次，且顺序随意，以此达到对元素内容的灵活控制。

6. 混合型元素的声明

在 XML 中的枝干元素中，既可以存在子元素，也可以包含文本数据，这种元素称为混合型元素。混合型元素的声明的语法格式为：

```
<! ELEMENT 元素名 (#PCDATA|子元素 1|子元素 2|……) * >
```

应注意以下几点。

① 混合型元素在声明时，不可使用逗号，只能使用"|"符号分隔各元素。

② 枝干元素中的子元素，要求将每个子元素写在#PCDATA 之后。

③ 枝干元素中的各个子元素设置后，必须使用"*"符号。

文件 3-2-3-1.xml

```
<?xml version = "1.0" encoding = "gb2312"?>
<! DOCTYPE 会员信息 [
    <! ELEMENT 会员信息 (会员) >
    <! ELEMENT 会员 (#PCDATA | 姓名 | 联系方式) * >
    <! ELEMENT 姓名 (#PCDATA)>
    <! ELEMENT 联系方式 (#PCDATA)>
]>
<会员信息>
    <会员>这是关于张红的信息
        <姓名>张红</姓名>
        <联系方式> 23232233 </联系方式>
    </会员>
</会员信息>
```

注意：混合型元素的声明方式不是非常严格，在实际应用中需根据实际情况谨慎使用。

3.2.4 XML 元素的数据类型

1. 空元素

空元素是指在标记间没有任何数据内容的元素。空元素的存在不影响 XML 数据的正

确性,空元素可以存放属性提供的额外信息。在 DTD 中使用关键字 EMPTY 定义空元素。其语法格式为:

```
<!ELEMENT 元素名 EMPTY>
```

例如:

```
<!ELEMENT 照片 EMPTY>
```

对应有效的 XML 文件为:

```
<照片></照片>
```

或者:

```
<照片/>
```

注意:关键字 EMPTY 应大写,并且不能加括号。

如果将元素写为<! ELEMENT 照片 (EMPTY)>,则系统会认为<照片>元素中包含< EMPTY >子元素,这是错误的写法。

2. 元素数据

如果元素内包含数据,则数据内容分为两种,分别使用关键字 #PCDATA 和 ANY 来定义。

元素可以使用关键字 #PCDATA 描述文本数据内容。#PCDATA 是 Parser Character DATA 的缩写,意为可解析的字符数据,其含义是指该元素的数据内容是符合语法规则的文本数据字符串,该字符串可以包含任意数量的字符数据,或者不包含任何内容。

如果不对元素的内容进行任何限制,可以使用 ANY 关键字,表示该元素中的内容可以是文本数据、子元素内容、空元素以及混合型元素等。

包含数据的 XML 文档对应的 DTD 语法为:

```
<!ELEMENT 元素名 (#PCDATA)>
```

或者:

```
<!ELEMENT 元素名 ANY>
```

说明:(#PCDATA)要求使用括号括起来,且 PCDATA 必须使用大写字符。ANY 不需使用括号,ANY 关键字也必须使用大写字符。

需要注意的是,采用关键字 ANY,可以将元素设置为任意顺序,同时不限定元素数量,因此使用 ANY 定义元素与 DTD 的设计目标(约束和规范 XML 文档)相违背,应尽量避免使用。ANY 一般不在最终的 DTD 文档中使用,而是在 DTD 文档的设计初期,其文档元素在还未确定的情况下,可暂时使用 ANY。在逐步完善 DTD 的过程中,再使用确定的其他元素取代。

3.3 DTD 中属性的声明

在 XML 中,属性是用来包含元素的额外信息。一个有效的 XML 文档,必须在相应的

DTD中明确地声明与文档中元素一起使用的所有属性，这些在DTD中所声明的属性名称和具体的属性值包含在元素的起始标记中。

3.3.1　属性的声明语法

在DTD中，可以通过关键字ATTLIST声明属性，一个属性声明可以声明一个元素的一个或多个属性。其语法格式为：

```
<! ATTLIST 元素名 属性名 属性值类型 属性附加声明>
```

语法格式说明如下。

① <!ATTLIST：表示属性声明语言的开始。

② 元素名：属性所属的XML元素的名称。

③ 属性名：XML元素对应属性的名称。

④ 属性值类型：指定属性值存在的类型。

⑤ 属性附加声明：描述属性额外的相关信息。

需注意以下几点。

① 一个元素可以定义多个属性，如果这些元素在一行定义，各属性之间需要使用空格分隔，也可以多行定义。如果需要在一条语句中为某个元素定义多个属性，其语法格式为：

```
<!ATTLIST 元素名 属性名1 属性值1类型 属性1附加声明
                 属性名2 属性值2类型 属性2附加声明 …>
```

② 属性附加声明要紧跟在属性值类型之后。

在DTD中，属性中对应的属性值的类型，是用于描述属性值以何种方式存在的类型，也就是用于指定属性值中数据内容的形式。常见的属性值类型如表3-2所示。

表3-2　常见的属性值类型

类　型	描　述
CDATA	值为字符数据
枚举类型	格式：(en1|en2|…)，表示此值是枚举列表中的一个值
ID	值为唯一的id
IDREF	值为另外一个元素的id
IDREFS	值为其他id的列表
NMTOKEN	值为合法的XML名称
NMTOKENS	值为合法的XML名称的列表
ENTITY	值是一个实体
ENTITIES	值是一个实体列表
NOTATION	值是符号的名称
xml:	值是一个预定义的XML值

在DTD中，属性附加声明是用于描述属性额外的相关信息，常用属性附加声明如表3-3所示。

表 3-3 常用属性附加声明

类　型	描　述
＃REQUIRED	元素的属性是必须存在的，且必须给出一个属性值
＃IMPLIED	元素中的属性可有可无
＃FIXED "固定值"	元素中属性所对应的属性值是固定的，不能更改
"默认值"	元素中属性对应的默认值

下面通过一个实例了解 XML 属性的定义方式。

文件 3-3-1-1. xml

```
<?xml version = "1.0" encoding = "gb2312"?>
<!-- 会员信息相关文档 -->
<!DOCTYPE 会员信息 [
<!ELEMENT 会员信息 (会员 * )>
<!ELEMENT 会员 (姓名,联系方式)>
<!ELEMENT 姓名 ( # PCDATA)>
<!ELEMENT 联系方式 ( # PCDATA)>
<!ATTLIST 会员 卡号 ID # REQUIRED >
<!ATTLIST 姓名 性别 (男|女) # IMPLIED
               生日 CDATA # REQUIRED >
]>
<会员信息>
    <会员 卡号 = "SY102030">
        <姓名 性别 = "女" 生日 = "1986 - 02 - 15">张红</姓名>
            <联系方式> 23232233 </联系方式>
    </会员>
    <会员 卡号 = "SY102031">
            <姓名 生日 = "1988 - 11 - 20">赵楠</姓名>
        <联系方式> 56561234 </联系方式>
    </会员>
</会员信息>
```

其中，属性声明“<! ATTLIST 会员 卡号 ID ＃REQUIRED >”表明<会员>元素中有属性“卡号”，属性值的类型是 ID 类型，即属性值只能唯一出现，“＃REQUIRED”表明属性必须存在。

属性声明“<! ATTLIST 姓名 性别 (男|女) ＃IMPLIED 生日 CDATA ＃REQUIRED >”表明<姓名>元素中有属性“性别”和“生日”。其中“性别”属性值的类型为枚举类型，即属性值只能为“男”或“女”中的一个，“＃IMPLIED”表明该属性可有可无；“生日”属性值的类型为 CDATA，即符合语法的任意字符串，“＃REQUIRED”表明属性必须存在。

3.3.2 属性的附加声明

在 DTD 属性声明的语法中，根据 XML 文件是否必须为属性提供相应的值，通过属性的附加声明来描述。DTD 中一般使用 4 种方式描述属性的附加声明，分别为＃REQUIRED、＃IMPLIED、＃FIXED "固定值"和默认值。本书根据表 3-3 所示的属性附加声明类型进行详细介绍。

1. ＃REQUIRED

＃REQUIRED 表示该元素的属性是必须存在的，且必须给出一个属性值。例如，DTD 为：

```
<!ELEMENT 会员 (＃PCDATA)>
<!ATTLIST 会员 生日 CDATA ＃REQUIRED>
```

说明：DTD 声明<会员>元素的属性“生日”是必须存在的，且必须给出一个对应的属性值。对应有效的 XML 文本为：

```
<会员 生日 = "1986 - 02 - 15">张红</会员>
```

改为以下方式，则为无效的 XML 文档：

```
<会员>张红</会员>
```

2. ＃IMPLIED

＃IMPLIED 表示在 XML 文档中该元素的属性是可有可无的。

```
<!ELEMENT 姓名 (＃PCDATA)>
<!ATTLIST 姓名 生日 CDATA ＃IMPLIED>
```

说明：DTD 声明<姓名>元素的属性“生日”可有可无。对应有效的 XML 文本为：

```
<姓名 生日 = "1986 - 02 - 15">张红</会员>
```

或者：

```
<会员>张红</会员>
```

3. ＃FIXED "固定值"

表示在 XML 文档中该元素的这个属性值是给定的固定值，不能更改。

```
<!ELEMENT 会员 (＃PCDATA)>
<!ATTLIST 会员 类型 CDATA ＃FIXED "金卡会员" >
```

说明：DTD 声明<会员>元素的属性为“类型”，其对应固定值为“金卡会员”，且内容不能更改，即使属性不出现，其值也默认为“金卡会员”。对应有效的 XML 文本为：

```
<会员 类型 = "金卡会员">刘洋</会员>
```

或者：

```
<会员>刘洋</会员>
```

4. 默认值

若 XML 文档没有规定必须设定元素的属性，但为了便于应用程序的处理需求，可以指定属性的默认值。如果该元素没有设定属性，则使用默认值作为其属性；如果该元素的属性需要指定其他值,则其他值可覆盖默认值。

```
<!ELEMENT 会员 (#PCDATA)>
<!ATTLIST 会员 类型 CDATA "普通会员">
```

说明:DTD声明<会员>元素的属性“类型”对应一个默认值为“普通会员”,对应有效的XML文本为:

```
<会员 类型="普通会员">刘洋</会员>
```

或者:

```
<会员>刘洋</会员>
```

<会员>元素的属性即使设定为默认值,但“类型”属性仍然可以指定其他值,例如:

```
<会员 类型="金卡会员">王刚</会员>
```

3.3.3 属性值的类型

属性值类型是为属性指定其属性值的种类,具体类型如表3-2所示。本书介绍常用的几种属性值类型。

1. CDATA类型

CDATA(Character DATA)表示属性值是简单的文本数据,即任意符合语法的字符串,但当字符串中出现“<”或“&”等字符时,需要使用特殊字符替代。CDATA是使用的最普遍、最简单的数据类型。

2. ID类型

ID表示属性值具有唯一性,一般用来表示个人唯一身份的内容,如编号、学号、身份证号等。ID表示的属性值在整个XML文档中不可重复,而且第一个字符只能使用中英文字符或下画线。

下面通过一个实例了解属性中ID类型的使用方式。

文件3-3-3-1.xml

```
<?xml version="1.0" encoding="gb2312"?>
<!DOCTYPE 简历信息 [
<!ELEMENT 简历信息 (简历+)>
<!ELEMENT 简历 (联系人,联系方式+)>
<!ELEMENT 联系人 (#PCDATA)>
<!ELEMENT 联系方式 (#PCDATA)>
<!ATTLIST 联系人 编号 ID #REQUIRED>
]>
<!--每个联系人都必须有一个唯一的编号-->
<简历信息>
    <简历>
        <联系人 编号="A001">李智</联系人>
        <联系方式>23228888</联系方式>
```

```
        <联系方式> lizhi@aaa.com </联系方式>
    </简历>
    <简历>
        <联系人 编号 = "A002">王鹏</联系人>
        <联系方式> wangpeng@bbb.com </联系方式>
    </简历>
    <简历>
        <联系人 编号 = "A003">张海清</联系人>
        <联系方式> zhanghaiqing@aaa.com </联系方式>
    </简历>
</简历信息>
```

说明："<! ATTLIST 联系人 编号 ID ＃REQUIRED >"定义了<联系人>元素的属性"编号"必须出现，且"编号"对应的属性值只能唯一出现。

需要注意的是，声明属性值为ID类型时，一般不能指定默认值，也不能使用＃FIXED设定固定值，ID类型的属性经常使用＃REQUIRED进行附加声明。

3. IDREF 类型

IDREF和IDREFS类型的属性必须引用对应的ID属性值。对于IDREF类型的属性，其属性值必须引用文档中出现的某个ID值。下面通过一个实例了解属性中IDREF类型的使用方法。

文件 3-3-3-2.xml

```
<?xml version = "1.0" encoding = "gb2312"?>
<!DOCTYPE 简历信息 [
<!ELEMENT 简历信息 (简历 +,应聘职位 + )>
<!ELEMENT 简历 (联系人,联系方式 + )>
<!ELEMENT 联系人 ( ＃PCDATA)>
<!ELEMENT 联系方式 ( ＃PCDATA)>
<!ELEMENT 应聘职位 ( ＃PCDATA)>
<!ATTLIST 联系人 编号 ID ＃REQUIRED >
<!ATTLIST 应聘职位 入选编号 IDREF ＃REQUIRED >
]>
<!-- 每个联系人都必须有一个唯一的编号 -->
<!-- 入选编号对应的属性值必须是编号中曾经出现的一个值 -->
<简历信息>
    <简历>
        <联系人 编号 = "A001">李智</联系人>
        <联系方式> 23228888 </联系方式>
        <联系方式> lizhi@aaa.com </联系方式>
    </简历>
    <简历>
        <联系人 编号 = "A002">王鹏</联系人>
        <联系方式> wangpeng@bbb.com </联系方式>
    </简历>
    <简历>
        <联系人 编号 = "A003">张海清</联系人>
        <联系方式> zhanghaiqing@aaa.com </联系方式>
```

```
    </简历>
    <应聘职位 入选编号 = "A001">经理</应聘职位>
    <应聘职位 入选编号 = "A003">副经理</应聘职位>
</简历信息>
```

说明:“<! ATTLIST 应聘职位 入选编号 IDREF #REQUIRED >”定义了<应聘职位>元素的属性“入选编号”必须出现,且“入选编号”只能从 ID 值中选取一个作为它的属性值出现。

4. IDREFS 类型

对于 IDREFS 类型的属性,其对应的属性值必须引用文档中出现的某一个或多个 ID 值。如果对应多个 ID 属性值,这多个属性值之间需要用空格分开,并且放在同一对半角的引号中。下面通过一个实例了解属性中 IDREFS 类型的使用方法。

文件 3-3-3-3.xml

```
<?xml version = "1.0" encoding = "gb2312"?>
<!DOCTYPE 简历信息 [
<!ELEMENT 简历信息 (简历 + ,应聘职位 + )>
<!ELEMENT 简历 (联系人,联系方式 + )>
<!ELEMENT 联系人 ( #PCDATA)>
<!ELEMENT 联系方式 ( #PCDATA)>
<!ELEMENT 应聘职位 ( #PCDATA)>
<!ATTLIST 联系人 编号 ID #REQUIRED >
<!ATTLIST 应聘职位 入选编号 IDREFS #REQUIRED >
]>
<!-- 每个联系人都必须有一个唯一的编号 -->
<!-- 入选编号对应的属性值必须是编号中曾出现的一个或多个值 -->
<简历信息>
    <简历>
        <联系人 编号 = "A001">李智</联系人>
        <联系方式> 23228888 </联系方式>
        <联系方式> lizhi@aaa.com </联系方式>
    </简历>
    <简历>
        <联系人 编号 = "A002">王鹏</联系人>
        <联系方式> wangpeng@bbb.com </联系方式>
    </简历>
    <简历>
        <联系人 编号 = "A003">张海清</联系人>
        <联系方式> zhanghaiqing@aaa.com </联系方式>
    </简历>
    <应聘职位 入选编号 = "A001">经理</应聘职位>
    <应聘职位 入选编号 = "A002 A003">副经理</应聘职位>
</简历信息>
```

说明:“<! ATTLIST 应聘职位 入选编号 IDREFS #REQUIRED >”定义了<应聘职位>元素的属性“入选编号”必须出现,且“入选编号”是从 ID 值中选取一个或多个作为它的属性值出现。

5. 枚举类型

枚举类型的属性表示需要限制属性值只能是其中的一个。下面通过一个实例了解属性中枚举类型的使用方法。

文件 3-3-3-4.xml

```
<?xml version = "1.0" encoding = "gb2312"?>
<! DOCTYPE 简历信息 [
<! ELEMENT 简历信息 (简历 + )>
<! ELEMENT 简历 (联系人,联系方式 + )>
<! ELEMENT 联系人 ( # PCDATA)>
<! ELEMENT 联系方式 ( # PCDATA)>
<! ATTLIST 联系人 性别 (男|女) # REQUIRED >
]>
<简历信息>
    <简历>
        <联系人 性别 = "男">李智</联系人>
        <联系方式> 23228888 </联系方式>
        <联系方式> lizhi@aaa.com </联系方式>
    </简历>
    <简历>
        <联系人 性别 = "男">王鹏</联系人>
        <联系方式> wangpeng@bbb.com </联系方式>
    </简历>
    <简历>
        <联系人 性别 = "女">张海清</联系人>
        <联系方式> zhanghaiqing@aaa.com </联系方式>
    </简历>
</简历信息>
```

说明："<! ATTLIST 联系人 性别 (男|女) # REQUIRED >"定义了<联系人>元素的属性"性别"必须出现,且"性别"只能从"男"或"女"中选取一个作为它的属性值出现。

6. NMTOKEN

NMTOKEN(NameTOKEN)表示 XML 名称标记,它对应的属性值遵守 XML 元素名称的命名规则,即所对应的属性值使用的字符必须是中英文字符、数字、点字符、短横线、下画线。此外,还可使用冒号,且第一个字符可以是任意字符。NMTOKEN 类型是 CDATA 类型的一个子集。下面通过一个实例了解属性中 NMTOKEN 类型的使用方法。

文件 3-3-3-5.xml

```
<?xml version = "1.0" encoding = "gb2312"?>
<! DOCTYPE 个人简历 [
    <! ELEMENT 个人简历 (简历 + )>
    <! ELEMENT 简历 (联系人)>
    <! ELEMENT 联系人 ( # PCDATA)>
    <! ATTLIST 联系人 联系方式 NMTOKEN # REQUIRED >
]>
<个人简历>
```

```
    <简历><联系人 联系方式 = "010 - 23228888">李智</联系人></简历>
    <简历><联系人 联系方式 = "021 - 43435555">王鹏</联系人></简历>
    <简历><联系人 联系方式 = "010 - 44553322">张海清</联系人></简历>
</个人简历>
```

说明:"<! ATTLIST 联系人 联系方式 NMTOKEN #REQUIRED>"定义了<联系人>元素的属性"联系方式"必须出现,且"联系方式"属性值可以是数字和短横线组合的字符串。

7. NMTOKENS

NMTOKENS 类型包含一个或多个 XML 名称标记,多个属性值之间用空格分开,并放在一对半角的引号中。下面通过一个实例了解属性中 NMTOKENS 类型的使用方法。

文件 3-3-3-6. xml

```
<?xml version = "1.0" encoding = "gb2312"?>
<! DOCTYPE 个人简历 [
    <! ELEMENT 个人简历 (简历 + )>
    <! ELEMENT 简历 (联系人)>
    <! ELEMENT 联系人 ( # PCDATA)>
    <! ATTLIST 联系人 联系方式 NMTOKENS # REQUIRED >
]>
<个人简历>
    <简历>
        <联系人 联系方式 = "010 - 23228888 010 - 010 - 23226666">李智</联系人>
    </简历>
    <简历>
        <联系人 联系方式 = "021 - 43435555 021 - 43436666">王鹏</联系人>
    </简历>
    <简历>
        <联系人 联系方式 = "010 - 44553322 13844332233">张海清</联系人>
    </简历>
</个人简历>
```

说明:"<! ATTLIST 联系人 联系方式 NMTOKEN #REQUIRED>"定义了<联系人>元素的属性"联系方式"必须出现,且"联系方式"属性值可以是数字和短横线组合的多个字符串,不同的字符串之间用空格隔开,并放在一对半角单引号或双引号中。

8. ENTITY

ENTITY 类型指定的属性用于定义 DTD 中的实体。实体是用于定义和引用文本或特殊字符快捷方式的变量。ENTITY 类型中对应的属性能够将图像、声音等二进制数据的内容进行引用,该类实体属于不可解析实体。下面通过一个实例了解属性中 ENTITY 类型的使用方法。

文件 3-3-3-7. xml

```
<?xml version = "1.0" encoding = "GB2312"?>
<! DOCTYPE images [
<! ELEMENT images ( image * )>
<! ELEMENT image EMPTY >
```

```
<! ATTLIST image source ENTITY #REQUIRED >
<! ENTITY src SYSTEM "image.gif">
]>
< images >
    < image source = "src"/>
</images >
```

9. ENTITYS

ENTITYS类型指定的属性用于定义DTD中实体的集合。下面通过一个实例了解属性中ENTITYS类型的使用方法。

```
<! ELEMENT images EMPTY >
<! ATTLIST images sources ENTITYS #REQUIRED >
<! ENTITY image1 SYSTEM "1.gif">
<! ENTITY image2 SYSTEM "2.gif">
```

3.4 DTD的基本结构

DTD是有效的XML文本的基础，使用DTD可以规范XML语法。DTD和XML进行相互关联时，必须遵循一定的语法规则。在XML中使用DTD进行程序设计时，有3种引用方式，分别为内部DTD的引用、外部DTD的引用和混合DTD的引用。

3.4.1 内部DTD的引用

内部DTD引用方式是指在XML文档中直接包含DTD的相应文本，XML和DTD在同一个XML文本中存在。

内部DTD存在于XML文本中，如文件3-1-2-1.xml是一个内部DTD。DTD文件头必须使用专用的关键字以告知解析器这个区段数据是DTD的声明内容，其声明语法为：

```
<?xml version = "1.0" encoding = "UTF - 8" standalong =  "yes"?>
<! DOCTYPE 根元素名 [
    <!-- DTD定义内容 -->
    … …
]>
```

注意：关键字DOCTYPE必须大写，内部DTD可以在XML声明中将standalong设置为yes。

3.4.2 外部DTD的引用

外部DTD引用方式是指将DTD作为一个独立的文件单独保存，该DTD是一个文本文件，扩展名为.dtd。引入外部DTD文档，需要在XML文本的DOCTYPE指令中使用关键字SYSTEM或者PUBLIC进行引用，以达到对XML文本数据规范的目的。

外部DTD作为一个外部文件可以被多个XML文档引用，其优点是不同的组织和个人如果使用相同的 DTD 规范 XML 文本,就可以将 DTD 作为一个单独的文件保存,然后同时引用该 DTD 进行数据交流,这样一个 DTD 就能够被多个 XML 文档共享。

在 Altova XMLSpy 环境中,建立 DTD 文件的步骤是:单击【File】→【New】菜单命令,选择【Create new document】对话框中的【dtd Document Type Definition】列表项,单击【OK】按钮,即可创建 DTD 文档,如图 3-3 所示。

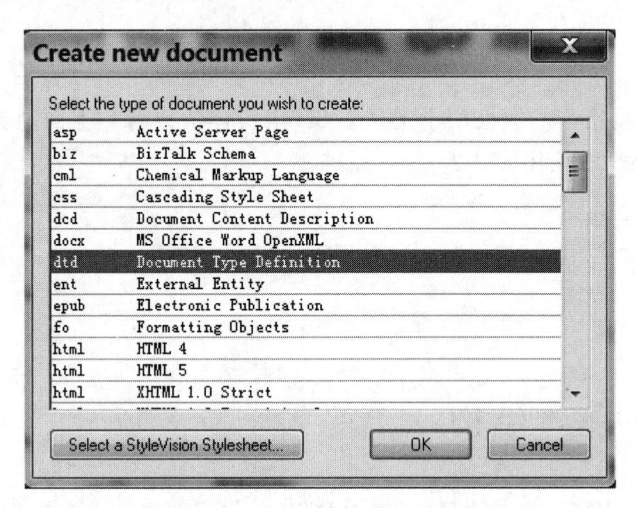

图 3-3 新建 DTD 文档对话框

在外部 DTD 的语法格式中,由于 DTD 是 XML 从 SGML 中继承而来的一种验证机制,因此 DTD 文件的第一行是 XML 声明语句。外部 DTD 的语法格式为:

```
<?xml version = "1.0" encoding = "UTF - 8" standalong =  "no"?>
<!-- DTD 元素声明 -->
<!-- DTD 属性声明 -->
<!-- DTD 实体声明 -->
……
```

对于外部 DTD,根据其性质分为两种:一种是公有文件,是指国际上标准组织制定或者行业内部得到广泛认可的 DTD 文件,使用关键字 PUBLIC;另一种是私有文件,指未公开的、属于个人或某些组织的 DTD 文件,使用关键字 SYSTEM。

DTD 需要在 XML 文档中引用才可使用,根据两种不同的外部 DTD,XML 规定了相应的两种引用方式。

1. 引用公有的 DTD 文件

在 XML 中引用公有的 DTD 文件的语法格式为:

```
<!DOCTYPE 根元素 PUBLIC "文件路径及文件名">
```

或者

```
<!DOCTYPE 根元素 PUBLIC "文件名" "文件路径">
```

语法格式说明如下。

① <! DOCTYPE：表示 DTD 声明的开始。
② 根元素：指定 XML 中根元素的名称。
③ PUBLIC：指定外部 DTD 文件是公有的。
④ 文件路径及文件名：通过 URL 将外部 DTD 引用到 XML 文档中。
⑤ 文件名：公有 DTD 的逻辑名，使用时需要调用这个指定的逻辑名。
⑥ 文件路径：文件的 URL 地址。

注意：关键字 DOCTYPE 和 PUBLIC 必须大写。例如：

```
<!DOCTYPE struts-config PUBLIC
        "-//Apache Software Foundation//DTD Struts Configuration 1.2//EN"
        "http://struts.apache.org/dtds/struts-config_1_2.dtd">
```

2. 引用私有的 DTD 文件

在 XML 中引用私有的 DTD 文件的语法格式为：

```
<!DOCTYPE 根元素 SYSTEM "文件路径及文件名">
```

说明如下。
① <! DOCTYPE：表示 DTD 声明的开始。
② 根元素：指定 XML 中根元素的名称。
③ SYSTEM：指定外部 DTD 文件是私有的。
④ 文件路径及文件名：通过 URL 将外部 DTD 引用到 XML 文档中。

注意：关键字 DOCTYPE 和 SYSTEM 必须大写。

使用 SYSTEM 引用外部 DTD 文档，一般适合教学或个人团队使用。本章的教学实践中都使用 SYSTEM 关键字进行引用。

例如，一个名为 book.dtd 的外部 DTD 文件存放在 URL 为 http://www.aaa.com 的网址中，那么，在 XML 中引用该 DTD 文件的指令为：

```
<!DOCTYPE book SYSTEM "http://www.aaa.com/book.dtd">
```

定义一个名为 book.dtd 的外部 DTD 文件存放在硬盘 C:\Administratord 对应的地址中，那么在 XML 中引用该 DTD 文件绝对路径对应的指令为：

```
<!DOCTYPE book SYSTEM "C:\Administrator\book.dtd">
```

如果 book.dtd 和对应 XML 文档在同一文件夹，可以在 XML 中使用 book.dtd 的相对路径，对应的指令为：

```
<!DOCTYPE book SYSTEM " book.dtd">
```

下面将文件 3-1-2-1.xml 对应的文档改为外部 DTD 文件，对应的 DTD 文档内容如下：

文件 3-4-2-1.dtd

```
<?xml version="1.0" encoding="gb2312"?>
<!-- 会员信息对应的 DTD 文件,文件名为"3-4-2-1.dtd" -->
<!ELEMENT 会员信息 (会员*)>
```

```
<!ELEMENT 会员 (姓名,性别,生日,家庭住址,联系方式)>
<!ELEMENT 姓名 (#PCDATA)>
<!ELEMENT 性别 (#PCDATA)>
<!ELEMENT 生日 (#PCDATA)>
<!ELEMENT 家庭住址 (#PCDATA)>
<!ELEMENT 联系方式 (#PCDATA)>
<!ATTLIST 会员 卡号 ID #REQUIRED>
```

文件 3-4-2-1. xml

```
<?xml version = "1.0" encoding = "gb2312"?>
<!-- 会员信息对应的 XML 文档 -->
<!DOCTYPE 会员信息 SYSTEM "3-4-2-1.dtd">
<会员信息>
    <会员 卡号 = "SY102030">
        <姓名>张红</姓名>
        <性别>女</性别>
        <生日>1986-02-15</生日>
        <家庭住址>金地滨河小区 2 号楼 203 室</家庭住址>
        <联系方式>23232233</联系方式>
    </会员>
    <会员 卡号 = "SY102031">
        <姓名>赵楠</姓名>
        <性别>女</性别>
        <生日>1988-11-20</生日>
        <家庭住址>万科新里程 5 号楼 1103 室</家庭住址>
        <联系方式>56561234</联系方式>
    </会员>
</会员信息>
```

使用外部 DTD 的优点是可以将常用的外部 DTD 放在一个共享的地址中,就能够被不同的 XML 引用,一般建议使用外部 DTD。

3.4.3 混合 DTD 引用方式

在 XML 文本中既使用了外部 DTD 也使用了内部 DTD,这种方式称为混合 DTD。一般是某些 XML 文本需要使用已公开的外部 DTD,但是还需要在此 DTD 中加入新的内容,这部分新的内容可以作为内部 DTD 定义。混合 DTD 的使用,不仅方便 XML 在内部 DTD 中增加新的内容,而且不影响其他外部 DTD 的 XML 文档,使用比较灵活。

需要注意的是,使用混合 DTD 时,不允许在两个 DTD 中同时定义同一个元素或属性;否则 XML 解析器将提示错误。

例如,已经创建好一个相关的外部 DTD,对应文档如下:

文件 3-4-3-1. dtd

```
<?xml version = "1.0" encoding = "gb2312"?>
<!ELEMENT 会员 (姓名,性别,联系方式)>
```

创建一个 XML 文件,需要调用文件 3-4-3-1. dtd 对应内容,并且在该文件中增加新的信息,对应文件如下:

文件 3-4-3-1.xml

```
<?xml version = "1.0" encoding = "gb2312"?>
<!DOCTYPE 会员 SYSTEM "3 - 4 - 3 - 1.dtd " [
    <!ELEMENT 姓名 (#PCDATA)>
    <!ELEMENT 性别 (#PCDATA)>
    <!ELEMENT 联系方式 (手机, 座机, E - Mail)>
    <!ELEMENT 手机 (#PCDATA)>
    <!ELEMENT 座机 (#PCDATA)>
    <!ELEMENT E - Mail (#PCDATA)>
]>
<会员>
    <姓名>赵楠</姓名>
    <性别>女</性别>
    <联系方式>
        <手机> 13212341122 </手机>
        <座机> 56561234 </座机>
        < E - Mail > zhaonan@163.com </E - Mail >
    </联系方式>
</会员>
```

3.5 实体的声明与引用

从数据处理的角度看，现实世界中的客观事物称为实体，它是现实世界中任何可区分、可识别的事物。实体可以指人，如教师、学生等，也可以指物，如书、桌子等。实体不仅可以描述能够触及的客观对象；也可以描述抽象的事件，如演出、比赛等；还可以描述事物与事物之间的联系，如学生选课、客户订货等。

在 XML 文本中，实体是用来存放符合语法规则的 XML 文档片段的单元。文档片段是 XML 中的一段代码，也可以仅仅是某个元素或者多个元素的组合，还可以是如图像、声音等二进制数据。因此，实体是 XML 文档中一种数据单位，用于定义引用普通文本或特殊字符的变量。使用 XML 的实体机制，能够将多种不同形态的数据合并加入 XML 文件中。因此，实体的使用是在 XML 中节省大量时间的一种工具。

3.5.1 实体的分类

在 XML 中对应的实体是一个定义好的数据或数据集合，通过相应的引用方式，将这些数据或数据集合引入 XML 或者 DTD 所需的地方。实体可以简单地理解为引用数据的一种方法，数据可以是普通的文本也可以是二进制数据。定义实体时，每个实体都有一个自己的名字，以及对应需要定义的实体内容，通过实体名字引入实体内容，解析器就可以将具体的实体内容来代替文档中的实体名显示在浏览器中，方便用户获取文档信息，如在 2.8 节中使用的预定义实体就是一种特殊的实体。

根据实体种类的不同，实体可分为以下 3 大类。

1. 通用实体和参数实体

通用实体是最简单的实体形式，通常用来替代文档具体内容，一般在 DTD 中定义，可以在 XML 和 DTD 中引用。参数实体是一种只能在 DTD 中进行定义和使用的实体类型。

2. 内部实体和外部实体

在实体定义中，如果实体内容定义并没有关联外部独立的文件，则称为内部实体；如果实体内容保存在一个独立的外部文件中，则称为外部实体。

3. 可解析实体和不可解析实体

根据实体内容是否能够被解析器解析，分为可解析实体和不可解析实体。可解析实体是规范的 XML 文本；不可解析实体是不应该被解析器解析的二进制数据。

一般情况下，可以将不同实体进行组合，生成更多种类实体。常用的实体组合为内部通用实体、外部通用实体、内部参数实体、外部参数实体、内部可解析实体、外部可解析实体、内部不可解析实体及外部不可解析实体等。

3.5.2 内部通用实体

内部通用实体是在 DTD 中定义的一段具体数据内容，可以在 XML 元素或者 DTD 中引用。实体使用<! ENTITY >进行声明。在 DTD 中声明内部通用实体的格式为：

```
<!ENTITY 实体名 实体内容>
```

说明如下。

① <! ENTITY：表示开始声明一个实体，关键字 ENTITY 必须大写。

② 实体名：表示实体的具体名称。该名称必须以下画线或中英文字符开头，且可以由任意的中英文字符、数字、句点符(.)、短横线(—)、下画线(_)等组成。

③ 实体内容：表示通过实体名所引用的具体实体内容。内容是一串包含在半角引号内的连续字符，并且不能包含“&”和“%”字符。

实体定义完成后，就需要使用相应的方式在 XML 或 DTD 中引用实体。在文档中引用内部通用实体时，需要在实体名前添加“&”符号，在实体名后添加“；”符号，因此实体引用的语法格式为：

```
&实体名;
```

下面通过几个具体实例来了解内部通用实体的用法。

文件 3-5-2-1.xml

```
<?xml version = "1.0" encoding = "gb2312"?>
<!DOCTYPE 会员[
    <!ELEMENT 会员 (姓名,电话,联系方式)>
    <!ELEMENT 姓名 (#PCDATA)>
    <!ELEMENT 电话 (#PCDATA)>
    <!ELEMENT 联系方式 (#PCDATA)>
```

```
    <!ENTITY 电话 "手机号码为'13233339999'">
    <!ENTITY 联系方式 "&电话; &amp; E-mail 为'zhanghong@sina.com'">
]>
<会员>
    <姓名>张红</姓名>
    <电话>&电话;</电话>
    <联系方式>&联系方式;</联系方式>
</会员>
```

使用实体后，文件 3-5-2-1.xml 在 Altova XMLSpy 中显示的效果如图 3-4 所示。

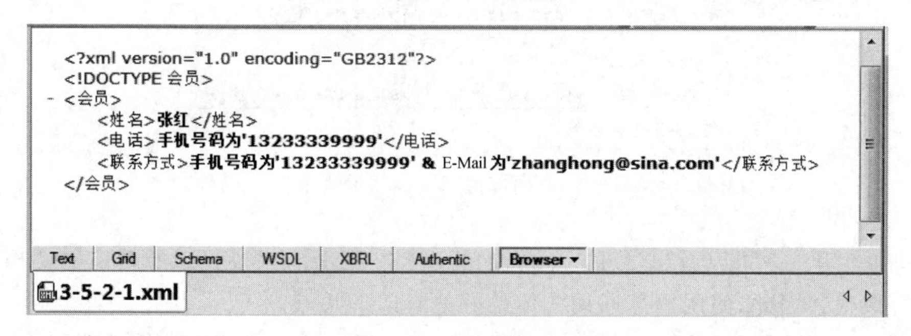

图 3-4　内部通用实体显示效果

在文件 3-5-2-1.xml 中，“<! ENTITY 电话 "手机号码为 '13233339999'">”定义实体名为“电话”，实体内容为“手机号码为 '13233339999'”，在对应的 XML 中，使用实体引用“&电话；”将实体内容显示在浏览器中，这是比较典型的在 DTD 中定义实体、在 XML 中引用实体的方式。而程序段“<! ENTITY 联系方式 "&电话；&；EMAIL 为 'zhanghong@sina.com'">”定义实体名为“联系方式”，实体内容为“&电话；&；E-Mail 为'zhanghong@sina.com'”，可以看出，在实体内容中，出现了实体引用“&电话；”，这是在 DTD 中定义实体、在 DTD 中引用实体的一种方式。下面再通过一个实例加深对实体的理解。

文件 3-5-2-2.xml

```
<?xml version = "1.0" encoding = "GB2312" standalone = "yes"?>
<!DOCTYPE 学生列表 [
    <!ELEMENT 学生列表 (学校, 分院, 学生 * )>
    <!ELEMENT 学校 ( #PCDATA)>
    <!ELEMENT 分院 ( #PCDATA)>
    <!ELEMENT 学生 ( #PCDATA)>
    <!ENTITY college "理工大学">
    <!ENTITY department "&college;信息工程分院">
    <!ATTLIST 学生 学号 ID #REQUIRED
                  性别 (男|女) #REQUIRED>
]>
<学生列表>
    <学校>&college;</学校>
    <分院>&department;学生名单</分院>
    <学生 学号 = "A10301101" 性别 = "男">张宏</学生>
    <学生 学号 = "A10301102" 性别 = "女">李娜</学生>
```

```
    <!-- 其他学生信息 -->
</学生列表>
```

使用实体后，文件 3-5-2-2. xml 在 Altova XMLSpy 中显示的效果如图 3-5 所示。

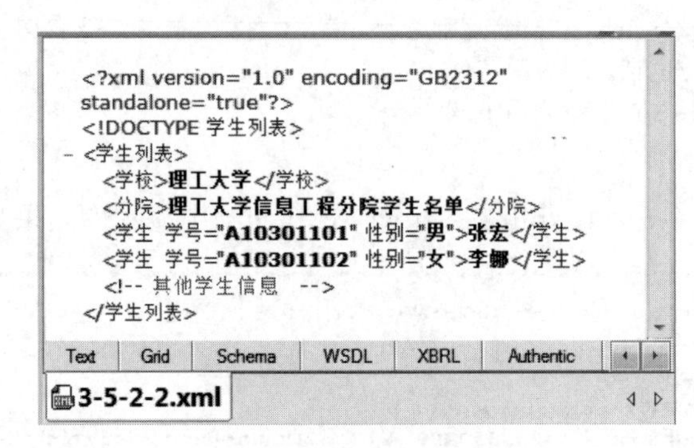

图 3-5　内部通用实体显示效果

由图 3-4 和 3-5 可以看出，DTD 中定义的实体在 XML 中引用后，所对应的文档已经将实体内容取代。因此，使用内部通用实体的好处有以下几点。

① 实体的引用，大大提高了文档的书写效率，使得文档的外观更加简洁明了。

② 如果文档中需要多次对内容进行修改，那么只需要修改实体定义中的语句，就可修改文档中所有引用该实体的部分，因而提高了文档修改的效率。

③ 实体的引用，方便一些常用的数据进行多次引用，使得文档的准确率大大提高。

3.5.3　外部通用实体

外部通用实体是在文档实体以外定义的实体对象，它所对应的内容通常为一个独立存在的文件。也就是说，XML 通过其他 XML 文档或文档片段嵌入该 XML 文档中，并通过实体引用的方式，使解析器在对应文件的 URL 资源上找到所需要的文档或文档片段，这些 XML 文档或文档片段可以合并成一个较大的新的 XML 文档。通过外部文档的引用，外部实体具有更好的灵活性与共享性。

外部通用实体声明的语法格式为：

```
<! ENTITY 实体名 SYSTEM 实体的 URI >
```

格式说明如下。

① <! ENTITY：表示开始声明一个实体，关键字 ENTITY 必须大写。

② 实体名：表示实体的名称。该名称必须以下画线或字母开头，后面可以是字母、数字、句点符(.)、短横线(—)、下画线(_)等。

③ SYSTEM：定义外部实体关键字。

④ 实体的 URL：表示实体参考文件的地址路径，该地址可以是完整的 URL 地址，也可以是相对地址，此地址需要半角引号括起来。

在 XML 文档或者 DTD 中引用外部通用实体时，需要在实体名前添加“&”符号，在实体名后添加“;”符号，其语法格式为：

```
&实体名;
```

下面通过一个具体实例来了解外部通用实体的用法。

文件 3-5-3-1. txt

```
11228000
```

文件 3-5-3-1. xml

```
<?xml version = "1.0" encoding = "gb2312" standalone = "no"?>
<!DOCTYPE 学院信息[
<!ELEMENT 学院信息 (分院*,联系方式*)>
<!ELEMENT 分院 (#PCDATA)>
<!ELEMENT 联系方式 (#PCDATA)>
<!ENTITY department "信息与控制分院">
<!ENTITY tel SYSTEM "3-5-3-1.txt">
]>
<学院信息>
    <分院>&department;</分院>
    <联系方式>&tel;</联系方式>
</学院信息>
```

文件 3-5-3-1. xml 在浏览器中显示的效果如图 3-6 所示。

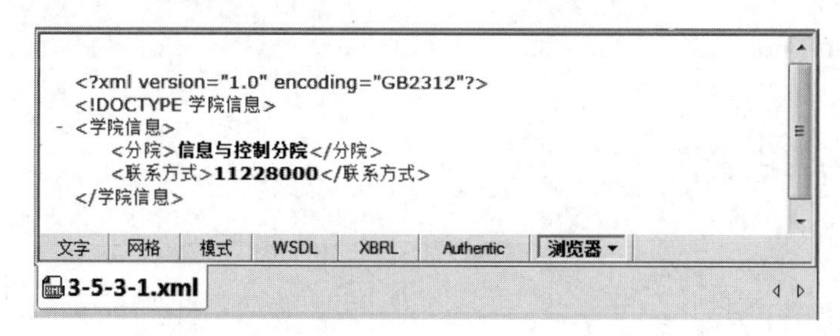

图 3-6 外部通用实体显示效果

3.5.4 内部参数实体

参数实体是指所定义的实体只能出现在 DTD 文件中,其主要用途是简化 DTD 语法。内部参数实体是指在独立的外部 DTD 文档的内部定义的参数实体,内部参数实体只能用于外部 DTD,无法用于内部 DTD。这里需注意,内部通用实体的“内部”是指 XML 文档内部,内部参数实体的“内部”是指外部 DTD 文档的内部。

声明内部参数实体的语法格式为:

```
<!ENTITY % 实体名 实体内容>
```

说明如下。

① <!ENTITY:表示开始声明一个实体,关键字 ENTITY 必须大写。

② %:表示声明的是一个参数实体。

③ 实体名:表示实体的名称。注意:实体名与前面的%之间有空格。

④ 实体内容：表示实体的数据内容。其内容是一串包含在半角引号内的连续字符，并且不能包含"&"和"%"字符。

在DTD中引用内部参数实体时，需要在实体名前添加"%"符号，在实体名后添加";"符号，其语法格式为：

```
%实体名;
```

注意：内部参数实体必须先定义后引用，在定义时"%"与实体名之间必须有空格隔开，引用时不需要空格。

下面通过一个实例来了解内部参数实体的用法。

文件3-5-4-1.dtd

```
<?xml version = "1.0" encoding = "gb2312"?>
<!ELEMENT 学校信息 (教师信息,学生信息)>
<!ENTITY % personal "(姓名,性别,出生年月,联系电话)">
<!ELEMENT 教师信息 %personal;>
<!ELEMENT 学生信息 %personal;>
<!ELEMENT 姓名 (#PCDATA)>
<!ELEMENT 性别 (#PCDATA)>
<!ELEMENT 出生年月 (#PCDATA)>
<!ELEMENT 联系电话 (#PCDATA)>
```

文件3-5-4-1.xml

```
<?xml version = "1.0" encoding = "gb2312" standalone = "no"?>
<!DOCTYPE 学校信息 SYSTEM "3-5-4-1.dtd">
<学校信息>
    <教师信息>
        <姓名>赵薇</姓名>
        <性别>女</性别>
        <出生年月>1980-01-01</出生年月>
        <联系电话>12345678</联系电话>
    </教师信息>
    <学生信息>
        <姓名>张丽</姓名>
        <性别>女</性别>
        <出生年月>1987-01-01</出生年月>
        <联系电话>87654321</联系电话>
    </学生信息>
</学校信息>
```

3.5.5 外部参数实体

外部参数实体是在外部DTD文档中声明的参数实体，不同的DTD定义语句可以根据不同的需要、不同的逻辑功能被定义为不同的外部参数实体，然后通过外部参数实体的声明将多个独立的DTD文档综合成一个大的DTD文档。外部参数实体是在文档外部定义，并且只能在DTD中使用的实体。

声明外部参数实体的语法格式为：

```
<!ENTITY % 实体名 SYSTEM 实体的 URL>
```

说明如下。

① <!ENTITY：表示开始声明一个实体，关键字 ENTITY 必须大写。

② %：表示声明的是一个参数实体。

③ 实体名：表示实体的名称。SYSTEM：定义外部实体关键字。注意：实体名与前面的%之间有空格。

④ 实体的 URL：表示外部参数实体参考文件的地址路径，该地址可以是完整的 URL 地址，也可以是相对地址，此地址需要半角引号括起来。

在 DTD 中引用外部参数实体时，需要在实体名前添加"%"符号，在实体名后添加";"符号，其语法格式为：

```
%实体名;
```

注意：外部参数实体必须先定义后引用，在定义时"%"与实体名之间必须有空格分开，引用时不需要空格。

下面通过一个实例来了解外部参数实体的用法。

文件 3-5-5-1. dtd

```
<?xml version = "1.0" encoding = "gb2312"?>
<!ELEMENT 学院信息 (校名,分院)>
<!ELEMENT 校名 (#PCDATA)>
<!ELEMENT 分院 (#PCDATA)>
```

文件 3-5-5-2. dtd

```
<?xml version = "1.0" encoding = " gb2312"?>
<!ELEMENT 教师信息 (姓名,性别,专业)>
<!ELEMENT 姓名 (#PCDATA)>
<!ELEMENT 性别 (#PCDATA)>
<!ELEMENT 专业(#PCDATA)>
```

文件 3-5-5-3. dtd

```
<?xml version = "1.0" encoding = "gb2312"?>
<!ELEMENT 学校简介 (学院信息,教师信息)>
<!ENTITY % school SYSTEM "3-5-5-1.dtd">
<!ENTITY % teacher SYSTEM "3-5-5-2.dtd">
%school;
%teacher;
```

文件 3-5-5-1. xml

```
<?xml version = "1.0" encoding = "gb2312" standalone = "no"?>
<!DOCTYPE 学校简介 SYSTEM "3-5-5-3.dtd">
<学校简介>
    <学院信息>
        <校名>理工大学</校名>
        <分院>信息与控制分院</分院>
    </学院信息>
```

```
    <教师信息>
        <姓名>王鹏</姓名>
        <性别>男</性别>
        <专业>软件工程</专业>
    </教师信息>
</学校简介>
```

3.6 DTD 特性

DTD 是用来验证 XML 有效性的一种方式，根据 DTD 创建的文档可以方便地在网络中进行数据交互与共享。DTD 的出现能够有效地推动 XML 的发展，然而它也受到一些因素的限制。一般情况下，使用 DTD 文件存在以下问题。

① DTD 具有独立的语法。

② DTD 文件不符合 XML 文档的语法规则。

③ DTD 用于描述数据类型的方式过于简单。

④ DTD 不支持命名空间。

⑤ DTD 扩展机制较弱。

由于 DTD 存在的不足之处，W3C 推出了另一种用于规范和约束 XML 文档的标准——XML Schema。与 DTD 不同的是，XML Schema 采用和 XML 相同的语法规则，并且在语法定义上，比 DTD 更为强大、扩展性更好。具体参见第 4 章。

3.7 小结

DTD(文档类型定义)是有效的 XML 文档的基础，主要用于规范和约定 XML 文档，目的就是让符合规范的 XML 文档成为数据交换的标准。

在 DTD 中，根据 XML 文档结构，具体规定引用该 DTD 的 XML 文档可以使用的元素名称、元素间嵌套关系、各个元素出现的先后顺序、属性和属性值数据类型以及可使用的实体及符号规则的特性。根据 DTD 建立相应的 XML 文档，就可以方便地使用 XML 文档进行数据交互。

在 DTD 中有 3 种引用方式，分别是内部 DTD 引用方式、外部 DTD 引用方式和混合 DTD 引用方式。

在 DTD 中使用关键字 ELEMENT 定义元素，使用关键字 ATTLIST 定义属性列表，使用关键字 ENTITY 定义实体。

DTD 在使用中存在一定的局限性，如语法与 XML 完全不同、数据类型简单且扩展性较弱。

3.8 习题

1. 选择题

(1) XML 文档如下：

```
<?xml version = "1.0"?>
    <!DOCTYPE greeting [
        < ELEMENT greeting ( # PCDATA)>
]>
< greeting >
    Hello, World!
</greeting >
```

上面的 XML 文档属于(　　)文档。

A. 无效的　　B. 有效的　　C. 格式良好的　　D. 格式错误的

(2) 在 DTD 中,设定一个元素可以出现任意次,则使用的符号为(　　)。

A. ?　　B. *　　C. !　　D. +

(3) 下列(　　)是引用通用实体的正确方法。

A. &RefEntity;　　B. %RefEntity;　　C. @RefEntity;　　D. !RefEntity;

(4) 下列(　　)是引用参数实体的正确方法。

A. &RefEntity;　　B. %RefEntity;　　C. @RefEntity;　　D. !RefEntity;

(5) 在 XML 文档的 DTD 机制中,(　　)最适合模仿关系型数据的主键和外键的关系。

A. key/keyref　　B. ID/IDREF

C. CDATA/PCADTA　　D. ENTITY

2. 填空题

(1) 有效的 XML 文档为<图书 类别="计算机"> XML 基础教程</图书>,其中属性"类别"的属性值可有可无,使用 DTD 定义属性的语法为:

____。

(2) 已知通用实体<! ENTITY　content "客户信息">,写出在文档中引用该实体的语法:____________________。

(3) 引用外部 DTD 文件时,需要在 XML 文档的中声明所要使用的 DTD 文件。假如 XML 文档的根元素为 root,外部 DTD 的文件名为 Filename.dtd,那么引用该外部 DTD 的语法为:

____。

(4) 在 XML 中对应的________是一个定义好的数据或数据集合,通过相应的引用方式,将这些数据或数据集合引入 XML 或者 DTD 所需的地方。

(5) 空元素是指在标记间没有任何数据内容的元素。空元素的存在不影响 XML 数据的正确性,空元素可以存放属性提供的额外信息。在 DTD 中使用关键字________定义空元素。

3. 简答题

(1) 什么是 DTD? 它有什么作用?

(2) 在 DTD 中如何声明元素?

(3) 在 DTD 中如何声明属性?

(4) 在 DTD 中,使用哪些符号控制子元素出现的次数?

(5) 什么是实体?如何分类?各有什么特点?

4. 上机操作

根据以下的 XML 文档,写出相应的外部 DTD,并验证文档的有效性。

```
<?xml version = "1.0" encoding = "GB2312"?>
<图书列表>
    <图书信息 类别 = "计算机类">
        < ISBN > 7 - 302 - 12066 - 8 </ISBN >
        <书名> Java 面向对象程序设计</书名>
        <作者列表>
            <作者>王岩</作者>
            <作者>杨柯</作者>
        </作者列表>
        <出版社>大连理工大学出版社</出版社>
        <价格> 32.00 </价格>
    </图书信息>
    <图书信息 类别 = "儿童教育类">
        < ISBN > 7 - 303 - 1978 </ISBN >
        <书名>宝宝睡前故事</书名>
        <作者列表>
            <作者>张丽</作者>
        </作者列表>
        <出版社>海豚教育出版社</出版社>
        <价格> 12.00 </价格>
    </图书信息>
    <图书信息>
        < ISBN > 7 - 5037 - 3444 </ISBN >
        <书名>经济管理学</书名>
        <出版社>商务出版社</出版社>
        <价格> 19.00 </价格>
    </图书信息>
</图书列表>
```

XML Schema

内容导读

为了弥补DTD的不足，W3C开发了一种新的用于约束和规范XML文档的标准，称为XML Schema。根据XML Schema设计的文档，严格规范了XML的语法格式，能够保证数据交流和共享。

本章主要围绕XML Schema的基本结构及语法格式进行详细介绍，并结合实例描述如何根据XML Schema进行XML文档的设计。

本章要点

◇ 理解命名空间的概念及使用方式。

◇ 理解XML Schema文档结构及引用方式。

◇ 掌握XML Schema中元素声明。

◇ 掌握XML Schema中属性声明。

4.1 命名空间

XML命名空间是W3C推出的一个标准，是用来统一命名XML文档中的元素和属性的机制。使用命名空间可以明确表示出XML文档中的元素、属性及其他标记，可以避免名称之间冲突所带来的问题。

4.1.1 命名空间概述

随着XML技术的发展，一些领域发布了自己的标准，如MathML、CML等，但是随着数据的不断扩展，也会衍生出一系列相关问题，特别是在XML中，元素和属性名称是可以自行定义的，那么当两个不同的文档使用同样的元素或属性名称描述两个不同类型的内容时，或者一个同样的元素或属性名称表示两个不同含义的内容时，就会发生命名冲突。如果开发一个学生信息管理系统，在该系统中定义了<姓名><性别><出生年月>元素，这些元素既可以表示学生的相关信息，也可以表示学生家长的相关信息，举例如下。

文件 4-1-1-1. xml

```
<?xml version = "1.0" encoding = "GB2312"?>
<信息列表>
    <学生信息 学号 = "A10301108">
```

```
        <姓名>张小红</姓名>
        <性别>女</性别>
        <出生年月>1990-06-02</出生年月>
    </学生信息>
    <家长信息>
        <姓名>张国伟</姓名>
        <性别>男</性别>
        <出生年月>1968-05-16</出生年月>
    </家长信息>
</信息列表>
```

在该文档中,<姓名><性别><出生年月>元素命名一样,但是针对的对象和所表达的内容有所不同,在文档应用或文档搜索过程中就会出现命名混淆,元素的含义模糊不清,导致XML解析器无法确定如何处理这类冲突。因此,为了避免XML文档中同名元素所表达不同含义的现象发生,W3C制定了命名空间。

4.1.2 命名空间定义

XML规范提供了命名空间机制,用来解决元素或属性命名冲突的问题。命名空间是XML文档的基本组成部分,能够定义元素或属性具有唯一性的一种方式。

在XML文档中,命名空间采用一种独特的方式来表示元素或属性所处的空间,这个独特的标识符需要在元素或属性名前使用,并且必须保证该标识符在XML文档中是唯一的。将不同的标识符对元素或属性进行划分,使得具有相同名称的元素设置在不同的空间中,就不会引起命名冲突和混淆了。

命名空间的标识符要求具有唯一性。XML中为了保证标识符的唯一性,采用了一种特殊而巧妙的方式对标识符进行标识。标识符在定义时,对应的值使用网络中的地址即URI(Universal Resource Identifier,通用资源标识符)进行标识。众所周知,网络中的URI肯定是独一无二的,这样定义的标识符就会保证命名空间对应的标识符也是独一无二的。

需要注意的是,在命名空间中,标识符使用的URI通常起着标识作用,并不是真正需要从网络资源获取任何信息,因此精确性不重要,该URI的作用仅仅是给命名空间一个唯一的名字,因此这个地址可以是虚拟的。

定义命名空间一般有两种方式:一种是前置命名法;另一种是默认命名法。

4.1.3 前置命名法

前置命名法的语法格式为:

```
<元素名 xmlns:标识符="URI">
```

说明如下。

① 元素名:用户要在其中定义命名空间的某个元素标记的名称。

② xmlns:定义命名空间时所使用的固定关键字,与后面的"标识符"必须用":"隔开。

③ 标识符:用户为命名空间定义的对应标识名称,此名称在文档中是唯一的。

④ URI:元素所归属的命名空间地址,要用半角引号括起来。

注意：标识符不允许使用xml、html、xsl、xmlns等保留字，并且不能使用冒号。标识符可以是由任意数量的中英文字符、数字、点字符、短线、下画线组成，且首字母只能是下画线或中英文字符。

下面将文件4-1-1-1.xml中加入前置命名语法规则，通过实例了解如何创建和使用前置命名空间。

文件4-1-3-1.xml

```
<?xml version = "1.0" encoding = "GB2312"?>
< student:信息列表 xmlns:student = "http://www.student.net"
                  xmlns:parent = "http://www.parent.net">
    < student:学生信息 student:学号 = "A10301108">
        < student:姓名>张小红</student:姓名>
        < student:性别>女</student:性别>
        < student:出生年月> 1990 - 06 - 02 </student:出生年月>
    </student:学生信息>
    < parent:家长信息>
        < parent:姓名>张国伟</parent:姓名>
        < parent:性别>男</parent:性别>
        < parent:出生年月> 1968 - 05 - 16 </parent:出生年月>
    </parent:家长信息>
</student:信息列表>
```

从文件4-1-3-1.xml中可以看出，文档中使用了两个标识符，即student和parent，将元素定义在不同的命名空间中，使得文档中的同名元素具有唯一性。

注意：使用前置命名法，需要为文档中的每个元素增加命名空间的标识符，对于一个长的文档来说非常烦琐，并且数据量的增加会加重网络负担，因此可以使用默认命名法。

4.1.4 默认命名法

在默认命名空间的定义中，使用xmlns属性直接声明默认命名空间，因此在元素中不需要显式地使用命名空间的标识符。默认命名法语法格式为：

```
<标记名 xmlns = "URI">
```

说明如下。

① 标记名：用户要在其中定义命名空间的某个元素标记的名称。

② xmlns：定义命名空间时所使用的固定词语。此名称在文档中是唯一的。

③ URI：元素所归属的命名空间的地址，要用半角引号括起来。

注意：定义默认命名空间，可以作用至元素，但无法作用于元素的属性，对元素的属性来说是不存在默认命名空间的。

文件4-1-4-1.xml

```
<?xml version = "1.0" encoding = "GB2312"?>
<信息列表 xmlns = "http://www.student.net" xmlns:parent = "http://www.parent.net">
<学生信息 学号 = "A10301108">
    <姓名>张小红</姓名>
        <性别>女</性别>
```

```
        <出生年月> 1990 - 06 - 02 </出生年月>
    </学生信息>
    <parent:家长信息>
        <parent:姓名>张国伟</parent:姓名>
        <parent:性别>男</parent:性别>
        <parent:出生年月> 1968 - 05 - 16 </parent:出生年月>
    </parent:家长信息>
</信息列表>
```

在文件 4-1-4-1.xml 中,使用 xmlns 关键字声明一个默认命名空间,元素中没有使用命名空间前缀,表示这些元素默认设置在该空间中。

将前置命名空间和默认命名空间相结合,能够使文档使用更加灵活、方便。因此,前置命名法与默认命名法的特点表现为以下方面。

① 前置命名法必须为所引用的命名空间需要定义标识符。此后如果使用该命名空间,只需要直接使用这个标识符即可,该标识符也是命名空间的前缀。

② 使用默认命名法时,元素一经引用命名空间,此后子元素就会自动引用相同的命名空间,无须额外声明。使用前置命名法时可以在引用该命名空间的元素和属性前加上该命名空间的别名。

4.2 XML Schema 概述

XML Schema 也被称为 XML 模式或者 XML 架构,它是一种用于定义和描述 XML 文档的结构和内容相关的文本文件。由于 DTD 存在诸多不足,因此 XML Schema 是继 DTD 之后的第二代用于规范和约束 XML 文档的一种规范模式。

XML Schema 是 2001 年 5 月 2 日由 W3C 正式发布的推荐标准,它与 DTD 作用相同,都是用于规范和约束 XML 文档的一种语言,用于验证 XML 文档的有效性。但是 XML Schema 在使用上比 DTD 更加灵活,因为它本身就是一个有效的 XML 文档,因而可以更直观地了解 XML 的结构。此外,XML Schema 支持命名空间,内置多种简单和复杂的数据类型,可扩展性好。因此,XML Schema 逐渐成为 XML 应用的统一规范。W3C 指定了 XML Schema 规范,也称为 XSD(XML Schema Definition)。使用 XML Schema 可以完成的功能有以下几个。

① 定义可出现在文档中的元素。

② 定义可出现在文档中的属性。

③ 定义哪些元素是子元素。

④ 定义子元素的次序。

⑤ 定义子元素的数目。

⑥ 定义元素和属性的数据类型。

⑦ 定义元素和属性的默认值及固定值。

XML Schema 比 DTD 功能强大,XML Schema 最重要的能力之一就是对数据类型的支持,通过对数据类型的支持,可以实现以下功能。

① 可更容易地描述允许的文档内容。

② 可更容易地验证数据的正确性。

③ 可更容易地与来自数据库的数据一并工作。

④ 可更容易地定义数据约束。

⑤ 可更容易地定义数据模型(或称数据格式)。

⑥ 可更容易地在不同的数据类型间转换数据。

一些人认为,XML Schema 是 DTD 的继任者,XML Schema 将会在大部分网络应用程序中取代 DTD,理由有以下几个。

① XML Schema 可针对未来的需求进行扩展。

② XML Schema 语法设计更完善、功能更强大。

③ XML Schema 基于 XML 编写,它本身是一个有效的 XML 文档。

④ XML Schema 支持多种数据类型,如整型、字符型、浮点型、日期型等。

⑤ XML Schema 支持命名空间。

4.3 XML Schema 文档基本概念

4.3.1 XML Schema 文档结构

XML Schema 是基于 XML 编写的,保存文件的扩展名为.xsd,它除了具有 XML 文档的语法要求外,还有一些特殊的要求,其文档基本结构为:

```
<?xml version = "1.0" encoding = "UTF - 8"?>
< xs:schema xmlns:xs = "http://www.w3.org/2001/XMLSchema">
    <! -- XMLSchema 文档中元素及属性的定义 -- >
</xs:schema >
```

由于 XML Schema 使用 XML 语法规则,因此第一行<? xml version="1.0" encoding="UTF-8"? >是 XML 声明语句。

根元素为< xs: schema >,其中属性 xmlns: xs = " http://www. w3. org/2001/XMLSchema",表明在 XML Schema 中使了用命名空间机制,其标识符为 xs 或 xsd,在 XMLSpy 中一般使用标识符 xs,它位于 http://www. w3. org/2001/XMLSchema 这个命名空间中。

使用 Altova XMLSpy 创建 XMLSchema 的过程为:选择【File】→【New】菜单命令,系统弹出【Create new document】对话框,选择【xsd W3C XML Schema】选项,如图 4-1 所示,然后单击【OK】按钮进入编辑窗口,并切换到编辑窗口下的【text】窗体,就可进行代码编辑了,代码编辑窗口如图 4-2 所示。

4.3.2 XML Schema 的引用

XML Schema 文档用于规范和约束 XML 文档,如果把一个定义好的 XML Schema 文档引用到 XML 文本中,则需要在 XML 的根元素定义以下格式:

```
<根元素 xmlns:xsi = "http://www.w3.org/2001/XMLSchema - instance"
```

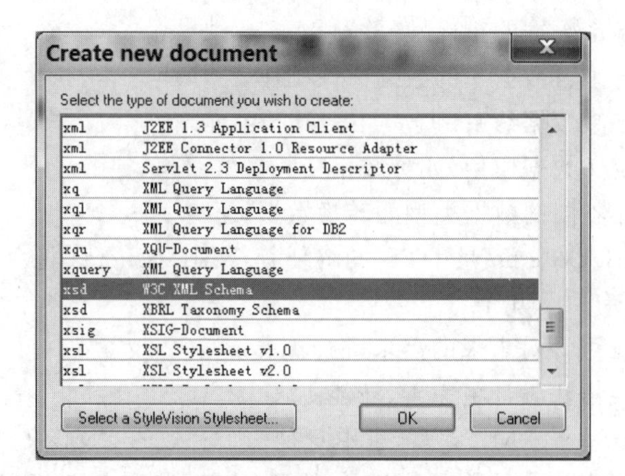

图 4-1　选择模式文档

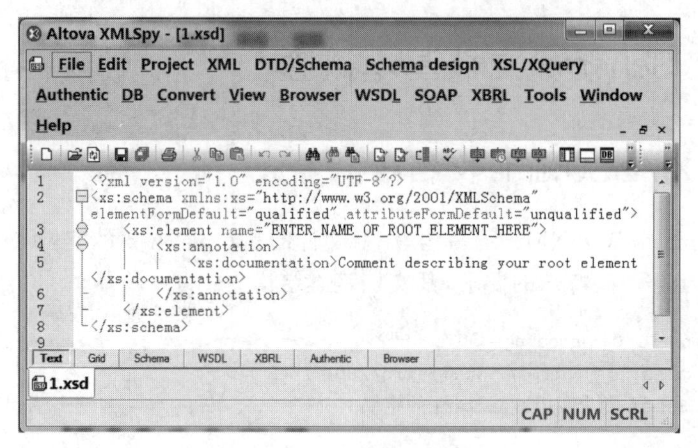

图 4-2　代码编辑窗口

```
xsi:noNamespaceSchemaLocation = "xsdURI">
```

说明如下。

① xmlns：xsi＝"http://www.w3.org/2001/XMLSchema－instance"：用于定义命名空间，且标识符为“xsi”。

② xsi：noNamespaceSchemaLocation＝"xsdURI"：用于指定 XML Schema 文件的路径。

4.3.3　XML Schema 数据类型

XML Schema 的数据包括简单类型和复杂类型。其中简单类型不包含任何其他的元素或属性，而只能作为元素或属性值的文本数据内容，或是作为复杂类型元素中最终端元素，即树状结构中的叶子元素；复杂类型用于表示一个能够包含多个元素或多个属性，或者既包含元素也包含属性的数据类型。

W3C 为 XML Schema 定义了多种内置数据类型，用户在编写 XML Schema 文件时可以直接使用。常用的 XML Schema 数据类型如表 4-1 所示。

表 4-1 常用 XML Schema 的数据类型

类 型	描 述
integer	整数类型
string	字符串类型
decimal	十进制，包含任意精度和位数的数字
float	单精度 32 位浮点型数字
double	双精度 64 位浮点型数字
boolean	布尔类型，值分别为 true 或 false
date	日期类型，格式为 YYYY-MM-DD
time	时间类型，格式为 hh：mm：ss
dateTime	日期时间类型，格式为 YYYY-MM-DDThh：mm：ss
anyURI	元素中包含一个 URI

XML Schema 除了定义数据类型方便用户约定文本内容外，还规定了对数据类型细节的描述，常用数据类型的细节描述如表 4-2 所示。

表 4-2 常用数据类型的细节描述

类 型	描 述
enumeration	枚举类型，定义一个列表，获取其中一个值
length	所允许字符的精确长度，不得小于 0 字符
maxLength	所允许字符长度的最大数目，不得大于 0
minLength	所允许字符长度的最小数目，不得小于 0
maxExclusive	数值的上限，所允许的值必须小于该值
maxInclusive	数值的上限，所允许的值不得大于该值
minExclusive	数值的下限，所允许的值必须大于该值
minInclusive	数值的下限，所允许的值不得小于该值
pattern	可接受字符的精确序列

4.3.4 XML Schema 常用元素

XML Schema 定义了多种元素用于规范和约束 XML 文档，常用元素如表 4-3 所示。

表 4-3 XML Schema 常用元素

名 称	描 述
element	声明元素
simpleType	简单类型，用于描述元素文本或属性值的内容
complexType	复杂类型，用于描述元素结构(子元素关系)或声明元素属性
simpleContent	描述复杂类型中的简单数据内容
complexContent	描述复杂类型中的复杂数据内容
attribute	声明属性
attributeGroup	声明属性组
restriction	设定约束条件
extension	设定扩展内容

续表

名　称	描　述
sequence	序列关系,表示所选元素按序出现
choice	选择关系,表示所选元素有且只能出现一次
all	表示元素按任意顺序排列,但最多出现次数为1,最少为0
annotation	表示XML文档的注解
documentation	annotation子元素,描述注解内容

4.3.5 XML Schema 简单类型声明

在XML Schema中,使用<xs:simpleType>元素定义符合用户需要的简单类型元素,XML文档元素和属性值自定义简单数据类型的语法格式为:

```
<xs:simpleType>
    <xs:restriction base="xs:数据类型">
        <xs:数据类型细节描述 value="value"/>
            ……
        </xs:restriction>
</xs:simpleType>
```

说明如下。

① <xs:simpleType>:用于声明一个简单类型。

② <xs:restriction>:它是<xs:simpleType>元素的子元素,用于定义文本的约束条件,其数据类型由base属性指定,其数据类型如表4-1所示。

③ <xs:数据类型细节描述>:它是<xs:restriction>元素的子元素,可以多次使用该元素描述元素的长度、范围、枚举等限制内容,通过属性value指定,常用的数据类型细节描述如表4-2所示。

4.3.6 XML Schema 复杂类型声明

复杂类型用于表示一个能够包含多个元素或多个属性,或者既包含元素也包含属性的数据类型。在XML Schema中,使用<xs:complexType>元素定义符合用户需要的复杂类型数据,为XML文档定义复杂类型数据的一种语法格式为:

```
<xs:complexType>
    <xs:sequence [minOccurs="最多出现次数"] [maxOccurs="最少出现次数"]>
        <xs:element name="子元素名"
                [type="xs:数据类型"]
                [minOccurs="最多出现次数"]
                [maxOccurs="最少出现次数"]
    />
        ……
    </xs:sequence>
</xs:complexType>
```

说明如下。

① <xs：complexType>元素：用于声明一个复杂类型。

② <xs：sequence>元素：它是<xs：complexType>元素的子元素，用于声明 XML 子元素出现的顺序。除了<xs：sequence>外，<xs：complexType>还可使用<xs：all>和<xs：choice>等子元素。<xs：all>表示子元素按任意顺序排列，最多出现次数为 1，最少为 0；<xs：choice>表示在子元素列表中只能选择其中一个子元素来使用。

③ <xs：element>元素：它是<xs：sequence>的子元素，用于表明元素中存在子元素的相关内容。

④ name 属性：表示子元素的名称。

⑤ type 属性：可选属性，表示元素对应数据类型或用户自定义数据类型。

⑥ minOccurs 属性：可选属性，表示子元素出现的最少次数，最小值为 0。

⑦ maxOccurs 属性：可选属性，表示子元素出现的最多次数，最大值为 unbounded，表示子元素可出现无数次。

4.4 XMLSchema 元素的声明

在 XML 的树状结构中，其元素主要分为叶子元素和枝干元素。其中，叶子元素表示元素中不包含任何子元素，该类元素为末端节点。枝干元素表示元素包含一个或多个子元素。在设计 XMLSchema 时，XML 的叶子元素需要使用简单类型描述，而枝干元素需要使用复杂类型描述。

4.4.1 XML Schema 元素声明语句

元素是 XML 文档的基本组成部分，它用来存放和组织数据。在 XMLSchema 中使用<xs：element>声明元素名称，其语法为：

```
<xs:element name = "元素名">
    <!-- 简单类型或复杂类型声明 -->
    … …
</xs:element>
```

4.4.2 XML Schema 叶子元素的声明

叶子元素是指不包含其他子元素的元素，XML 的叶子元素的声明是 XMLSchema 中简单类型的一种表现方式。结合元素声明语句<xs：element>及简单类型<xs：simpleType>可以描述叶子元素的数据内容。下面根据数据类型的细节描述，通过实例掌握 XML 叶子元素的声明方式。

1. 枚举类型的定义

枚举类型表示定义元素时，可以在若干个选项列表中选取其中一个作为该元素的数据内容使用。枚举类型用于除了 boolean 类型之外的所有简单数据类型，每个枚举列表中的值必须是唯一的。

文件 4-4-2-1. xsd

```
<?xml version = "1.0" encoding = "gb2312"?>
<xs:schema xmlns:xs = "http://www.w3.org/2001/XMLSchema">
    <xs:element name = "图书">
        <xs:simpleType>
            <xs:restriction base = "xs:string">
                <xs:enumeration value = "XML 基础教程"/>
                <xs:enumeration value = "Java 程序设计"/>
            </xs:restriction>
        </xs:simpleType>
    </xs:element>
</xs:schema>
```

文件 4-4-2-1. xsd 中定义了元素名为<图书类别>,该元素是一个简单数据,描述该元素中对应的数据内容为 string 字符串类型,且使用 enumeration 限制元素中的内容为枚举类型,分别是“XML 基础教程”和“Java 程序设计”中的任意一种。对应有效的 XML 文件为 4-4-2-1. xml。

文件 4-4-2-1. xml

```
<?xml version = "1.0" encoding = " gb2312"?>
<图书> XML 基础教程</图书>
```

或者:

```
<?xml version = "1.0" encoding = " gb2312"?>
<图书> Java 程序设计</图书>
```

2. 限制长度类型的定义

XML Schema 中可以使用< xs: length >描述字符串类型或 anyURI 类型数据的最大长度。

文件 4-4-2-2. xsd

```
<?xml version = "1.0" encoding = "gb2312"?>
<xs:schema xmlns:xs = "http://www.w3.org/2001/XMLSchema">
    <xs:element name = "密码">
        <xs:simpleType>
            <xs:restriction base = "xs:string">
                <xs:length value = "8"/>
            </xs:restriction>
        </xs:simpleType>
    </xs:element>
</xs:schema>
```

文件 4-4-2-2. xsd 中定义了元素名为<密码>,该元素是一个简单数据,描述该元素中对应的数据内容为 String 字符串类型,且使用 length 限制元素的长度为 8。对应有效的 XML 文件为 4-4-2-2. xml。

文件 4-4-2-2. xml

```
<?xml version = "1.0" encoding = " gb2312"?>
```

```
<密码> 1234abcd </密码>
```

3. 限制数值范围的定义

在 XML Schema 中可以限定数字、日期、时间类型数据的最小值或最大值。

文件 4-4-2-3. xsd

```
<?xml version = "1.0" encoding = " gb2312"?>
<xs:schema xmlns:xs = "http://www.w3.org/2001/XMLSchema">
    <xs:element name = "数量">
        <xs:simpleType>
            <xs:restriction base = "xs:integer">
                <xs:minInclusive value = "0"/>
                <xs:maxInclusive value = "10"/>
            </xs:restriction>
        </xs:simpleType>
    </xs:element>
</xs:schema>
```

文件 4-4-2-3. xsd 中定义了元素名为<数量>,该元素是一个简单数据,描述该元素中对应的数据内容为 integer 整数类型,且使用 minInclusive 和 maxInclusive 限制元素的最小值为 0,最大值为 10。对应有效的 XML 文件为 4-4-2-3. xml。

文件 4-4-2-3. xml

```
<?xml version = "1.0" encoding = " gb2312"?>
<数量> 7 </数量>
```

4. 时间日期类型的定义

在 XML Schema 中可以使用时间、日期或时间日期的格式为元素内容指定一个数据格式。

文件 4-4-2-4. xsd

```
<?xml version = "1.0" encoding = "gb2312"?>
<xs:schema xmlns:xs = "http://www.w3.org/2001/XMLSchema">
    <xs:element name = "时间">
        <xs:simpleType>
            <xs:restriction base = "xs:dateTime"/>
        </xs:simpleType>
    </xs:element>
</xs:schema>
```

文件 4-4-2-4. xsd 中定义了元素名为<时间>,该元素是一个简单数据,描述该元素中对应的数据内容为 dateTime 日期时间类型。对应有效的 XML 文件为 4-4-2-4. xml。

文件 4-4-2-4. xml

```
<?xml version = "1.0" encoding = " gb2312"?>
<时间> 2012 - 10 - 01T10:06:23 </时间>
```

5. 元素自定义格式

在 XML Schema 中可以使用一种专用的表达式为元素内容指定一个格式。

文件 4-4-2-5.xsd

```
<?xml version = "1.0" encoding = "gb2312"?>
<xs:schema xmlns:xs = "http://www.w3.org/2001/XMLSchema">
<xs:element name = "字符">
    <xs:simpleType>
        <xs:restriction base = "xs:string">
            <xs:pattern value = "[a - z]"/>
            </xs:restriction>
        </xs:simpleType>
    </xs:element>
</xs:schema>
```

文件 4-4-2-5.xsd 中定义了元素名为<字符>,该元素是一个简单数据,描述该元素中对应的数据内容为英文小写字符 a～z 中任意一个。对应有效的 XML 文件为 4-4-2-5.xml。

文件 4-4-2-5.xml

```
<?xml version = "1.0" encoding = " gb2312"?>
<字符> m </字符>
```

pattern 表示可接受字符的精确序列,使用它可以为 XML 文本中的数据定义多种格式,对应的 value 属性中可使用的值可参考以下实例。

① "x+":表示一个或多个 x,"(xy)+ "表示一个或多个 xy。

② " x * ":表示零个或多个 x。

③ "x?":表示零个或一个 x。

④ " [xyz] ":表示一组值(x,y,z)中的任意一个值。

⑤ " [0-9] ":表示数值 0～9 之间任意一个值。

⑥ " [a-zA-Z0-9] ":表示英文字符 a～z、A～Z、数字 0～9 中任意一个值。

⑦ " x{n}":n 为非负整数,表示 n 个 x,(xy){n}表示 n 个 xy。

⑧ " x{n,} ":n 为非负整数,表示 n 个以上 x。

⑨ " x{n,m}":m 和 n 均为非负整数,其中 n≤m,表示 n～m 个 x。

4.4.3 XML Schema 枝干元素的声明

枝干元素是指 XML 中可以包含其他子元素的元素,XML 的枝干元素的定义是 XMLSchema 中复杂类型的一种表现方式。结合元素声明语句< xs:element >及复杂类型< xs:complexType >可以描述枝干元素的数据内容。下面通过几个实例掌握 XML 枝干元素的声明方式。

1. < xs:sequence >的使用

< xs:sequence >表示所声明 XML 子元素必须按顺序出现。

文件 4-4-3-1. xsd

```
<?xml version = "1.0" encoding = "gb2312"?>
< xs:schema xmlns:xs = "http://www.w3.org/2001/XMLSchema">
    < xs:element name = "图书信息">
        < xs:complexType >
            < xs:sequence >
                < xs:element name = "书名" type = "xs:string"/>
                < xs:element name = "作者" type = "xs:string"/>
                < xs:element name = "出版社" type = "xs:string"/>
            </xs:sequence >
        </xs:complexType >
    </xs:element >
</xs:schema >
```

文件 4-4-3-1. xsd 中定义了元素名为<图书信息>,该元素是一个复杂类型,描述该元素有 3 个子元素,分别是<书名><作者><出版社>,按顺序出现,并且每个元素只能出现一次。对应有效的 XML 文件为 4-4-3-1. xml。

文件 4-4-3-1. xml

```
<?xml version = "1.0" encoding = "gb2312"?>
<图书信息>
    <书名> XML 基础教程</书名>
    <作者>靳新</作者>
    <出版社>清华大学出版社</出版社>
</图书信息>
```

此外,还可使用 minOccurs 或 maxOccurs 设置元素出现次数,举例如下。

文件 4-4-3-2. xsd

```
<?xml version = "1.0" encoding = "gb2312"?>
< xs:schema xmlns:xs = "http://www.w3.org/2001/XMLSchema">
    < xs:element name = "图书信息">
        < xs:complexType >
            < xs:sequence >
                < xs:element name = "书名" type = "xs:string"/>
                < xs:element name = "作者" type = "xs:string" minOccurs = "1" maxOccurs = "5"/>
                < xs:element name = "出版社" type = "xs:string"/>
            </xs:sequence >
        </xs:complexType >
    </xs:element >
</xs:schema >
```

文件 4-4-3-2. xsd 中定义了元素名为<图书信息>,该元素是一个复杂类型,描述该元素有子元素,分别为<书名><作者>和<出版社>,且按顺序出现,<书名>和<出版社>出现一次,<作者>最少出现一次,最多出现 5 次。对应有效的 XML 文本可以为 4-4-3-2. xml。

文件 4-4-3-2. xml

```
<?xml version = "1.0" encoding = "gb2312"?>
<图书信息>
```

```
    <书名> XML 基础教程</书名>
    <作者>靳新</作者>
    <作者>谢进军</作者>
    <出版社>清华大学出版社</出版社>
</图书信息>
```

2. < xs：choice >的使用

< xs：choice >元素表示在子元素列表中只能选择其中一个作为子元素存在。结合使用 minOccurs 和 maxOccurs,使得文档更灵活。

文件 4-4-3-3. xsd

```
<?xml version = "1.0" encoding = "gb2312"?>
< xs:schema xmlns:xs = "http://www.w3.org/2001/XMLSchema">
    < xs:element name = "图书信息" >
        < xs:complexType >
            < xs:choice minOccurs = "1" maxOccurs = "2">
                < xs:element name = "书名" type = "xs:string"/>
                < xs:element name = "作者" type = "xs:string" />
                < xs:element name = "出版社" type = "xs:string"/>
            </xs:choice >
        </xs:complexType >
    </xs:element >
</xs:schema >
```

文件 4-4-3-3. xsd 中定义了元素名为<图书信息>,该元素是一个复杂类型,使用< xs：choice minOccurs="1" maxOccurs="2">表示<图书信息>元素中的子元素为<书名><作者>和<出版社>元素最少 1 个、最多 2 个组合出现。对应有效的 XML 文本可以为 4-4-3-3. xml。

文件 4-4-3-3. xml

```
<?xml version = "1.0" encoding = "gb2312"?>
<图书信息>
    <书名> XML 基础教程</书名>
    <作者>靳新</作者>
</图书信息>
```

3. type 的其他用法

如果在 XML 中,有多个元素包含的子元素相同,则可以使用 type 属性自定义类型,通过引用 type 描述其子元素。

文件 4-4-3-4. xsd

```
<?xml version = "1.0" encoding = "gb2312"?>
< xs:schema xmlns:xs = "http://www.w3.org/2001/XMLSchema">
    < xs:element name = "书刊目录">
        < xs:complexType >
            < xs:sequence >
                < xs:element name = "图书" type = "bookInfo"/>
                < xs:element name = "教材" type = " bookInfo"/>
```

```
                <xs:element name = "杂志" type = " bookInfo"/>
            </xs:sequence>
        </xs:complexType>
    </xs:element>
    <xs:complexType name = " bookInfo">
        <xs:sequence>
            <xs:element name = "书名" type = "xs:string"/>
            <xs:element name = "作者" type = "xs:string"/>
        </xs:sequence>
    </xs:complexType>
</xs:schema>
```

在文件 4-4-3-4. xsd 中,定义的元素<图书><教材><杂志>均使用 type 属性,并自定义类型名为"bookInfo",在复杂类型元素中,使用自定义类型名"bookInfo"定义这些元素的子元素即可。对应有效的 XML 文件为 4-4-3-4. xml。

文件 4-4-3-4. xml

```
<?xml version = "1.0" encoding = "gb2312"?>
<书刊目录>
    <图书>
        <书名>简爱</书名>
        <作者>勃朗特</作者>
    </图书>
    <教材>
        <书名>高等数学</书名>
        <作者>张萍</作者>
    </教材>
    <杂志>
        <书名>读者</书名>
        <作者>读者编辑部</作者>
    </杂志>
</书刊目录>
```

4. ref 的用法

如果一个元素在 XML Schema 中不同位置上出现不止一次,则可以使用< xs: element ref="子元素名">中的 ref 属性已经定义的元素,将其直接指向另一个元素定义模块,用于增强文档可读性。举例如下。

文件 4-4-3-5. xsd

```
<?xml version = "1.0" encoding = "gb2312"?>
<xs:schema xmlns:xs = "http://www.w3.org/2001/XMLSchema">
    <xs:element name = "图书信息">
        <xs:complexType>
            <xs:sequence>
                <xs:element ref = "图书"/>
            </xs:sequence>
        </xs:complexType>
    </xs:element>
```

```
    <xs:element name = "图书">
        <xs:complexType>
            <xs:sequence>
                <xs:element name = "书名"/>
                <xs:element name = "作者"/>
                <xs:element ref = "出版社"/>
            </xs:sequence>
        </xs:complexType>
    </xs:element>
    <xs:element name = "出版社">
    <xs:simpleType>
        <xs:restriction base = "xs:string">
            <xs:enumeration value = "清华大学出版社"/>
            <xs:enumeration value = "机械工业出版社"/>
        </xs:restriction>
    </xs:simpleType>
    </xs:element>
</xs:schema>
```

在文件 4-4-3-5. xsd 中，<xs: element ref="图书"/>和<xs: element ref="出版社"/>在不同模块中有更多信息需要描述，因此使用 ref 将其指向另一个元素定义的模块，可获取更多元素信息。对应有效 XML 文件为 4-4-3-5. xml。

文件 4-4-3-5. xml

```
<?xml version = "1.0" encoding = "gb2312"?>
<图书信息>
    <图书>
        <书名>XML 基础教程</书名>
        <作者>靳新</作者>
        <出版社>清华大学出版社</出版社>
    </图书>
</图书信息>
```

4.5 XML Schema 属性的声明

前面提到，复杂类型元素定义一个能够包含多个元素或多个属性，或者既包含元素也包含属性的数据类型，简单类型元素本身不包含其他元素或属性，而只能作为元素或属性值的文本数据内容。因此，在 XML Schema 中定义元素的属性，需要在<xs: complexType>元素中声明，属性声明使用<xs: attribute>元素。

简单类型元素无法拥有属性，假如某个元素拥有属性，它就会被当作某种复杂类型，但是属性本身总是作为简单类型使用的。在 XML Schema 中定义属性的语法格式为：

```
<xs:attribute name = "属性名"
                [type = "xs:数据类型"]
                [use = "使用方法"]
                [default = "默认值"] |[ fixed = "固定值"]/>
```

说明如下。

① name 属性：指定属性的名称。

② type 属性：可选属性，描述属性值的数据类型。

③ use 属性：可选属性，描述属性的使用方法。其属性值为 optional，表示属性可有可无，为默认值；required，表示属性必须存在，且可为任何值；prohibited，表示禁止使用该属性。

④ default 属性：可选属性，指定属性的默认值。

⑤ fixed 属性：可选属性，指定属性的固定值，不能改变，该属性不能和 default 同时使用。

下面通过几个实例了解属性的声明和使用。

1. 元素中包含子元素的属性声明

元素中包含子元素的属性声明是指枝干元素中包含属性的声明方式。

文件 4-5-1. xsd

```
<?xml version = "1.0" encoding = "gb2312"?>
<xs:schema xmlns:xs = "http://www.w3.org/2001/XMLSchema">
    <xs:element name = "图书信息">
        <xs:complexType>
            <xs:sequence>
                <xs:element name = "书名" type = "xs:string"/>
                <xs:element name = "作者" type = "xs:string"/>
                <xs:element name = "出版社" type = "xs:string"/>
            </xs:sequence>
            <xs:attribute name = "类别" use = "required" type = "xs:string"/>
        </xs:complexType>
    </xs:element>
</xs:schema>
```

在文件 4-5-1. xsd 中，< xs：attribute name＝"类别" use＝"required" type＝"xs：string"/>作为< xs：complexType >的子元素，用于描述< xs：element name＝"图书信息">的属性，对应有效 XML 文本可以为 4-5-1. xml。

文件 4-5-1. xml

```
<?xml version = "1.0" encoding = "gb2312"?>
<图书信息 类别 = "计算机类">
    <书名> XML 基础教程</书名>
    <作者>靳新</作者>
    <出版社>清华大学出版社</出版社>
</图书信息>
```

由于属性本身总是作为简单类型使用的，因此在属性声明部分，可以使用< xs：simpleType >元素为属性增加更多的细节描述。例如，要求文件 4-5-1. xsd 对应的"类别"属性只能是"计算机类"和"文学类"中的一种，可以修改文档为：

文件 4-5-1. xsd(修改)

```
<?xml version = "1.0" encoding = "gb2312"?>
<xs:schema xmlns:xs = "http://www.w3.org/2001/XMLSchema">
    <xs:element name = "图书信息">
        <xs:complexType>
            <xs:sequence>
                <xs:element name = "书名" type = "xs:string"/>
                <xs:element name = "作者" type = "xs:string"/>
                <xs:element name = "出版社" type = "xs:string"/>
            </xs:sequence>
            <xs:attribute name = "类别" use = "required">
                <xs:simpleType>
                    <xs:restriction base = "xs:string">
                        <xs:enumeration value = "计算机类"/>
                        <xs:enumeration value = "文学类"/>
                    </xs:restriction>
                </xs:simpleType>
            </xs:attribute>
        </xs:complexType>
    </xs:element>
</xs:schema>
```

2. 空元素中包含属性的声明

如果 XML 中空元素包含属性,则需要在声明该元素时使用 type 自定义类型,通过对 type 的引用,并使用复杂类型对该属性进行声明。

文件 4-5-2. xsd

```
<?xml version = "1.0" encoding = "gb2312"?>
<xs:schema xmlns:xs = "http://www.w3.org/2001/XMLSchema">
    <xs:element name = "图书" type = "bookInfo"/>
        <xs:complexType name = "bookInfo">
            <xs:attribute name = "类别" type = "xs:string" use = "required"/>
        </xs:complexType>
</xs:schema>
```

文件 4-5-2. xml

```
<?xml version = "1.0" encoding = "gb2312"?>
<图书 类别 = "计算机类"/>
```

3. 包含数据的叶子元素的属性声明

如果一个 XML 元素是叶子元素,它不包含其他子元素,可以包含文本数据内容和属性,则该类元素在声明属性时,需要在<xs: complexType>中使用元素<xs: simpleContent>。<xs: simpleContent>元素包含对<xs: complexType>元素的扩展或限制。其语法规则为:

```
<xs:complexType name = "元素名">
    <xs:simpleContent>
```

```
        <xs:extension base="xs:数据类型">
            <xs:attribute name="属性名"/>
        </xs:extension>
    </xs:simpleContent>
</xs:complexType>
```

下面通过一个实例了解该类只包含数据的叶子元素属性的声明方式。

文件 4-5-3. xsd

```
<?xml version="1.0" encoding="gb2312"?>
    <xs:schema xmlns:xs="http://www.w3.org/2001/XMLSchema">
        <xs:element name="图书" type="bookInfo"/>
            <xs:complexType name="bookInfo">
                <xs:simpleContent>
                    <xs:extension base="xs:string">
                <xs:attribute name="类型" use="required"/>
            </xs:extension>
        </xs:simpleContent>
    </xs:complexType>
</xs:schema>
```

文件 4-5-3. xml

```
<?xml version="1.0" encoding="gb2312"?>
<图书 类型="计算机类">XML基础教程</图书>
```

4. 属性组的声明

在 XML 中,如果有一组属性能被多个元素使用,则可以使用<xs: attributeGroup>定义一个属性组。因此,<xs: attributeGroup>元素用于对属性声明进行组合,这些声明就能够以组合的形式合并到复杂类型中,每个需要使用它的元素只需引用该属性组即可。举例如下。

文件 4-5-4. xsd

```
<?xml version="1.0" encoding="gb2312"?>
<xs:schema xmlns:xs="http://www.w3.org/2001/XMLSchema">
    <xs:element name="图书信息">
        <xs:complexType>
            <xs:sequence>
                <xs:element name="图书" maxOccurs="unbounded"/>
            </xs:sequence>
        <xs:attributeGroup ref="bookattr"/>
        </xs:complexType>
    </xs:element>
    <xs:attributeGroup name="bookattr">
        <xs:attribute name="类别" type="xs:string" use="required"/>
         <xs:attribute name="出版社" type="xs:string" use="required"/>
    </xs:attributeGroup>
</xs:schema>
```

文件 4-5-4. xml

```
<?xml version = "1.0" encoding = "gb2312"?>
<图书信息 类别 = "计算机类" 出版社 = "清华大学出版社">
    <图书> XML 基础教程</图书>
    <图书> Java 程序设计</图书>
</图书信息>
```

4.6 小结

在 XML 中,由于元素和属性名称是可以自行定义的,那么当两个不同的文档使用同样的元素或属性名称描述两个不同类型的内容时,或者一个同样的元素或属性名称表示两个不同含义的内容时,就会发生命名冲突,因此命名空间的使用尤为重要。

XML 通过命名空间机制,解决了元素或属性命名冲突的问题。命名空间是 XML 文档的基本组成部分,能够使元素或属性具有唯一性。XML 中为了保证标识符的唯一性,采用了一种特殊而巧妙的方式,即使用网络中的地址 URI 进行标识,以此保证命名空间的标识符是独一无二的。

XML Schema 又称为 XML 模式或者 XML 架构,是为了弥补 DTD 诸多不足而出现的一种规范和约束 XML 文档的方式,并能验证 XML 文档的有效性。XML Schema 支持命名空间,内置多种简单和复杂的数据类型,可扩展性好。因此,Schema 逐渐成为 XML 应用的统一规范。

在 XML Schema 中,元素分为简单类型元素和复杂类型元素。其中,简单类型元素本身不包含其他元素或属性,而只能作为元素或属性值的文本数据内容,或是作为复杂类型元素中最终端元素,即树状结构中的叶子元素。复杂类型元素定义一个能够包含多个元素或多个属性,或者既包含元素也包含属性的数据类型。

XML Schema 的使用,使得 XML 在规范性方面有了更强的可扩展性和灵活性。

4.7 习题

1. 选择题

(1) 下面(　　)是用于规范和约束 XML 文档,并验证其有效性的。

A. XSL　　B. HTML　　C. XSD　　D. XPath

(2) 在 XML Schema 文档中,声明 XML 元素的属性可使用(　　)元素。

A. element　　B. attribute　　C. simpleType　　D. complexType

(3) 定义一个名称为"月份"的数据,其 Schema 片段为(　　)。

A.
```
<xs:simpleType name = "月份">
    <xs:restriction base = "xs:integer">
        <xs:minOccurs value = "1"/>
        <xs:maxOccurs value = "12"/>
    </xs:restiction>
```

```
</xs:simpleType>
```

B.

```
<xs:simpleType name="月份">
    <xs:restriction base="xs: integer">
        <xs:enumeratipn value="1"/>
        <xs: enumeratipn value="12"/>
    </xs:restiction>
</xs:simpleType>
```

C.

```
<xs:simpleType name="月份">
    <xs:restriction base="xs: integer">
        <xs:minInclusive value="1"/>
        <xs:maxInclusive value="12"/>
    </xs:restiction>
</xs:simpleType>
```

D.

```
<xs:simpleType name="月份">
    <xs:restriction base="xs: integer">
        <xs:minExclusive value="1"/>
        <xs:maxExclusive value="12"/>
    </xs:restiction>
</xs:simpleType>
```

(4) 在 XML 中引用 XML Schema(假设文档为 1.xsd)的语法为(　　)。

A.

```
<root_element xmlns:xsi="http//www.w3.org/2001/XMLSchema-instance"
              xsi:noNamespaceSchemaLoation=?"1.xsd">
```

B.

```
<root_element xmlns:xsd="http//www.w3.org/2001/XMLSchema-instance"
              xsd:noNamespaceSchemaLoation=?"1.xsd">
```

C.

```
<root_element xmlns:xsl="http//www.w3.org/2001/XMLSchema-instance"
              xsl:noNamespaceSchemaLoation=?"1.xsd">
```

D.

```
<root_element xmlns:xs="http//www.w3.org/2001/XMLSchema-instance"
              xs:noNamespaceSchemaLoation=?"1.xsd">
```

(5) 读取以下的 XML Schema 文档：

```
<?xml version="1.0" encoding="gb2312"?>
<xs:schema xmlns:xs="http://www.w3.org/2001/XMLSchema">
    <xs:element name="图书" type="book"/>
    <xs:complexType name="book">
        <xs:attribute name="类别" type="xs:string" use="required"/>
    </xs:complexType>
</xs:schema>
```

在 DTD 中，属性“类别”的声明等同于以下(　　)选项。

A. <!ATTLIST 图书 类别 CDATA #REQUIRED>

B. <!ATTLIST 图书 类别 CDATA #FIXED>

C. <!ATTLIST 图书 类别 CDATA #IMPLIED>

D. <!ATTLIST 图书 类别 PCDATA #IMPLIED>

2. 填空题

(1) XML Schema 的数据类型分为________、________。

(2) 在 XML Schema 中,声明一个元素属性的 attribute 元素有一个常用的属性 use,use 的取值有________、________、________,分别表示该元素对应的属性必须出现、可有可无、禁用。

(3) 如果 XML 中空元素包含属性,可以在声明该元素时,使用________自定义类型,通过对它的引用,并使用复杂类型对该属性进行声明。

(4) 在 XML Schema 中可以 pattern 元素表示可接收字符的精确序列,其中 value 属性使用值"[a-zA-Z0-9]{3}"表示____。

(5) 在 XML Schema 中,属性 maxOccurs 的取值为________,表示可以出现无数次。

3. 简答题

(1) 什么是命名空间?它有什么作用?

(2) XML Schema 与 DTD 比较有什么优势?

(3) XML Schema 有哪几种数据类型?如何定义及使用?

4. 上机操作

根据第 3 章 3.8 节习题中第 4 题的 XML 文档,编写对应的 XML Schema 文档,并验证其有效性。

第5章 CSS层叠样式表

内容导读

XML 文本侧重于数据内容的描述，它没有提供对数据显示的信息，但是在实际应用中，为了方便用户读取和使用 XML 文本，通常需要使用样式表技术。样式表是由一系列指令规则构成，它是专门描述结构文档表现方式的一种文本内容。W3C 针对 XML 文档推出了两种样式表语言：一种是 CSS 层叠样式表，另一种是 XSL 可扩展样式表。

本章主要围绕 CSS 层叠样式表展开详细描述，并结合相关实例介绍如何使用 CSS 对 XML 文本进行样式的设计。

本章要点

◇ 理解 CSS 的概念。

◇ 掌握 CSS 的基本语法。

◇ 掌握 CSS 中常用属性及用法。

◇ 掌握 CSS 在 XML 文本中的引用方式。

5.1 CSS 概述

XML 文本为存储结构化数据提供了存储、交流和共享的平台，它将显示内容与格式相分离，因而 XML 文本本身没有提供数据显示的信息。单纯使用 XML 文本，对于使用者而言，在阅读文档时会显得枯燥乏味，并且无法有效地获取重要数据。采用样式表技术，可以使 XML 呈现不同的样式，不但界面美观，在数据获取方面也起到重要作用。

CSS(Cascading Style Sheet，层叠样式表)也称为级联式样式表，它是 W3C 于 1996 年制定并发布的一种用于控制多重网页样式和布局的技术，它是实现了真正意义上的网页表现与内容分离的一种样式设计语言。采用 CSS 技术能够对网页中的布局、背景、颜色、字体以及其他样式效果实现更加精确的控制。使用 CSS 样式表，只需简单地改变样式，对应的元素就会自动更新，因而呈现不同的显示效果。

CSS 技术的设计目标是为 HTML 文本的显示设置的，但是 CSS 在 HTML 和 XML 中是相通的，它通过定义一组特定的属性来设置标记文本的格式，用来在页面上获得更丰富的显示效果。CSS 主要特点包括以下几个。

① 方便控制页面布局，并且可以同时更新多个页面的样式。

② 数据显示和内容相分离其数据表现力强，可读性好。

③ 减小页面文件容量,加快页面访问速度。

随着 CSS 技术的不断发展,目前 CSS 有 3 个不同级别的标准,分别为 CSS1、CSS2 和 CSS3。W3C 于 1996 年 12 月 17 日发布 CSS1 推荐标准,1999 年 1 月 11 日,此推荐标准被重新修订,作为 CSS2 发布,并增加了对媒介和可下载字体的支持,CSS2 是 CSS 中比较稳定的版本,也是目前使用最为广泛的版本。而 CSS3 是目前 CSS 技术的最高版本,W3C 仍在对其开发和完善中。

5.2 CSS 语法

1. CSS 基本语法

CSS 是由选择器、属性名和属性值等一系列元素组成,其语法格式为:

```
选择器{
    属性名 1:属性值 1;
    属性名 2:属性值 2;
    … …
    属性名 n:属性值 n;
    }
```

说明:选择器是 HTML 或 XML 文本对应的元素名称,它旨在告诉浏览器页面上哪个元素要受到特定规则的约束。属性名用于描述样式规则的名称,属性值描述样式规则对应的内容。其中,属性名和属性值成对出现,中间用冒号“:”隔开,它们是由 W3C 所规定的一系列特定的名称和内容。通过属性可以告诉浏览器如何显示由该规则约束的元素,不同的属性之间需要用分号“;”隔开。

2. CSS 注释

注释可增加程序的可读性,在 CSS 中也包含注释语句。包含在注释语句中的信息,浏览器在读取样式表时,将会忽略其内容。其语法格式为:

```
/* 注释内容 */
```

3. CSS 中选择器中元素的使用

CSS 技术最初的设计目标是针对 HTML 的,因而对应选择器的元素只能为英文字符,且不分字母大小写。

将 XML 应用于 CSS 中,会带来一定的问题。在 XML 中元素根据语法要求是可以自行定义的,且定义为英文字符需要区分大小写。如果使用 CSS 样式表描述 XML 文本,则 XML 文本对应的元素不能为非英文字符,且不建议使用通过区分大小写字母的方式定义元素。

使用 CSS 格式化 XML 不是常用的方法,更不能代表 XML 文本样式化的未来,W3C 推荐使用 XSL,XSL 技术将在第 6 章重点讲解。

4. CSS 中文的使用

CSS 支持多种字符集，字符集中通常包括如宋体、微软雅黑等中文字符，因此需要在 CSS 文件中设置中文字符编码，设置指令为：

```
@charset "gb2312";
```

需要注意的是，使用该指令只能描述中文字符集，XML 元素仍然不能使用中文。

根据 CSS 基本语法格式的介绍，这里简单举例说明 CSS 样式表的用法。举例如下。

文件 5-2-1.xml

```
<?xml version = "1.0" encoding = "UTF - 8"?>
<?xml - stylesheet type = "text/css" href = "5 - 2 - 1.css"?>
< users >
    < user >
        < name >张红</name >
        < card > SY102030 </card >
        < passwd > 123456 </passwd >
    </user >
    < user >
        < name >赵楠</name >
        < card > SY102031 </card >
        < passwd > 654321 </passwd >
    </user >
</users >
```

文件 5-2-1.css

```
@charset "gb2312";
/ * CSS 使用方式 * /
user { display:block; }
name { font - family:微软雅黑;
        font - size:25pt; }
card { font - family:"Times New Roman";
        font - size:20pt; }
passwd { font - family:"Arial Black";
        font - size:15pt; }
```

文件 5-2-1.xml 引用文件 5-2-1.css，在浏览器显示的效果如图 5-1 所示。

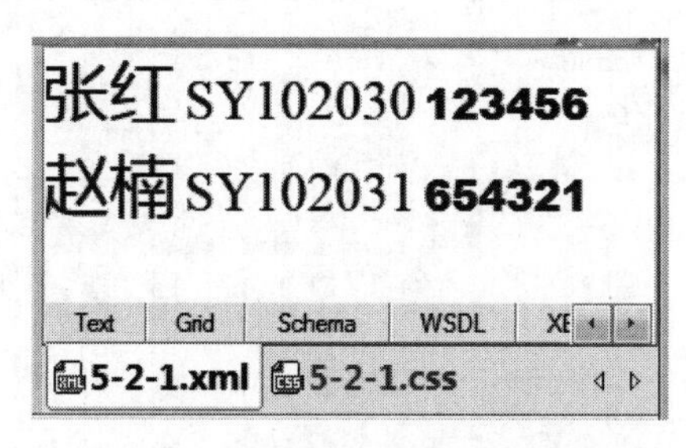

图 5-1 使用 CSS 的显示效果

5.3 CSS选择器

选择器是HTML或XML文本对应的元素名称,它旨在告诉页面上哪个元素要按照属性的要求显示相应的信息。选择器除了使用相应元素外,根据CSS选择器的用途,还可以将选择器分为多元素选择器、类选择器、ID选择器、通用选择器以及后代选择器等。

5.3.1 多元素选择器

如果需要将XML中的多个不同元素设置为相同样式,可以将CSS的选择器匹配多个元素,多个元素之间用逗号分隔。

在文件5-2-1.css中,如果将元素name、card和passwd设置为相同的样式,可以改为:

```
@charset "gb2312";
user { display:block; }
name,card,passwd { font-family:微软雅黑;
                  font-size:20pt; }
```

5.3.2 类选择器

在XML的实际应用中,同一个标记会被反复使用,如果需要为相同的标记赋予不同的CSS,就可以使用类选择器。为了将类选择器的样式与元素关联,需要在使用类选择器前为元素设定一个class属性并为其指定一个相应的值,结合点符号(.)即可设置类选择器。需要注意的是,类选择器允许定义相同的class属性值。

文件5-3-2-1.xml

```
<?xml version="1.0" encoding="UTF-8"?>
<?xml-stylesheet type="text/css" href="5-3-2-1.css"?>
<users>
    <user class="u01">
        <name>张红</name>
        <card>SY102030</card>
        <passwd>123456</passwd>
    </user>
    <user class="u02">
        <name>赵楠</name>
        <card>SY102031</card>
        <passwd>654321</passwd>
    </user>
</users>
```

文件5-3-2-1.css

```
@charset "gb2312";
user.u01 { display:block;
        font-family:微软雅黑;
        font-size:20pt; }
user.u02 { display:block;
```

```
        font - family:华文彩云;
        font - size:20pt; }
```

文件 5-3-2-1. xml 引用文件 5-3-2-1. css，在浏览器显示的效果如图 5-2 所示。

图 5-2 使用 CSS 的显示效果

5.3.3 ID 选择器

ID 选择器和类选择器相似，都可以为同一个标记赋予不同的 CSS 样式。为了将 ID 选择器的样式与元素关联，需要在使用 ID 选择器前为元素设定一个 id 属性，并为其指定一个相应的值，结合"#"符号即可设置 ID 选择器。但是不同于类选择器的是，ID 选择器只能把 CSS 指定给一个标记，即 ID 选择器只允许定义一个唯一的 id 属性值。

文件 5-3-3-1. xml

```
<?xml version = "1.0" encoding = "UTF - 8"?>
<?xml - stylesheet type = "text/css" href = "5 - 3 - 3 - 1.css"?>
<users>
    <user id = "u01">
        <name>张红</name>
        <card> SY102030 </card>
        <passwd> 123456 </passwd>
    </user>
    <user id = "u02">
        <name>赵楠</name>
        <card> SY102031 </card>
        <passwd> 654321 </passwd>
    </user>
</users>
```

文件 5-3-3-1. css

```
@charset "gb2312";
user # u01 { display:block;
            font - family:微软雅黑;
            font - size:20pt; }
user # u02 { display:block;
            font - family:华文彩云;
            font - size:20pt; }
```

文件 5-3-3-1. xml 引用文件 5-3-3-1. css，在浏览器显示的效果如图 5-3 所示。

张红 SY102030 123456
赵楠 SY102031 654321
Browser
5-3-3-1.xml 5-3-3-1.css

图 5-3 使用 CSS 的显示效果

5.3.4 通用选择器

在 CSS 中可以使用“ * ”标识选择器,它表示匹配任意元素。它可以为 XML 中的每个元素设置相同的样式。

文件 5-3-4-1. css

```
@charset "gb2312";
* { display:block;
    font-family:微软雅黑;
    font-size:20pt; }
```

文件 5-2-1. xml 引用文件 5-3-4-1. css,在浏览器显示的效果如图 5-4 所示。

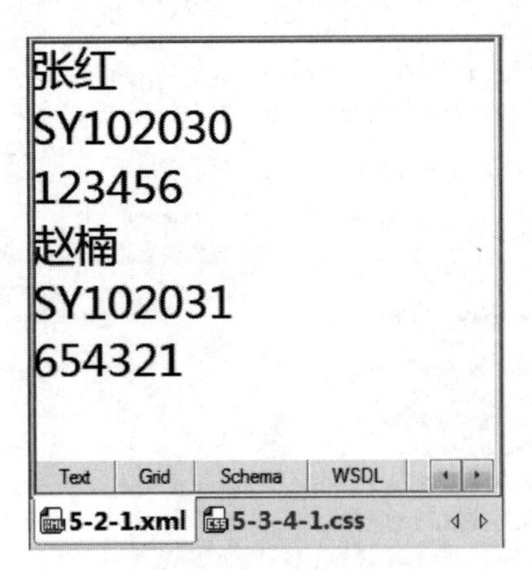

图 5-4 使用 CSS 的显示效果

5.3.5 后代选择器

后代选择器是一种基于传承关系应用样式的选择器,它可以选择某个元素的后代元素设置样式。后代选择器要求该元素与后代元素间使用空格隔开即可。例如,对 5-2-1. xml 文档中< users >元素的后代元素< name >设置样式,其设置格式如文本 5-3-5-1. css 所示。

文件 5-3-5-1. css

```
@charset "gb2312";
users name { display:block;
```

```
font-family:微软雅黑;
font-size:20pt; }
```

文件 5-2-1.xml 引用文件 5-3-5-1.css，在浏览器显示的效果如图 5-5 所示。

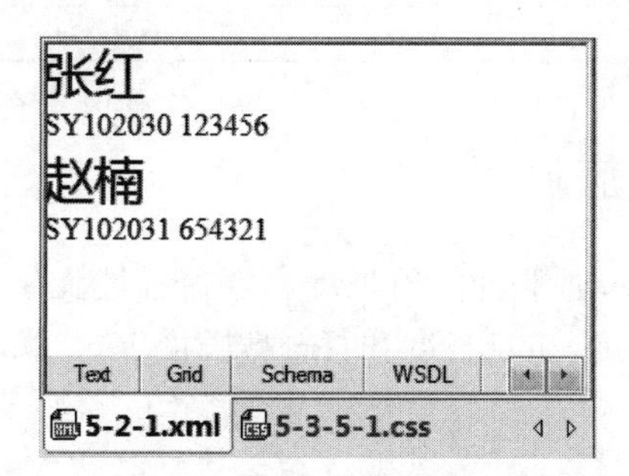

图 5-5　使用 CSS 的显示效果

5.4 CSS 属性设置

CSS 通过声明设置页面的样式，声明主要包括属性名和属性值的组合。本书根据 CSS 的用途重点讲解常用的属性。

5.4.1 颜色属性值

在页面设计中，颜色的应用为页面增添了多彩的效果。如何在页面中设置合理的布局，并运用精美的色彩搭配网页是设计者的任务之一。页面中颜色的运用是必不可少的一个元素，常用颜色值的地方包括字体颜色、背景颜色、边框颜色等。

一般情况下，颜色属性值可以通过颜色英文名称、RGB 颜色等方式设置。其中，RGB 色彩模式是通过对红、绿、蓝 3 个颜色通道的变化以及它们相互之间的叠加来得到各种颜色的，它是目前运用最广泛的颜色系统之一。RGB 有以下 3 种常用表现方式。

（1）红、绿、蓝 3 种颜色分量分别使用十六进制数表示，如＃00FF00。

（2）使用十进制格式为 rgb(x,y,z)的方式表示，其中 x、y、z 的值位于 0～255，如 rgb(147,255,45)。

（3）使用百分数格式为 rgb(x%,y%,z%)的方式表示颜色，其中数值为百分数，如 rgb(20%,40%,80%)。

常用颜色属性值如表 5-1 所示。

表 5-1　常用颜色属性值

颜色名称	十六进制 RGB	十进制 RGB	百分数 RGB	备　注
black	＃000000	rgb(0,0,0)	rgb(0%,0%,0%)	黑色
blue	＃0000FF	rgb(0,0,255)	rgb(0%,0%,100%)	蓝色
lime	＃00FF00	rgb(0,255,0)	rgb(0%,100%,0%)	灰色
red	＃FF0000	rgb(255,0,0)	rgb(100%,0%,0%)	红色
aqua	＃00FFFF	rgb(0,255,255)	rgb(0%,100%,100%)	浅绿色

续表

颜色名称	十六进制 RGB	十进制 RGB	百分数 RGB	备　注
magenta	#FF00FF	rgb(255, 0,255)	rgb(100%,0%,100%)	品红色
white	#FFFFFF	rgb(255,255,255)	rgb(100%,100%,100%)	白色

5.4.2 长度属性值

使用 CSS 设置的页面中,通常会使用长度属性值描述文字间距、页边距、行高等信息,长度的设定可以使用绝对长度、相对长度和百分数长度等。

1. 绝对长度

绝对长度是通过使用精确的单位来设定的值,主要包括 in(英寸)、cm(厘米)、mm(毫米)、pt(点)、pc(派卡),它们之间的度量关系为

$$1\ \text{in} = 2.54\ \text{cm} = 25.4\ \text{mm} = 72\ \text{pt} = 6\ \text{pc}$$

2. 相对长度

相对长度是相对于目前字体大小或屏幕像素所设定的值,包括 px(像素)、em(元素字体高度)、ex(字体×高度)。

3. 百分数长度

在 CSS 中可以使用百分数指定属性的长度。例如,100%表示原始大小,200%表示原始大小的 2 倍,50%表示原始数据的一半。

5.4.3 布局属性

布局属性用于设定 XML 元素在整个页面所处的位置。

1. 显示属性

XML 不同于 HTML,由于 XML 没有内置的层次结构,因此使用 CSS 时需要设置 display 属性,用于在建立布局时生成显示框类型。display 属性常用的值包括以下几种。

① none:隐藏或显示属性值,表示元素不会显示。

② block:段落显示属性值,表示元素显示为段落样式,元素前后会带有换行符,使得元素处于一个独立的段落中。

③ inline:行内显示属性值,也是默认属性值,表示元素前后没有换行符,显示在页面的一行中。

④ list-item:列表显示属性值,表示该元素以列表方式显示。列表可以进一步通过 list-style-type、list-style-position 或 list-style-image 属性来修饰。

以文件 5-2-1. xml 为例,设置格式如文件 5-4-3-1. css 所示。

文件 5-4-3-1. css

```
name { display:list - item;
      list - style - type:disc;
      margin:30px; }
card { display:list - item;
      list - style - type:square;
      margin:30px; }
passwd { display:list - item;
      list - style - type:circle;
      margin:30px; }
```

文件 5-2-1. xml 引用文件 5-4-3-1. css,在浏览器显示的效果如图 5-6 所示。

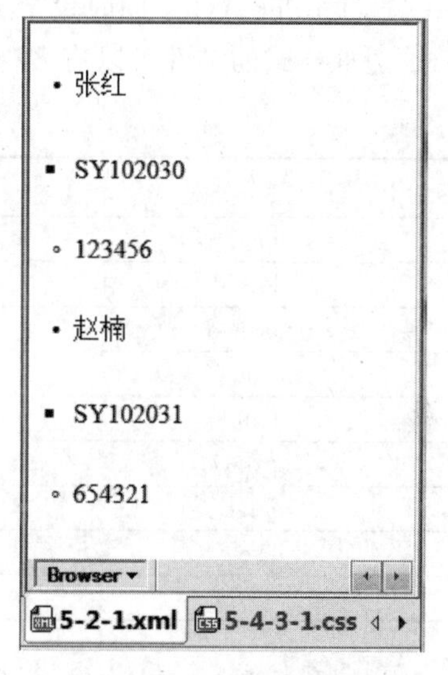

图 5-6 使用 CSS 的显示效果

2. 边界属性

CSS 的边界属性用于设定元素与页面上、下、左、右边界的距离,属性包括 margin-top、margin-bottom、margin-left、margin-right 和 margin。

① margin-top:设置上边界距离。

② margin-bottom:设置下边界距离。

③ margin-left;设置左边界距离。

④ margin-right:设置右边界距离。

⑤ margin:用于同时设置上、右、下、左边界的距离。

边界属性值可以使用绝对长度、相对长度、百分比长度设定。

3. 填充属性

CSS 的填充属性用于设定元素边框与元素内容之间的空间。属性包括 padding-top、padding-bottom、padding-left、padding-right 和 padding。

① padding-top:设置上内边距。

② padding-bottom:设置下内边距。

③ padding-left;设置左内边距。

④ padding-right:设置右内边距。

⑤ padding:同时设置上、右、下、左内边距。

填充属性值可以使用绝对长度、相对长度、百分比长度设定。分别举例如下。

name{padding-top:8px;}表示上内边距为 8px。

name{padding:2cm;}表示上、下、左、右内边距都为 2cm。

name{padding:2cm 4cm 3cm 4cm;}表示上、右、下、左内边距分别为 2cm、4cm、3cm 和 4cm。

5.4.4 边框属性

在 display 属性值为 block 的情况下,边框属性可以设定元素边框的样式、颜色和宽度。

1. 边框样式属性

边框样式属性包括 border-top-style、border-bottom-style、border-left-style、border-right-style 和 border-style。

① border-top-style：设定上边框样式。

② border-bottom-style：设定下边框样式。

③ border-left-style：设定左边框样式。

④ border-right-style：设定右边框样式。

⑤ border-style：同时设定上、右、下、左边框的样式。

边框样式的属性可以有多种，常用边框样式的属性值如表 5-2 所示。

表 5-2 常用边框样式的属性值

值	描 述
none	定义无边框，默认值
dotted	定义点画线
dashed	定义虚线
solid	定义实线
double	定义双实线
groove	定义 3D 凹槽边框，效果取决于 border-color 的值
nidge	定义 3D 垄状边框，效果取决于 border-color 的值
inset	定义 3D inset 边框，效果取决于 border-color 的值
outset	定义 3D outset 边框，效果取决于 border-color 的值

以文件 5-2-1. xml 为例，设置格式如文件 5-4-4-1. css 所示。

文件 5-4-4-1. css

```
name { display:block;
       border - style: dotted;
       margin:20px; }
card { display:block;
       border - style:solid;
       margin:20px; }
passwd { display:block;
       border - style: dotted solid double dashed;
       margin:20px; }
```

文件 5-2-1. xml 引用文件 5-4-4-1. css，在浏览器显示的效果如图 5-7 所示。

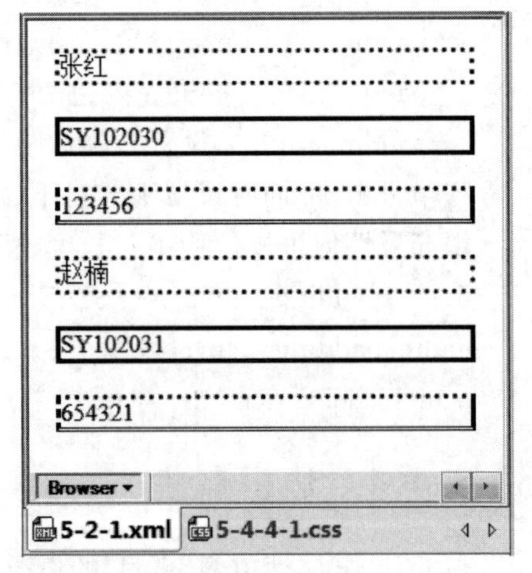

图 5-7 使用 CSS 的显示效果

2. 边框颜色属性

边框颜色属性包括 border-top-color、border-bottom-color、border-left-color、border-right-color 和 border-color。

① border-top-color：设定上边框颜色。

② border-bottom-color：设定下边框颜色。

③ border-left-color：设定左边框颜色。

④ border-right-color：设定右边框颜色。

⑤ border-color：同时设定上、右、下、左边框的颜色。

边框颜色属性可以使用任何合法的颜色属性值。

以文件 5-2-1.xml 为例，设置格式如文件 5-4-4-2.css 所示。

文件 5-4-4-2.css

```
name { display:block;
       border - style: dotted;
       border - color: #0000ff;
       margin:20px; }
card { display:block;
       border - style:solid;
       border - color:rgb(100 %,0 %,0 %);
       margin:20px; }
passwd { display:block;
       border - style: dotted solid double dashed;
       border - color: #FF0000 #00FF00 rgb(250,0,255) rgb(100 %,0 %,0 %);
       margin:20px; }
```

文件 5-2-1.xml 引用文件 5-4-4-2.css，在浏览器显示的效果如图 5-8 所示。

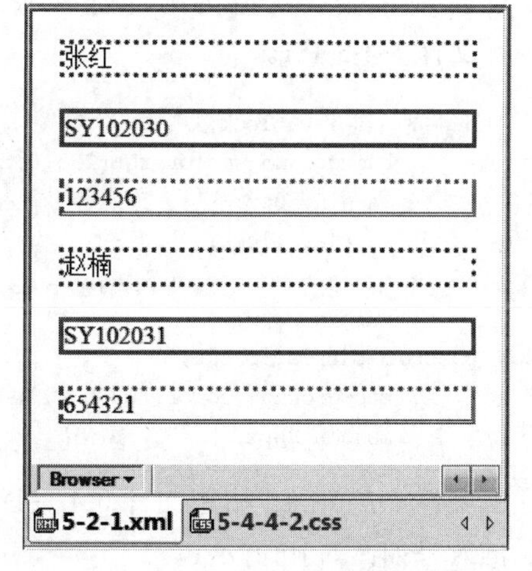

图 5-8 使用 CSS 的显示效果

3. 边框宽度属性

边框宽度属性包括 border-top-width、border-bottom-width、border-left-width、border-right-width 和 border-width。

① border-top-width：设定上边框宽度。

② border-bottom-width：设定下边框宽度。

③ border-left-width：设定左边框宽度。

④ border-right-width：设定右边框宽度。

⑤ border-width：同时设定上、右、下、左边框的宽度。

边框宽度属性值可以使用绝对长度、相对长度和特定关键字设定。特定关键字包括 thin、medium 和 thick，分别表示细的边框、中等边框(默认值)和粗的边框。

以文件 5-2-1.xml 为例，设置格式如文件 5-4-4-3.css 所示。

文件 5-4-4-3.css

```
name { display:block;
       border - style: dotted;
       border - color: #0000ff;
       border - width:thin medium thick 12px;
       margin:20px; }
```

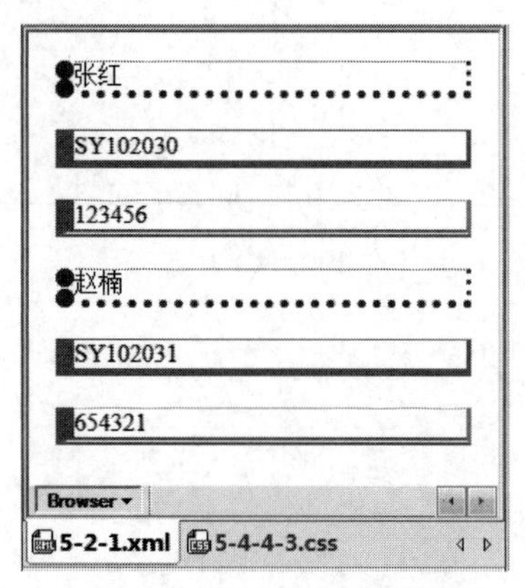

图 5-9 使用 CSS 的显示效果

```
card { display:block;
       border-style:solid;
       border-color:rgb(100%,0%,0%);
       border-width:thin medium thick 12px;
       margin:20px; }
passwd { display:block;
       border-style: dotted solid double dashed;
       border-color: #FF0000 #00FF00 rgb(250,0,255) rgb
(100%,0%,0%);
       border-width:thin medium thick 12px;
       margin:20px; }
```

文件 5-2-1.xml 引用文件 5-4-4-3.css，在浏览器显示的效果如图 5-9 所示。

5.4.5 背景属性

背景属性可以对元素的背景颜色、背景图像、背景重复、背景定位、背景关联等进行设置。

1. 背景颜色属性

在 CSS 中可以使用 background-color 属性为元素设置背景颜色，该属性接受任何合理的颜色属性值。

以文件 5-2-1.xml 为例，设置格式如文件 5-4-5-1.css 所示。

文件 5-4-5-1.css

```
name { display:block;
       background-color:rgb(255,0,255);
       margin:20px; }
card { display:block;
       background-color:blue;
       margin:20px; }
passwd { display:block;
       background-color:rgb(0%,100%,0%);
       margin:20px; }
```

文件 5-2-1.xml 引用文件 5-4-5-1.css，在浏览器显示的效果如图 5-10 所示。

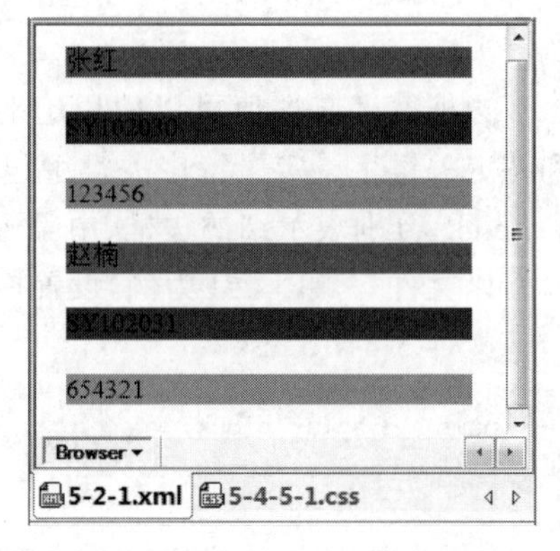

图 5-10 使用 CSS 的显示效果

2. 背景图像属性

background-image 用于设定背景图像，默认情况下，background-image 的属性值是 none，表示背景上没有设置任何图像。如果需要设置背景图像，需要为这个属性设置一个 URL 值。

以文件 5-2-1.xml 为例，设置格式如文件 5-4-5-2.css 所示。

文件 5-4-5-2.css

```
users { display:block;
        background-image:url(image.jpg);
        margin:20px; }
```

文件 5-2-1.xml 引用文件 5-4-5-2.css，在浏览器显示的效果如图 5-11 所示。由图可见，背景图像在垂直方向和水平方向重复显示。

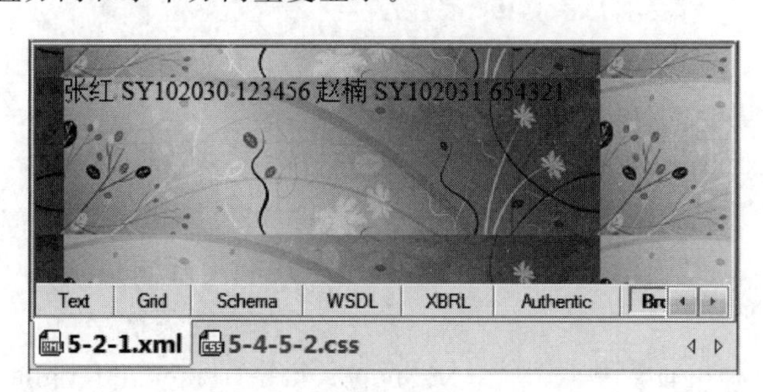

图 5-11 使用 CSS 的显示效果

需要注意的是，如果同时指定背景颜色和背景图像，背景图像会覆盖背景颜色。

3. 背景重复属性

如果需要在页面上对背景图像进行平铺，可以使用 background-repeat 属性。常用背景重复的属性值如表 5-3 所示。

表 5-3 常用背景重复属性值

值	描 述
repeat	背景图像在垂直方向和水平方向重复，为默认值
repeat-x	背景图像在水平方向重复
repeat-y	背景图像在垂直方向重复
no-repeat	不允许图像在任何方向上平铺

以文件 5-2-1.xml 为例，设置格式如文件 5-4-5-3.css 所示。

文件 5-4-5-3.css

```
users { display:block;
        background-image:url(image.jpg);
        background-repeat:no-repeat;
        margin:20px; }
```

文件 5-2-1.xml 引用文件 5-4-5-3.css，在浏览器显示的效果如图 5-12 所示。由图可见，图像没有在任何方向上平铺。

4. 背景定位属性

在 CSS 中可以利用 background-position 属性定位背景图像，用于改变图像在背景中的位置。默认情况下，背景图像显示在页面的左上角。通常情况下该属性的属性值可以分为

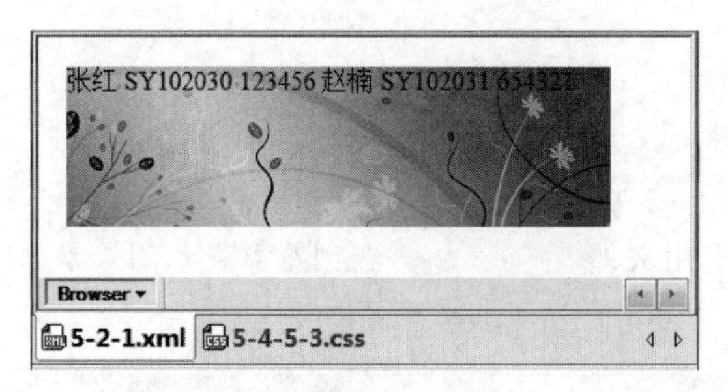

图 5-12　使用 CSS 的显示效果

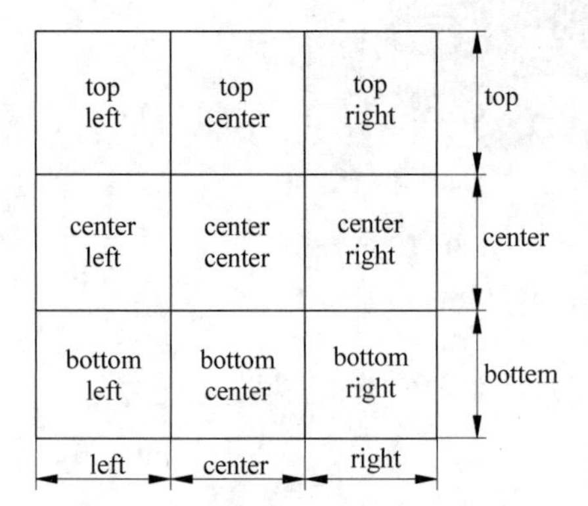

图 5-13　相对位置属性值的示意图

3 类,即相对位置、绝对位置和百分比位置。

相对位置可以使用 top(顶部)、bottom(底部)、center(居中)、left(左侧)、right(右侧)等关键字表示。其中,垂直位置关键字(top、bottom、center)和水平位置关键字(center、left、right)需要结合使用表示位置的属性值。相对位置属性值的示意图如图 5-13 所示。

注意:如果 background-position 的属性值仅使用了一个关键字,则第二个关键字的值默认为 center。

绝对位置可以使用 CSS 中长度属性值设定,包括绝对长度单位和相对长度单位。

百分比位置是使用百分比数值设定图像位置。百分比位置属于相对位置设置的一种方式。如果 background-position 设定的值为 0%,表示该图像位于页面左上角;如果 background-position 设定的值为 100%,表示该图像位于页面右下角。因而图像可以在 0%～100%页面的相对位置进行设置。

以文件 5-2-1. xml 为例,设置格式如文件 5-4-5-4. css 所示。

文件 5-4-5-4. css

```
users { display:block;
        background - image:url(image.jpg);
        background - repeat:no - repeat;
        background - position:center;
        margin:20px; }
```

文件 5-2-1. xml 引用文件 5-4-5-4. css,在浏览器显示的效果如图 5-14 所示。由图可见,图像显示在界面的居中位置。

5. 背景关联属性

background-attachment 是用于设定背景关联的属性,其属性常用的值包括以下两个。

① scroll:默认值,表示在文本比较长的情况下,当文本向下滚动时,背景图像也会随之滚动;当文本滚动到超过图像的位置时,图像就会消失。

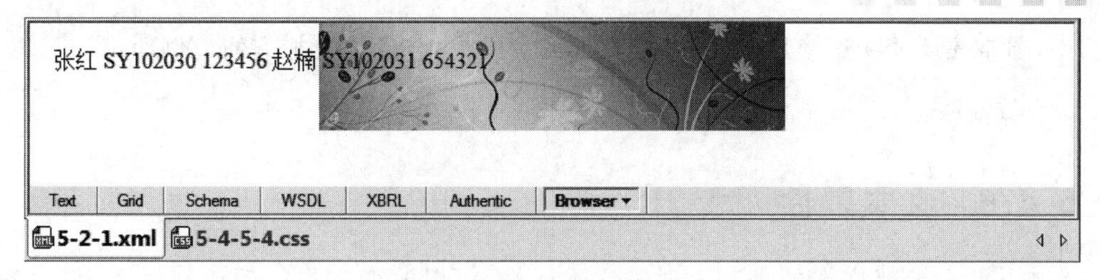

图 5-14 使用 CSS 的显示效果

② fixed：表示该元素声明的图像相对于可见区域是固定的，不会受到滚动的影响。

例如：

```
users { background - image:url(image.gif);
        background - attachment:fixed; }
```

6. 背景图像尺寸属性

通常情况下，背景图像的尺寸是由图像自身大小决定的。但是 CSS3 推出的 background-size 属性可以设定背景图像的尺寸，它主要通过像素或百分比数值在横向和纵向上改变图像尺寸。如果以百分比规定尺寸，那么尺寸是相对于原始图像的宽度和高度设定的。

以文件 5-2-1.xml 为例，设置格式如文件 5-4-5-5.css 所示。

文件 5-4-5-5.css

```
users { display:block;
        background - image:url(image.jpg);
        background - repeat:no - repeat;
        background - size : 80px 80px;
        margin:20px; }
```

文件 5-2-1.xml 引用文件 5-4-5-5.css，在浏览器显示的效果如图 5-15 所示。由图可见，图像以长 80 像素和宽 80 像素显示。

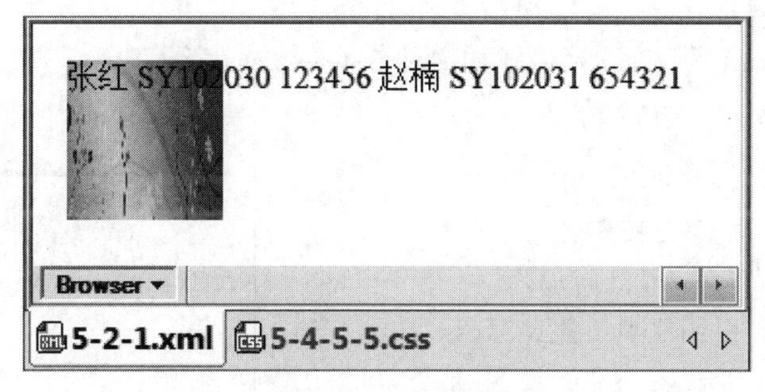

图 5-15 使用 CSS 的显示效果

7. 背景属性

background 是一个简写的背景属性，它能够将以上规定的部分或全部背景属性设置在

声明中,通常建议使用这个属性,它需要输入的字母更少,应用更加方便。例如:

```
users { background:url(image.gif) repeat - y fixed top left; }
```

5.4.6 文本属性

文本属性可定义文本的外观。通过文本属性,可以改变文本的颜色和字间距、对齐文本、装饰文本、对文本进行缩进等。

1. 文本缩进属性(text-indent)

text-indent 属性用于实现文本的缩进,它规定块级显示样式元素的第一行缩进一个给定的长度,长度可以使用度量单位,包括精确度量单位、百分比单位等。

以文件 5-2-1. xml 为例,设置格式如文件 5-4-6-1. css 所示。

文件 5-4-6-1. css

```
name { display:block;
        text - indent:1cm;
        margin:20px; }
```

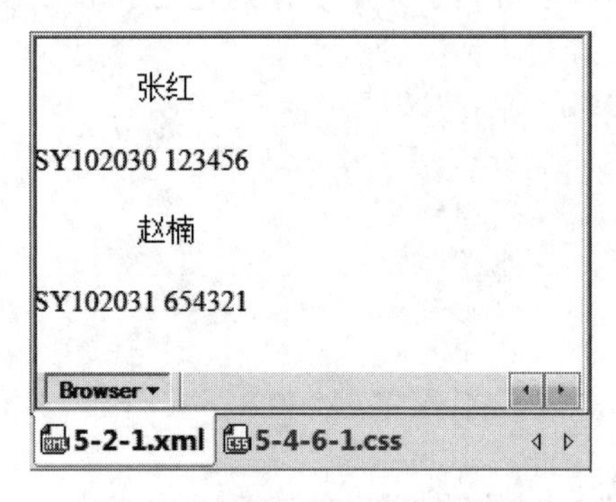

图 5-16 使用 CSS 的显示效果

文件 5-2-1. xml 引用文件 5-4-6-1. css,在浏览器显示的效果如图 5-16 所示。

2. 文本对齐属性(text-align)

text-align 属性用于设置一个元素中文本行互相之间的对齐方式,它影响 display 属性值为 block 的元素。常用属性值包括以下几个。

① left:左对齐。

② right:右对齐。

③ center:居中对齐。

④ justify:两端对齐。

以文件 5-2-1. xml 为例,设置格式如文件 5-4-6-2. css 所示。

文件 5-4-6-2. css

```
name { display:block;
          text - align:right;
          margin:20px; }
```

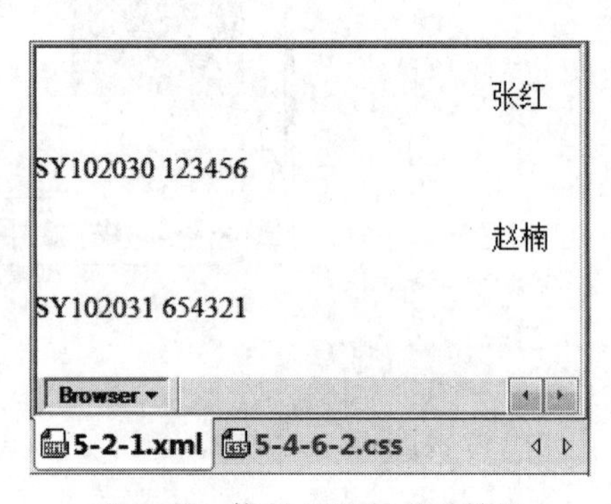

图 5-17 使用 CSS 的显示效果

文件 5-2-1. xml 引用文件 5-4-6-2. css,在浏览器显示的效果如图 5-17 所示。

3. 字间距属性(letter-sprcing)

word-spacing 属性可以改变单词之间的标准间隔,其默认值为 normal。word-spacing 属性接受一个正数值或负数值,如果设为一个正数值,那么单词之间的间隔就会增加;如果设为一个负数值,单词之间的间隔缩小。需要注意的是,word-spacing 只针对英文内容有效,如果是中文字符,可以使用 letter-spacing。

以文件 5-2-1.xml 为例,设置格式如文件 5-4-6-3.css 所示。

文件 5-4-6-3.css

```
name { display:block;
          letter - spacing:100px;
          margin:20px; }
```

文件 5-2-1.xml 引用文件 5-4-6-3.css,在浏览器显示的效果如图 5-18 所示。

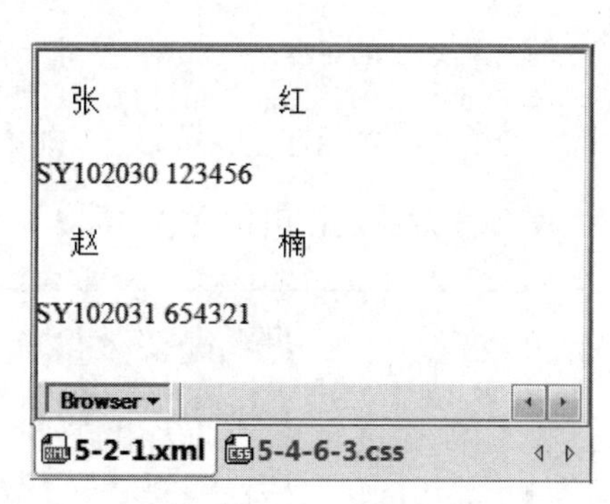

图 5-18 使用 CSS 的显示效果

4. 字符转换属性(text-transform)

text-transform 是设置字符转换的属性,用于改变字母大小写,一般描述英文字符,其属性值包括以下几个。

① capitalize:每个单词第一个字母大写。

② uppercase:所有字母转换为大写。

③ lowercase:所有字母转换为小写。

④ none:默认值,不改变大小写。

5. 文字装饰属性(text-decoration)

text-decoration 属性能够为文字内容添加装饰效果,属性值包括以下几个。

① none:默认值,无装饰效果。

② underline:为文字添加下画线。

③ overline:为文字添加上画线。

④ line-through:为文字添加删除线。

⑤ blink:为文字添加闪烁效果,个别浏览器支持。

以文件 5-2-1.xml 为例,设置格式如文件 5-4-6-4.css 所示。

文件 5-4-6-4.css

```
name { display:block;
        text - align:center;
        text - decoration:line - through;
        margin:20px; }
card { display:block;
        text - align:center;
        text - decoration:underline;
        margin:20px; }
passwd { display:block;
        text - align:center;
        text - decoration:overline;
        margin:20px; }
```

文件 5-2-1. xml 引用文件 5-4-6-4. css,在浏览器显示的效果如图 5-19 所示。

6. 文本行距属性(line-height)

line-height 属性设置文本行间的距离,该属性的值可以使用数字、绝对长度、相对长度和百分数长度和关键字 normal 等表示,其中 normal 为默认值,并且该属性不能使用负数值。

以文件 5-2-1 为例,设置格式如文件 5-4-6-5. css 所示。

文件 5-4-6-5. css

```
user { display:block;
        text - align:center;
        line - height:400 % ; }
```

文件 5-2-1. xml 引用文件 5-4-6-5. css,在浏览器显示的效果如图 5-20 所示。

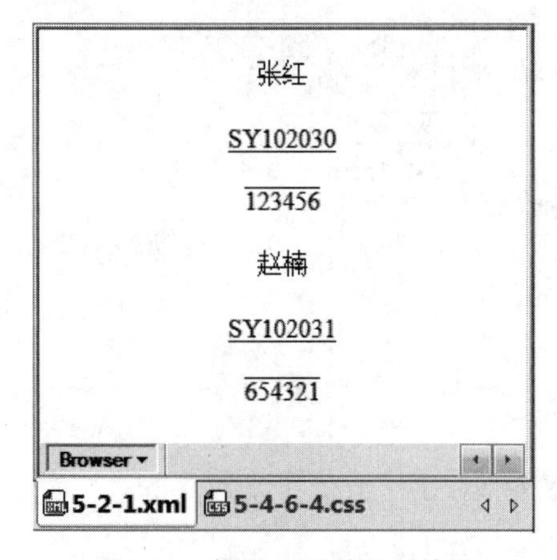

图 5-19 使用 CSS 的显示效果

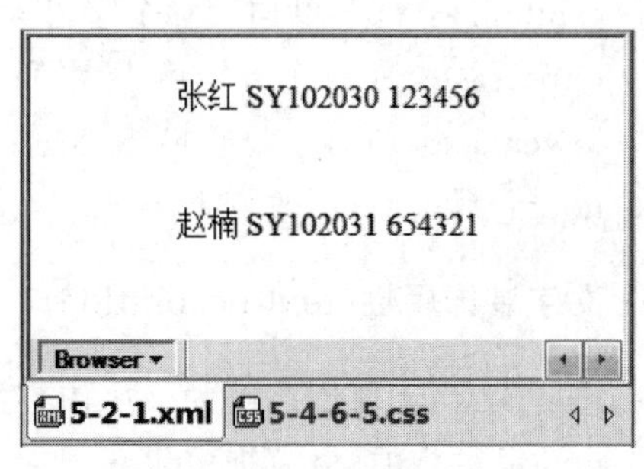

图 5-20 使用 CSS 的显示效果

5.4.7 字体属性

在 CSS 中定义多种设置字体的属性,包括字体类型、字体风格、变形、加粗和大小等。

1. 字体类型属性(font-family)

通常情况下,页面中的字体由系统或浏览器的默认值确定。在 CSS 中可以使用 font-family 属性设置页面中不同的字体类型,如宋体、黑体、微软雅黑、Times New Roman 等。

需要注意的是,如果是类似 Times New Roman 这种多个字符组合的字体,属性值需要使用双引号。例如:

```
name { font - family:"Times New Roman"; }
```

2. 字体风格属性(font-style)

font-style 属性用于设置字体风格,该属性的值包括以下几个。

① normal：默认值，文本正常显示。

② italic：文本斜体显示。

③ oblique：文本倾斜显示。

其中 italic 是一种简单的字体风格，用于设置斜体字，而 oblique 文本是指倾斜的文字，对于没有斜体的字体，可以使用 oblique 属性值来实现倾斜的文字效果。

以文件 5-2-1. xml 为例，设置格式如文件 5-4-7-1. css 所示。

文件 5-4-7-1. css

```
@charset "gb2312";
name { display:block;
      font - family:华文彩云;
      font - style:italic;
      margin:20px; }
```

文件 5-2-1. xml 引用文件 5-4-7-1. css，在浏览器显示的效果如图 5-21 所示。

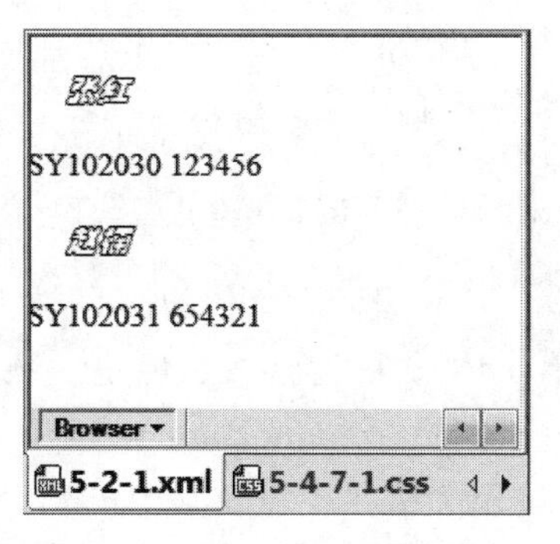

图 5-21　使用 CSS 的显示效果

3. 字体变形属性(font-variant)

font-variant 属性设置小型大写字母的字体显示文本，这意味着所有的小写字母均会被转换为大写，但是所有使用小型大写字体的字母与其余文本相比，其字体尺寸更小。该属性的值包括以下几个

① normal：默认属性值，用于保持字体原有状态。

② small-caps：将字体设为小型的大写字母。

4. 字体加粗属性(font-weight)

font-weight 属性用于设置字体的粗细程度，该属性可以使用多种关键字设定，该属性的值包括以下几个。

① normal：默认值，标准的字体显示。

② bold：粗体字体显示。

③ bolder：更粗的字体显示。

④ lighter：更细的字体显示。

⑤ 100～900：定义由粗到细的字体，属性值 400 等同于 normal、700 等同于 bold。

以文件 5-2-1. xml 为例，设置格式如文件 5-4-7-2. css 所示。

文件 5-4-7-2. css

```
name { display:block;
      font - weight:900;
      margin:20px }
```

文件 5-2-1. xml 引用文件 5-4-7-2. css，在浏览器显示的效果如图 5-22 所示。

图 5-22　使用 CSS 的显示效果

5. 字体大小属性(font-size)

font-size 属性用于设置字体的大小,它可以使用多种方式设定字体大小,包括特定关键字、绝对尺寸、相对尺寸、百分比尺寸等。

其中,特定关键字描述的属性值包括 xx-small、x-small、small、medium、large、x-large 和 xx-large,依次表示由小到大显示字体,其中 medium 为默认值,表示字体正常显示。此外,还可使用关键字 smaller 或 larger 设置比父元素更小或更大的尺寸。

以文件 5-2-1.xml 为例,设置格式如文件 5-4-7-3.css 所示。

文件 5-4-7-3.css

```
name { display:block;
       font - weight:900;
       font - size:xx - large;
       margin:20px }
```

文件 5-2-1.xml 引用文件 5-4-7-3.css,在浏览器显示的效果如图 5-23 所示。

图 5-23 使用 CSS 的显示效果

6. 字体属性(font)

font 是一个字体的简写属性,它可以在声明中设置所有字体属性,通常按照规定的顺序设置字体属性,即 font-style、font-variant、font-weight、font-size/line-height、font-family。如果不设置其中的某个值,则未设置的属性会使用默认值显示。例如:

```
name { display:block;
          font: bolder italic small - caps 40pt Arial; }
```

5.5 在 XML 中引用 CSS 文件

在 XML 中使用 CSS,通常需要将 CSS 文本引入 XML 文本中方可使用。引入 CSS 文本有两种方式:一种为内嵌式;另一种为外部引用方式。一般情况下,建议使用外部引用方式,因为它符合数据表示与数据显示相分离的要求,同时外部 CSS 文件能同时被多个 XML 使用;而使用内部 CSS 会破坏 XML 文档的可读性,本书只讲解外部引用方式。

在 XML 中使用外部引用 CSS 文本的方式,需要使用以下处理指令:

```
<?xml - stylesheet type = "text/css" href = "样式表的 URI"?>
```

其中,type 表示样式表的 MIME 类型,CSS 的 MIME 类型为 text/css;href 表示样式表文件的相对路径或绝对路径。

5.6 CSS 应用实例

下面通过一个示例综合应用 CSS 规范显示 XML 文档。

文件 5-6-1. xml

```
<?xml version = "1.0" encoding = "gb2312"?>
<?xml - stylesheet type = "text/css" href = "5 - 6 - 1.css" ?>
< members >
    < name >会员信息一览表</name >
    < member >
        < card > SY102030 </card >
        < information >
            < name >张红</name >
            < birthday > 1986 - 02 - 15 </birthday >
            < address >金地滨河小区 2 号楼 203 室</address >
            < tel > 13233339999 </tel >
        </information >
    </member >
    < member >
        < card > SY102031 </card >
        < information >
            < name >赵楠</name >
            < birthday > 1988 - 11 - 20 </birthday >
            < address >万科新里程 5 号楼 1103 室</address >
            < tel > 13212341122 </tel >
        </information >
    </member >
    < member >
        < card > SY102032 </card >
        < information >
            < name >王刚</name >
            < birthday > 1990 - 08 - 25 </birthday >
            < address >青年居易 2 号楼 203 室</address >
            < tel > 18612345678 </tel >
        </information >
    </member >
</members >
```

文件 5-6-1. css

```
@charset "gb2312";
member, name, information, birthday, address, tel
{   text - align :center ;
    display :block ;
}
member
{   margin:3px;
    padding :1cm;
    background - color :#FFFFFF;
```

```
}
name
{  margin:10px;
   font - size:50pt;
   font - family:华文彩云 ;
   text - align:center ;
}
information name
{  font - size:30pt;
   font - family:黑体 ;
}
member card
{  font - size:25pt;
   text - decoration:underline;
   font - family:"Arial Black" ;
}
information
{  font - size:25pt;
   margin - top:1cm;
   font - family:仿宋;
}
```

文件 5-6-1.xml 引用文件 5-6-1.css,在浏览器显示的效果如图 5-24 所示。

图 5-24 使用 CSS 的显示效果

5.7 小结

CSS层叠样式表是一种用来表现HTML或XML等文件样式的语言,使用样式表技术,可以使枯燥无味的标记语言呈现不同的样式。多变的样式技术不仅提供给用户视觉上的享受,同时在数据处理和数据交互上也起到重要作用。

在CSS中,可以定义不同的属性描述元素的样式,CSS技术能够对网页中的布局、背景、颜色、字体以及其他样式效果实现更加精确的控制。使用CSS,只需简单地改变样式,对应的元素就会自动更新,因而呈现不同的显示效果。在XML中使用CSS,需要在XML中加入相关指令方可见效。

CSS在使用中,存在一定的局限性,由于它的初衷是为HTML服务,因而定义的XML文本中的元素不能使用中文,更为适合XML文档的样式表为XSL可扩展样式表。

5.8 习题

1. 选择题

(1) 下面(　　)不是CSS的特点。

A. 方便控制页面布局　　B. 数据显示和内容相分离
C. 加快页面访问速度　　D. 增加了页面文件大小

(2) 下列(　　)是CSS的布局属性。

A. Border-style　　B. font　　C. display　　D. line-height

(3) (　　)选择器结合"#"符号设置相应属性,并且只允许定义一个唯一的属性值。

A. 类选择器　　B. ID选择器　　C. 通用选择器　　D. 后代选择器

(4) 下列(　　)不属于字体属性。

A. font-family　　B. font-style　　C. font-variant　　D. font-color

(5) 独立的层叠样式表的后缀名为(　　)。

A. css　　B. xml　　C. xsl　　D. html

2. 简答题

(1) 什么是CSS?它有什么作用?
(2) 在XML中如何引用CSS文本?
(3) 在CSS属性值中,颜色值的RGB有几种表现方式?分别是什么?
(4) 什么是类选择器?什么是ID选择器?它们有什么区别?
(5) 已知一个XML文档片段如下:

```
<?xml version = "1.0" encoding = "gb2312"?>
< book >
    < name > XML基础教程</name >
    < author >靳新</author >
```

```
</book>
```

编写相应的CSS文档,使得<book>元素中的信息显示效果为:

① 使用块样式方式显示;

② 文字颜色为蓝色(blue);

③ 背景颜色为黄色(yellow)。

3. 上机操作

使用XML中的相关标记,制作一份个人简历,然后使用CSS设计该XML文档。

可扩展样式语言XSL

内容导读

第5章介绍了如何使用层叠样式表CSS来显示XML的方法,但是CSS是专门为HTML制定的,在使用时本身具有很多局限性。而可扩展样式语言XSL源自于XML,是XML的重要技术之一,它可以更好地控制XML文档的显示方式。通过定义不同的样式表可以使相同的数据显示不同的外观,从而更好地适应不同的应用。

本章主要介绍XSL的基本语法、节点的选择以及常用的XSL模板元素。

本章要点

◇ 理解XSL基本概念。

◇ 理解XSL转换原理。

◇ 掌握XSL模板。

◇ 掌握XSL节点选择方式。

◇ 掌握XSL常用模板元素。

6.1 XSL概述

6.1.1 XSL特点

XML文本侧重于数据的描述,它将显示内容与格式相分离。单纯的XML文本可以通过引用CSS样式表,达到使页面美观实用的特性。但是由于CSS本身是专门为HTML量身定制的,它只能处理简单的、顺序比较固定的XML文本,对于复杂的、结构化较强的XML文本就显得无能为力。因此,使用CSS显示XML文本本身具有诸多局限性。为了解决CSS对某些XML文本无法处理的弊端,可扩展标记语言XSL诞生了。

XSL(eXtensible Stylesheet Language,可扩展样式语言)是由W3C制定的专门针对XML文档设计的一种样式语言。与CSS不同的是,XSL是遵循XML规范制定的,符合XML语法规则,并且在样式设计的功能上比CSS更强大、语法更复杂。使用XSL能够将XML转换成适用于不同应用的语言,因此在使用功能上更加灵活。

XSL主要由3部分组成,包括数据转换语言XSLT(XSL Transformations)、数据格式化语言XSL-FO(XSL FormationObject)和XPath寻址语言。

① 数据转换语言XSLT。XSLT用于将一种XML文档转换为其他的XML文档,或

者也能转换为可被浏览器识别的其他类型的文档,如 HTML 和 XHTML。一般情况下,XSLT 是通过把每个 XML 元素转换为 HTML 或 XHTML 元素来显示在客户端的。

② 数据格式化语言 XSL-FO。XSL-FO 定义格式化命令,在输出时将 XML 文档根据给定的 XSL 转换为可以显示的结构,也就是用来配合屏幕显示的打印要求,精确地设定外观。

③ XPath 寻址语言。XPath 是一种对 XML 文档部分进行寻址的语言。

XSLT 是 XSL 的重要组成部分,使用 XSLT 转换 XML 文本时,是将 XML 文本看成一棵倒置的结构树对其节点进行操作,因此常常需要结合 XPath 语言对节点进行寻址。而对于数据格式化语言 XSL-FO,由于从一开始各大软件商就集中精力在 XSLT 上,且对格式化对象存在较大分歧,导致 XSL-FO 发展不够成熟,并且由于目前主流浏览器不予支持其功能,因此使用较少。正是由于此种情况,导致 XSL 将 XSLT 和 XSL-FO 分离成两个部分,且采用不同的命名空间,对于 XSLT,采用"xsl"作为命名空间的标识符,而 XSL-FO 采用"fo"作为其命名空间的标识符。

XSLT 是将 XML 作为一棵树对其节点进行处理,作为树状结构排列的 XML 文档,一般分为以下几种节点。

① 根节点。该节点是一个虚拟节点,代表整个文档,在 XPath 语句中使用"/"符号表示。

② 根元素。表示 XML 文档的根元素,一个 XML 文档有且只有一个根元素。

③ 其他元素。表示除了根元素外的其他元素,一般表示枝干元素和叶子元素。

④ 文本节点。表示开始标记和结束标记之间的文本数据,或者属性值的数据等。

⑤ 属性节点。表示 XML 中属性所对应的节点。

⑥ 处理指令节点。由处理指令构成的节点。

⑦ 命名空间节点。表示每个元素所处命名空间所对应的节点。

⑧ 注释节点:表示在符号"<! ——"和" ——>"之间所包含的数据。

6.1.2 XSL 转换原理

XSL 由 XSLT、XSL-FO、XPath 这 3 部分组成,其中 XSLT 指 XSL 转换,XSLT 是 XSL 中最重要的部分。通过 XSLT 可以从输出文件添加或移除元素和属性,也可重新排列元素,执行测试并决定隐藏或显示哪个元素等,因此,XSLT 是把 XML 源文件结构树转换为 XML 结果文档树。

从狭义上可以理解为 XSL 就是 XSLT,只是按照 W3C 标准,XSLT 的说法更严格,并且 XSLT 结合 XPath 的强大功能,能够在 XML 文档中查找信息,XPath 被用来通过元素和属性在 XML 文档中进行导航。在转换过程中,XSLT 使用 XPath 来定义源文档中可匹配一个或多个预定义模板的部分。一旦匹配被找到,XSLT 就会把源文档的匹配部分转换为结果文档。

使用 XSL 转换 XML 文档时,通过使用模板元素,将 XML 源文件转换为带样式信息的可浏览文档,最终的可浏览文档可以是 HTML 格式或其他格式。目前,大多数情况下转换为 HTML 文档来显示。XSL 转换的工作原理如图 6-1 所示。

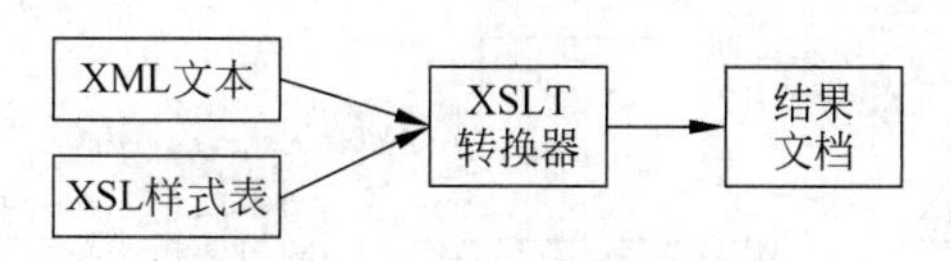

图 6-1　XSL 转换的工作原理

说明如下。

① 将 XML 看作一个源文档结构树，文档中的处理指令、注释或各个元素都作为结构树中的一个节点，并且 XML 文档结构树是从代表整个文档的根节点开始进行节点匹配的，其下为 XML 文档声明及根元素及子节点等。

② XML 文档根据 XSL 样式语言的设计，把需要的数据从 XML 中提取出来，形成一个结果文档树在浏览器中显示。

③ XML 源文档结构树是结合 XSL 样式语言并通过 XSLT 处理器进行转换，最终形成结果文档树。

下面创建一个 XML 文档，使用文档结构树显示对应文档。

文件 6-1-2-1. xml

```
<?xml version = "1.0" encoding = "gb2312"?>
<?xml - stylesheet type = "text/xsl" href = "6 - 3 - 5 - 2.xsl"?>
<会员信息>
    <会员 卡号 = "SY102030" >
        <姓名>张红</姓名>
        <性别>女</性别>
        <生日> 1986 - 02 - 15 </生日>
    </会员>
    <会员 卡号 = "SY102031">
        <姓名>赵楠</姓名>
        <性别>女</性别>
        <生日> 1988 - 11 - 20 </生日>
    </会员>
    <会员 卡号 = "SY102032">
        <姓名>王刚</姓名>
        <性别>男</性别>
        <生日> 1990 - 08 - 25 </生日>
    </会员>
    <!-- 其他会员信息 -->
</会员信息>
```

文件 6-1-2-1. xml 中以树状结构排列文档，其对应的文档结构树如图 6-2 所示。

将 XML 文本引用相应的 XSL 文本时，XML 就会根据所匹配的节点信息进行输出。使用相同的 XML 文本引用不同的 XSL，可以实现 XML 文本在不同的终端（如在手机、计算机、服务器等）呈现不同的样式，以满足不同用户的需求。一般情况下，在终端的浏览器中内置了能够处理 XSL 的转换器，该转换器能够利用样式表中的模板及匹配信息来显示 XML 文档。需要注意的是，如果在 XML 中引用了多个 XSL 文本，那么浏览器只能显示第一个引用的 XSL 文本，而忽略其他样式表；如果同时引用 CSS 和 XSL 样式表，那么浏览器只能显示 XSL 样式表。

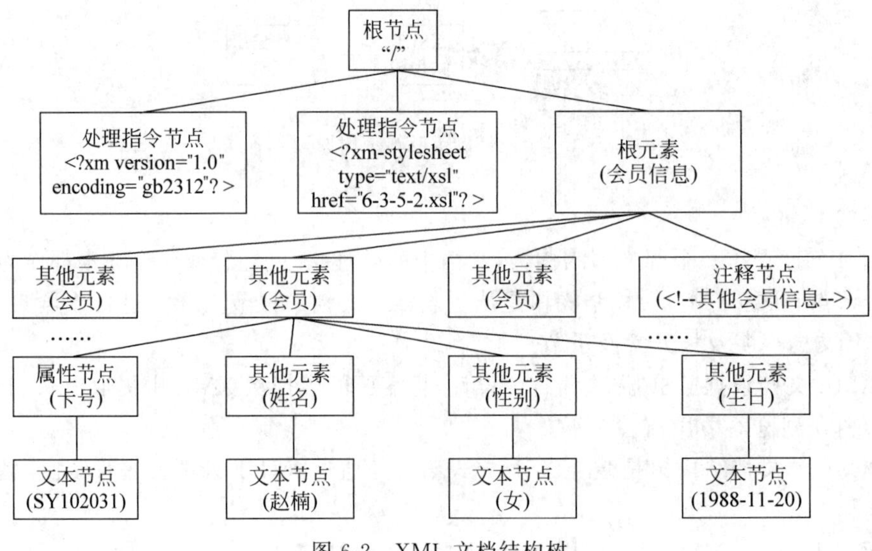

图 6-2 XML 文档结构树

在实际应用中,使用 XSL 转换 XML 文本时,根据应用程序的需求,一般可以在服务器或者客户端中进行转换。如果在服务器端转换时,需要在服务器端安装 XSL 的转换器,XML 在服务器中转换完成后,将信息发布到客户端;如果在客户端转换 XML 文档,则需要将 XML 文档和 XSL 样式表一起发送到客户端进行显示。另外,还可以在服务器处理文档之前,用第三方应用程序将 XML 文档进行转换,那么在客户端和服务器端都使用的是转换后的文档;如果 XML 没有引用任何样式表,XML 使用浏览器内置默认的样式表显示出树状结构。

6.1.3 XSL 与 CSS 比较

XSL 和 CSS 统称为样式表,它们能格式化输出 XML,但是在使用上还有很大区别。XSL 与 XML 是师出同门,都是标记语言,XSL 是更为先进的专门用于 XML 文档的样式语言,XSL 文档本身就是结构完整的 XML 文档。XSL 文档包括一系列适用于特定的 XML 元素样式的规则。XSL 处理程序读取 XML 文档并将其读入的内容与样式表中的模板元素相比较。当在 XML 文档中识别出 XSL 样式表中的模板元素时,对应的规则将输出所需的文本信息。

CSS 开始是为 HTML 而设计的,纯粹用于页面风格的设置,主要通过定义显示属性、字型属性、文本属性、背景属性等样式格式化文本,这些属性都可以施加到个别的元素上,用来控制输出的样式,但是 CSS 是“静态”的,并且有严重的局限性：CSS 只能改变特定元素的格式,也只能以元素为基础,并且 CSS 不能重新排序文档中的元素,CSS 不能判断和控制元素的显示方式,以及 CSS 不能统计计算元素中的数据等。而 XSL 样式表不但可以重新排列元素,还可进行简单的字符处理和数据计算等,并且 XSL 可以选择应用样式的标记,这不仅是基于标记的,而且基于标记的内容和属性以及基于其他的各种准则。

CSS 的优越性在于具有广泛的浏览器支持,但是 XSL 更为灵活和强大,可更好地适用于 XML 文档,而且带 XSL 样式单的 XML 文档可以很容易地转换为带 CSS 样式单的

HTML 文档。CSS 与 XSL 在某种程度上是重复的，XSL 的功能确实比 CSS 更强大，但是 XSL 的功能与其复杂性是分不开的。但是对于 XML 文本，长远来看使用 XSL 才是 XML 的发展方向。

6.2 创建 XSL

6.2.1 XSL 文档的结构

XSL 用来转换显示 XML 文档，它需要使用命名空间表示 XSL 相关信息，其文档的组成格式为：

```
<?xml version = "1.0" encoding = "UTF - 8"?>
<xsl:stylesheet version = "1.0" xmlns:xsl = "http://www.w3.org/1999/XSL/Transform" >
    <xsl:template match = "/ ">
        <!-- 若干控制 XML 的模板元素 -->
    </xsl:template>
</xsl:stylesheet>
```

说明如下。

① XSL 遵循 XML 语法规则，是一个格式良好的 XML 文档，因此 XSL 以 XML 声明开始。

② XSL 根元素为< xsl：stylesheet >，位于“http://www.w3.org/1999/XSL/Transform”这个命名空间中，通常这个命名空间使用.xsl 作为前缀。

③ version="1.0"表示使用 XSL 1.0 版本。注意：一定要指明该属性，这样 XML 才可获取 XSL 的具体信息。

④ < xsl：template >是 XSL 中的模板元素之一，XSL 中使用一个或多个模板元素来格式化 XML 文档。

6.2.2 使用 XSL 转换 XML 文档

使用 XSL 样式语言来显示 XML 文档有以下两个步骤。

1. 创建 XSL 样式表

XSL 样式表使用.xsl 作为后缀命名。使用 Altova XMLSpy 创建 XSL 的过程为：选择【File】→【New】菜单命令，系统弹出【Create new document】对话框，选择【xsl XSL Stylesheet v1.0】选项，如图 6-3 所示，然后单击【OK】按钮进入编辑窗口，就可进行代码编辑。

2. 将 XSL 样式表引用至 XML 文件

同 CSS 一样，XSL 创建完成后，需要被 XML 文档引用才能更好地控制 XML 的显示方式，在 XML 文档中引用 XSL 的处理指令为：

```
<?xml - stylesheet type = "text/xsl" href = "** .xsl"?>
```

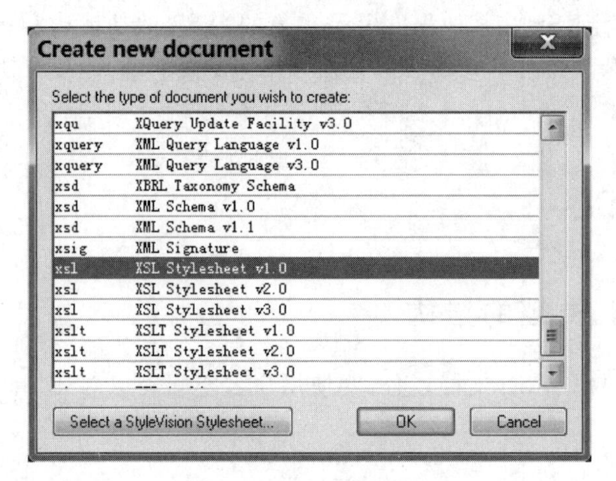

图 6-3 创建 XSL 样式表窗口

说明如下。

① xml-stylesheet：指明应用样式表的声明。

② type 属性：指出该样式表的名称类型,其值"text/xsl"表示引用的是 XSL 样式表。

③ href 属性：指出 XSL 样式表的名称与路径。

6.2.3 HTML 与 XSL 的结合

XML 侧重的是数据描述,HTML 主要用于对文档格式的显示,将两者联系起来,可以实现数据描述与格式显示的完美结合。

在 XSL 模板中,可以出现各种合法的 HTML 标记对节点信息进行修饰。但是需要注意的是,在 HTML 中如< br >和< hr >这种单一描述性的标记,如果在 XSL 中使用,必须对起始标记增加对应的结束标记。例如,在 HTML 中< br >表示换行,如果在 XSL 中使用,需要将< br >的结束标记</br >书写完整。

6.3 XSL 模板元素

6.3.1 XSL 常用模板元素

一个 XSL 文档主要是由一系列模板元素组成的,每个模板对应一种模式,不同的模式都能够作用于 XML 文档的树状结构,并包含与指定节点相配的应用规则。模板元素是 XSL 中最重要的元素。一般情况下,任何一个 XSL 文档需要包含一个与根节点匹配的模板。

在 XSL 中常用的模板元素如表 6-1 所示。

表 6-1 XSL 常用模板元素

模板元素	作 用
< xsl: apply-imports >	应用来自导入样式表中的模板
< xsl: apply-templates >	对当前元素或当前元素的子元素应用调用模板

续表

模板元素	作　用
<xsl：attribute>	向元素添加属性
<xsl：attribute-set>	向元素添加属性集
<xsl：choose>	多重条件的判断，与<xsl：when>和<xsl：otherwise>共同使用
<xsl：comment>	创建注释节点
<xsl：copy>	复制当前节点（无子节点及属性）
<xsl：copy-of>	复制当前节点（带有子节点及属性）
<xsl：element>	创建元素
<xsl：for-each>	循环指定节点
<xsl：if>	单一条件的判断
<xsl：import>	将一个样式表中的内容导入另一个样式表
<xsl：include>	将一个样式表中的内容包含到另一个样式表
<xsl：key>	定义命名关键字
<xsl：message>	输出消息（用于错误报告）
<xsl：number>	对数字进行格式化
<xsl：otherwise>	<xsl：choose>子元素
<xsl：sort>	对指定节点排序
<xsl：template>	定义匹配的节点模板
<xsl：text>	生成文本节点
<xsl：transform>	定义样式表的根元素
<xsl：value-of>	获取元素的输出值
<xsl：variable>	声明局部或者全局的变量

6.3.2　定义模板元素

在 XSL 的各种模板元素中，<xsl：template>称为定义模板元素，它一般位于 XSL 根元素<xsl：stylesheet>中，作为其子元素存在。定义模板元素的语法规则为：

```
<xsl:template 属性名 = "属性值">
    ……
</ xsl:template >
```

<xsl：template>的属性有以下 4 种。

① match：对应的属性值用来指定 XML 文档层次结构中的特定节点，一般情况下，在最上层中，使用 match="/"表示与根节点匹配，该属性为常用属性。

② name：为当前模板命名。

③ mode：用于确定处理方式。

④ priority：在相同匹配的元素中确定其优先级。

常用的定义模板元素的格式如下：

```
<?xml version = "1.0" encoding = "gb2312"?>
<xsl:stylesheet version = "1.0" xmlns:xsl = "http://www.w3.org/1999/XSL/Transform">
    <xsl:template match = "/">
        ……
```

```
    </xsl:template>
    <xsl:template match="节点名">
        ……
    </xsl:template>
        ……
</xsl:stylesheet>
```

6.3.3 调用显示模板元素

<xsl: apply-templates>称为调用显示模板元素,如果定义模板元素所匹配的节点中有其子节点需要匹配,可以使用调用显示模板套用其子节点,或者也可用于显示。调用显示模板元素一般作为定义模板元素的子元素使用,其语法规则为:

```
<xsl:apply-templates 属性名="属性值">
```

<xsl: template>的属性包括以下几个。

① select: 描述需要处理的节点名,该属性为常用属性。

② mode: 用于确定处理方式。

说明: <xsl: apply-templates>还可不使用属性,如果省略属性,处理器会处理当前元素中每个子元素对应的模板。

6.3.4 输出模板元素

<xsl: value-of>称为输出模板元素,使用 select 属性输出 XML 文档中对应节点的数据内容。其语法规则为:

```
<xsl:value-of select="节点名"/>
```

6.3.5 XSL 应用实例

使用定义模板元素、调用显示模板元素以及输出模板元素就可以获取用户所需要的数据内容,下面通过具体实例对这几个模板元素进行深入理解。

文件 6-3-5-1. xml

```
<?xml version="1.0" encoding="gb2312"?>
<?xml-stylesheet type="text/xsl" href="6-3-5-1.xsl"?>
<会员信息>
    <姓名>张红</姓名>
    <性别>女</性别>
    <生日>1986-02-15</生日>
</会员信息>
```

文件 6-3-5-1. xsl

```
<?xml version="1.0" encoding="gb2312"?>
<xsl:stylesheet version="1.0" xmlns:xsl="http://www.w3.org/1999/XSL/Transform">
    <xsl:template match="/">
```

```
        <xsl:apply-templates select="会员信息"/>
    </xsl:template>
    <xsl:template match="会员信息">
        <xsl:value-of select="姓名"/>
        <xsl:value-of select="性别"/>
        <xsl:value-of select="生日"/>
    </xsl:template>
</xsl:stylesheet>
```

文件 6-3-5-1. xml 在 XML Spy 的浏览器中显示结果如图 6-4 所示。

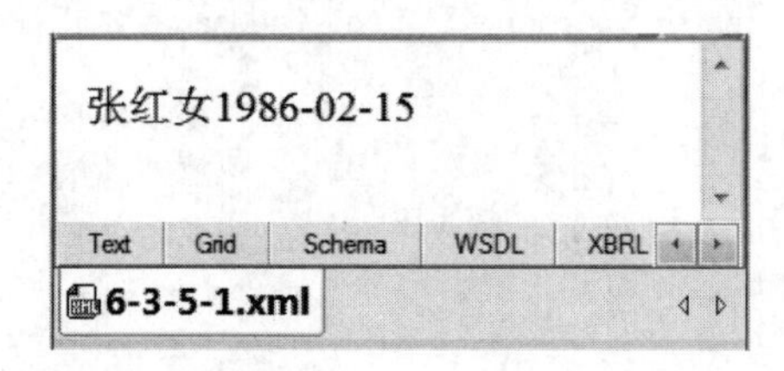

图 6-4 引用 XSL 文件后 XML 显示结果

说明：在文件 6-3-5-1. xsl 中，定义模板元素< xsl: template match="/">用于匹配根节点，使用调用显示模板< xsl: apply-templates select="会员信息"/>套用根节点下的根元素<会员信息>，然后使用输出模板< xsl: value-of >将对应叶子节点中的数据内容进行输出。由图 6-4 可以看出，叶子节点中的文本数据能够在浏览器中以内联方式显示。

由于 XSL 能够结合 HTML 标记设计输出样式，可以对文件 6-3-5-1. xsl 进行修改。具体如下：

文件 6-3-5-1. xsl(修改)

```
<?xml version="1.0" encoding="gb2312"?>
<xsl:stylesheet version="1.0" xmlns:xsl="http://www.w3.org/1999/XSL/Transform">
    <xsl:template match="/">
        <h3>会员信息一览表</h3>
        <xsl:apply-templates select="会员信息"/>
    </xsl:template>
    <xsl:template match="会员信息">
        <br>姓名:<xsl:value-of select="姓名"/></br>
        <br>性别:<xsl:value-of select="性别"/></br>
        <br>生日:<xsl:value-of select="生日"/></br>
    </xsl:template>
</xsl:stylesheet>
```

修改后 6-3-5-1. xml 文件在 XMLSpy 的浏览器中显示结果如图 6-5 所示。

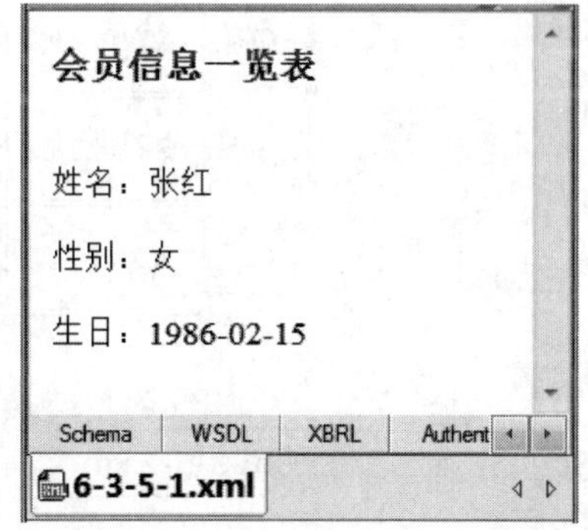

图 6-5 修改 XSL 文件后 XML 显示结果

由此可知，在 XSL 中增加了 HTML 显示格式的标记，使得 XML 文档显示效果更加直观。

如果 XML 文档中出现多条信息，可以结合 HTML 中的< table >标记将信息显示在表格中。以文件 6-1-2-1. xml 为例，将<会员>中的数据信息显

示在表格中,对应 XSL 文件为:

文件 6-3-5-2.xsl

```
<?xml version="1.0" encoding="UTF-8"?>
<xsl:stylesheet version="1.0" xmlns:xsl="http://www.w3.org/1999/XSL/Transform">
    <xsl:template match="/">
        <h3 align="center">会员信息一览表</h3>
        <xsl:apply-templates select="会员信息"/>
    </xsl:template>
    <xsl:template match="会员信息">
        <table align="center" border="1" cellpadding="15" bordercolor="black">
            <thead>
                <tr align="center">
                    <th>卡号</th>
                    <th>姓名</th>
                    <th>性别</th>
                    <th>生日</th>
                </tr>
            </thead>
            <xsl:apply-templates select="会员"/>
        </table>
    </xsl:template>
    <xsl:template match="会员">
        <tbody>
            <tr align="center">
                <td><xsl:value-of select="@卡号"/></td>
                <td><xsl:value-of select="姓名"/></td>
                <td><xsl:value-of select="性别"/></td>
                <td><xsl:value-of select="生日"/></td>
            </tr>
        </tbody>
    </xsl:template>
</xsl:stylesheet>
```

文件 6-1-2-1.xml 引用文件 6-3-5-2.xsl,在浏览器显示的效果如图 6-6 所示。

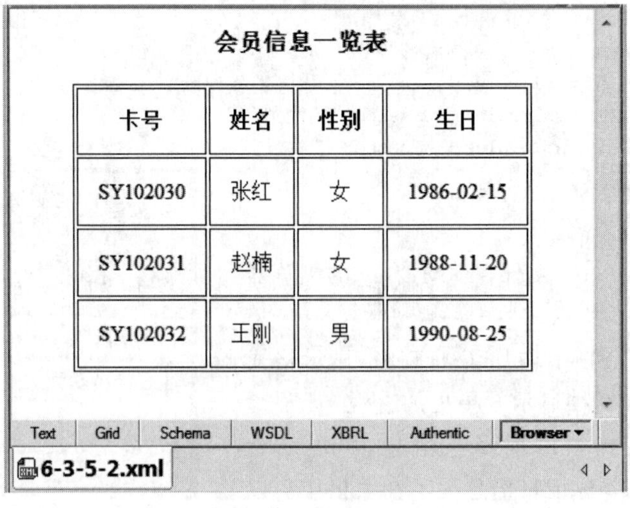

会员信息一览表

卡号	姓名	性别	生日
SY102030	张红	女	1986-02-15
SY102031	赵楠	女	1988-11-20
SY102032	王刚	男	1990-08-25

Text | Grid | Schema | WSDL | XBRL | Authentic | Browser

6-3-5-2.xml

图 6-6 引用 XSL 文件后 XML 显示结果

6.4 XSL 节点的选择

由前面的实例可以看出，在定义模板时，使用 match 属性匹配相应的节点信息；调用显示模板和输出模板元素时，使用 select 属性匹配所需节点。这些对应的节点就是 XSL 需要处理的信息。如何方便、简洁地定位节点信息，可以使用 XPath 寻址语言。所谓 XPath，它是一种节点位置的语言，在 XSL 中可以用来描述 XML 元素的位置。

一般而言，XSL 与 XPath 紧密结合，能很好地完成 XML 文档的转换。XPath 寻址语言是将一份 XML 文档看作一棵逻辑上的树状结构，用不同节点的种类清晰描述出 XML 文档各节点的关系。使用 XPath 描述模板调用的元素位置，能够正确地定义哪些元素需要做所指定转换，以便最后形成正确的树状结构。

XPath 提供了多种寻址方式对 XML 文本中的节点进行定位，以下例题除有其他说明外，将根据文件 6-1-2-1. xml 重点讲解几种常用定位方式。

6.4.1 使用元素名定位节点信息

在 XSL 中，可以在相应的模板元素中直接指定 XML 文档的某个元素名来定位相匹配的节点信息，例如：

```
<xsl:template match = "会员信息">
    <xsl:apply - templates select = "会员"/>
<xsl:value - of select = "姓名"/>
```

在定义模板元素< xsl：template >中的 match 属性时，直接使用元素名<会员信息>匹配节点内容；在调用显示模板元素< xsl：apply-templates >中的 select 属性时，使用元素名<会员>定位相应节点信息；在输出模板元素< xsl：value-of >中的 select 属性时，同样直接使用元素名<姓名>定位相应节点信息。使用元素名称的定位方式直观方便，能够明确地获取节点内容，非常实用。

6.4.2 使用“/”定位节点路径

使用“/”定位节点路径时，一般有以下两种情况。

1. 单独使用“/”，代表根节点

任何一个 XSL 文档至少包含一个与根节点匹配的模板。所谓根节点表示一个虚拟节点，代表整个文档，在 XPath 语句中，使用“/”表示。通常使用定义模板元素< xsl：template match＝"/">匹配。

2. “/”

“/”可以表示子元素路径的运算符，用于指出当前元素及其子元素的节点。例如：

```
<xsl:apply - templates select = "会员信息/会员/姓名"/>
```

表示所匹配的节点为<姓名>,且<姓名>元素的父元素为<会员>,<会员>的父元素为<会员信息>。

6.4.3 使用"//"定位节点路径

"//"表示递归下层路径运算符,用于指出当前节点下层的后代节点。使用"//"匹配的节点,无须考虑该节点的位置,因此可以直接引用某节点的任意层后代节点。例如:

```
<xsl:apply-templates select=" //姓名"/>
```

表示匹配到文档中任意位置的<姓名>元素。例如:

```
<xsl:apply-templates select="会员信息//姓名"/>
```

表示所匹配的节点为<姓名>,且<姓名>元素属于<会员信息>的子元素,但是无须考虑<姓名>子元素隶属于父元素<会员信息>的哪一层。

6.4.4 使用"."定位节点路径

使用"."表示定位当前节点,也可包括当前节点下的所有子节点。例如:

```
<xsl:template match="姓名">
    <xsl:value-of select="."/>
</xsl:template>
```

在该程序段中,使用定义模板元素< xsl:template match="姓名">匹配到<姓名>元素,在输出模板<< xsl:value-of select="."/>的 select 中使用"."表示输出当前节点及当前节点下的信息,由于当前元素<姓名>无子元素,它将输出<姓名>元素中的数据内容。完整代码如下:

文件 6-4-4-1.xsl

```
<?xml version="1.0" encoding="UTF-8"?>
<xsl:stylesheet version="1.0" xmlns:xsl="http://www.w3.org/1999/XSL/Transform">
    <xsl:template match="/">
        <xsl:apply-templates select="会员信息//会员//姓名"/>
    </xsl:template>
    <xsl:template match="姓名">
        <xsl:value-of select="."/><br>
    </xsl:template>
</xsl:stylesheet>
```

文件 6-1-2-1.xml 引用文件 6-4-4-1.xsl,在浏览器显示的效果如图 6-7 所示。

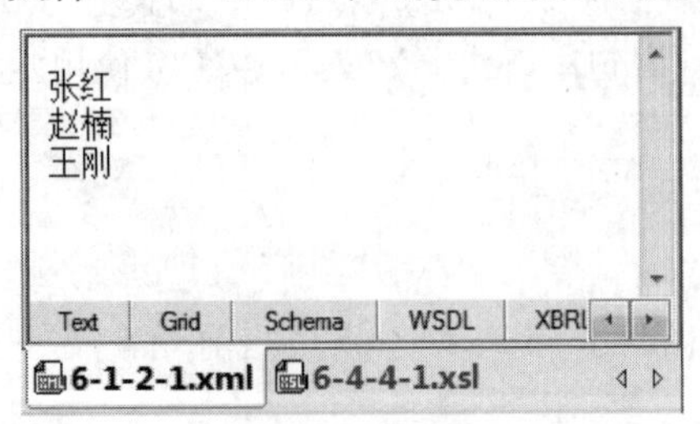

图 6-7 引用 XSL 文件后 XML 显示结果

看下面的程序段：

```
<xsl:template match = "//会员">
    <xsl:value - of select = "."/>
</xsl:template>
```

在该程序段中，使用定义模板元素< xsl：template match＝"//会员">匹配到文本中的所有<会员>元素，在输出模板< xsl：value-of select＝"."/>的 select 中使用"."表示输出当前节点及当前节点下的信息，当前节点<会员>包括<姓名>、<性别>和<生日>这 3 个子元素，因此输出<姓名>、<性别>和<生日>元素中的数据内容。完整代码如下：

文件 6-4-4-2. xsl

```
<?xml version = "1.0" encoding = "UTF - 8"?>
<xsl:stylesheet version = "1.0" xmlns:xsl = "http://www.w3.org/1999/XSL/Transform">
    <xsl:template match = "//会员">
        <xsl:value - of select = "."/><br/>
    </xsl:template>
</xsl:stylesheet>
```

文件 6-1-2-1. xml 引用文件 6-4-4-2. xsl，在浏览器显示的效果如图 6-8 所示。

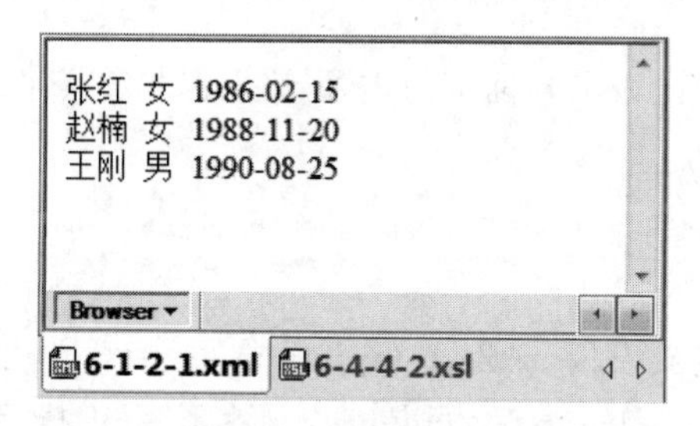

图 6-8　引用 XSL 文件后 XML 显示结果

6.4.5　使用".."定位节点路径

符号".."表示匹配当前节点（直接）的上一代节点，即当前节点的父节点。例如：

```
<xsl:template match = "姓名">
    <xsl:value - of select = "."/>
    <xsl:value - of select = "../生日"/>
</xsl:template>
```

在该程序段中，使用定义模板< xsl：template match＝"姓名">匹配到<姓名>元素，使用输出模板< xsl：value-of select＝"."/>表示输出当前节点<姓名>元素中的数据内容；输出模板< xsl：value-of select＝"../生日"/>表示输出当前节点（<姓名>）的父节点（<会员>）下的子节点（<生日>）的数据内容。完整代码如下：

文件 6-4-5-1. xsl

```
<?xml version = "1.0" encoding = "UTF - 8"?>
<xsl:stylesheet version = "1.0" xmlns:xsl = "http://www.w3.org/1999/XSL/Transform">
    <xsl:template match = "/">
```

```
            <xsl:apply-templates select="会员信息//会员//姓名"/>
        </xsl:template>
        <xsl:template match="姓名">
            <xsl:value-of select="."/>
            <xsl:value-of select="../生日"/><br/>
        </xsl:template>
    </xsl:stylesheet>
```

文件 6-1-2-1. xml 引用文件 6-4-5-1. xsl,在浏览器显示的效果如图 6-9 所示。

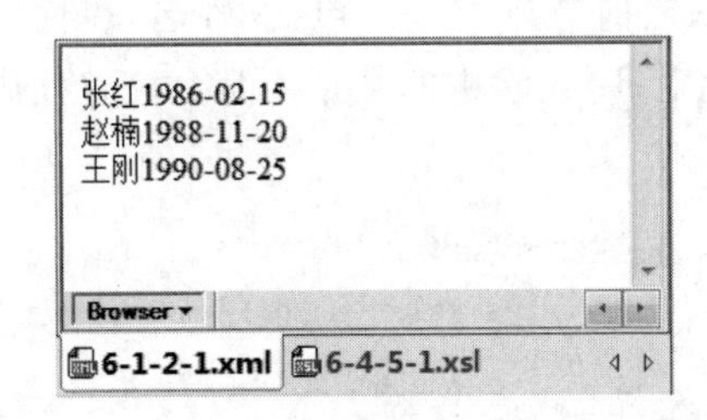

图 6-9　引用 XSL 文件后 XML 显示结果

6.4.6　使用“*”定位节点路径

符号“* ”表示万用字符,表示当前节点的所有子节点及其属性。例如:

```
<xsl:template match="/">
    <xsl:apply-templates select="会员信息/*/姓名"/>
</xsl:template>
```

在该程序段中,使用定义模板< xsl: template match="/">匹配根节点,使用调用显示模板< xsl: apply-templates select="会员信息/*/姓名"/>匹配到<姓名>元素,但是<姓名>元素属于<会员信息>的子元素,只是不管它隶属于哪一层<会员信息>都可匹配到。

由此可见,使用“会员信息/*/姓名”与“会员信息//姓名”表示含义一样,但是使用“*”还可表示属性等其他内容,“*”使用比“//”更广泛。

6.4.7　使用“@”定位属性

符号“@”用来选择某个具体的元素的属性。例如:

```
<xsl:template match="会员">
    <xsl:value-of select="@卡号"/>
</xsl:template>
```

在该程序段中,使用定义模板< xsl: template match="会员">匹配到<会员>元素,使用输出模板< xsl: value-of select="@卡号"/>获取<会员>元素中<卡号>的属性值并输出。完整代码如下:

文件 6-4-7-1. xsl

```
<?xml version="1.0" encoding="UTF-8"?>
<xsl:stylesheet version="1.0" xmlns:xsl="http://www.w3.org/1999/XSL/Transform">
    <xsl:template match="//会员">
```

```
        <xsl:value-of select="@卡号"/><br/>
    </xsl:template>
</xsl:stylesheet>
```

文件 6-1-2-1.xml 引用文件 6-4-7-1.xsl，在浏览器显示的效果如图 6-10 所示。

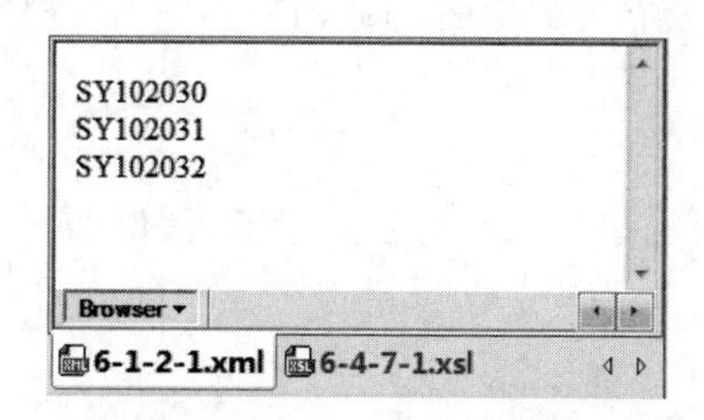

图 6-10　引用 XSL 文件后 XML 显示结果

6.4.8　使用“|”定位节点路径

符号“|”表示多个位置路径的组合，例如：

```
<xsl:template match="姓名|性别|生日">
    <xsl:value-of select="."/>
</xsl:template>
```

在该程序段中，<xsl: template match="姓名|性别|生日">表示 XML 文件中只要包含<姓名>或者<性别>或者<生日>元素都可匹配到，然后使用输出模板<xsl: value-of select="."/>将当前元素<姓名><性别>和<生日>的数据内容输出。完整代码如下：

文件 6-4-8-1.xsl

```
<?xml version="1.0" encoding="UTF-8"?>
<xsl:stylesheet version="1.0" xmlns:xsl="http://www.w3.org/1999/XSL/Transform">
    <xsl:template match="//会员">
        <xsl:apply-templates select="姓名|性别|生日"/>
    </xsl:template>
    <xsl:template match="姓名|性别|生日">
        <xsl:value-of select="."/><br/>
    </xsl:template>
</xsl:stylesheet>
```

文件 6-1-2-1.xml 引用文件 6-4-8-1.xsl，在浏览器显示的效果如图 6-11 所示。

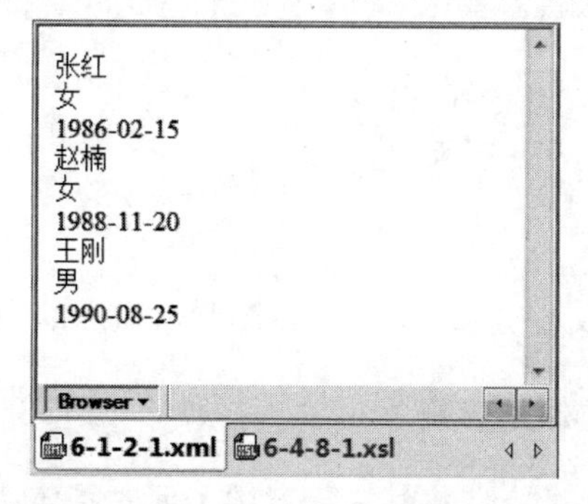

图 6-11　引用 XSL 文件后 XML 显示结果

6.4.9 指定限制条件

在 XSL 中可以为选择的元素添加限制条件,通常可以限制元素为给定的子元素、给定属性、给定属性值等,这时需要在元素名称的后面使用"[ ]"符号描述限制条件。

1. 限制元素必须有子元素

在限制条件的"[ ]"中指定某一元素的子元素即可,例如:

```
<xsl:template match = "会员[生日] ">
    <xsl:value - of select = "姓名"/>
</xsl:template>
```

在该程序段中,<xsl: template match="会员[生日]">表示匹配到<会员>元素,并且要求<会员>元素中必须包含<生日>子元素,然后使用输出模板<xsl: value-of select="姓名"/>输出对应<姓名>元素的内容。下面通过一个完整实例了解限制元素必须有子元素的用法。

文件 6-4-9-1. xml

```
<?xml version = "1.0" encoding = "gb2312"?>
<?xml - stylesheet type = "text/xsl" href = "6 - 4 - 9 - 1.xsl"?>
<会员信息>
    <会员 卡号 = "SY102030">
        <姓名>张红</姓名>
        <性别>女</性别>
    </会员>
    <会员 卡号 = "SY102031">
        <姓名>赵楠</姓名>
        <性别>女</性别>
        <生日> 1988 - 11 - 20 </生日>
    </会员>
    <!-- 其他会员信息 -->
</会员信息>
```

文件 6-4-9-1. xsl

```
<?xml version = "1.0" encoding = "gb2312"?>
<xsl:stylesheet version = "1.0" xmlns:xsl = "http://www.w3.org/1999/XSL/Transform">
    <xsl:template match = "/">
        <xsl:apply - templates select = "会员信息/会员[生日]"/>
    </xsl:template>
    <xsl:template match = "会员[生日]">
        <xsl:value - of select = "姓名"/>
    </xsl:template>
</xsl:stylesheet>
```

文件 6-4-9-1. xml 引用文件 6-4-9-1. xsl,在浏览器显示的效果如图 6-12 所示。

2. 限制元素的子元素为指定内容

在限制条件的"[ ]"中通过"="将某一元素的子元素指定为具体内容即可,例如:

```
<xsl:template match = "会员[生日 = '1988 - 11 - 20']">
    <xsl:value - of select = "姓名"/>
</xsl:template>
```

在该程序段中，< xsl: template match＝"会员[生日＝'1988-11-20']">表示匹配到<会员>元素，并且要求<会员>元素中必须包含<生日>子元素，且生日的属性值为"1988-11-20"，然后使用输出模板< xsl: value-of select＝"姓名"/>输出对应<姓名>元素的内容。

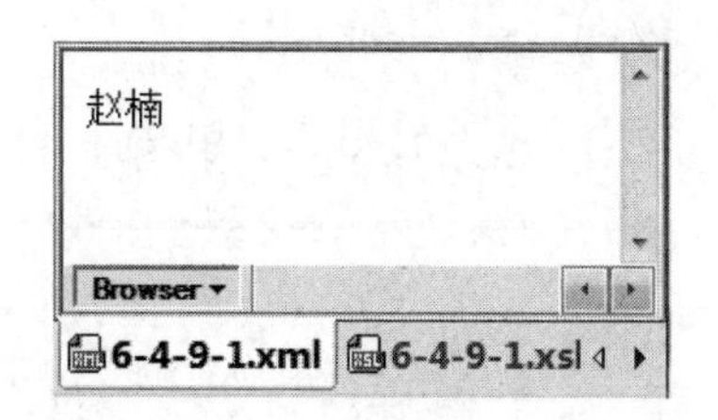

图 6-12　引用 XSL 文件后 XML 显示结果

根据文件 6-4-9-1. xml，编写完整的 XSL 文件。

文件 6-4-9-2. xsl

```
<?xml version = "1.0" encoding = "gb2312"?>
<xsl:stylesheet version = "1.0" xmlns:xsl = "http://www.w3.org/1999/XSL/Transform">
    <xsl:template match = "/">
        <xsl:apply - templates select = "会员信息/会员[生日 = '1988 - 11 - 20']"/>
    </xsl:template>
    <xsl:template match = "会员[生日 = '1988 - 11 - 20']">
        <xsl:value - of select = "姓名"/>
    </xsl:template>
</xsl:stylesheet>
```

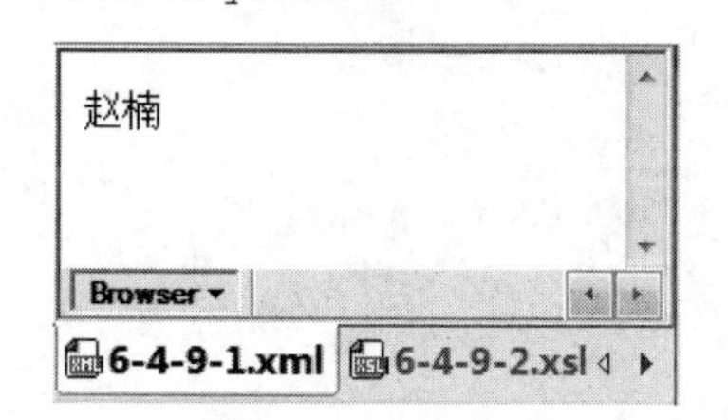

图 6-13　引用 XSL 文件后 XML 显示结果

文件 6-4-9-1. xml 引用文件 6-4-9-2. xsl，在浏览器显示的效果如图 6-13 所示。

3. 添加多个限制条件

在限制条件“[ ]”中结合使用“|”可以添加多个限制条件，例如：

```
<xsl:template match = "会员[性别|生日]">
    <xsl:value - of select = "姓名"/>
</xsl:template>
```

在该程序段中，< xsl: template match＝"会员[性别|生日]">表示匹配到<会员>元素，要求<会员>元素中包含<性别>或者<生日>子元素，并使用输出模板< xsl: value-of select＝"姓名"/>输出显示对应<姓名>元素的内容。

根据文件 6-4-9-1. xml，编写完整的 XSL 文件。

文件 6-4-9-3. xsl

```
<?xml version = "1.0" encoding = "gb2312"?>
<xsl:stylesheet version = "1.0" xmlns:xsl = "http://www.w3.org/1999/XSL/Transform">
    <xsl:template match = "/">
        <xsl:apply - templates select = "会员信息/会员[性别|生日]"/>
    </xsl:template>
    <xsl:template match = "会员[性别|生日]">
        <xsl:value - of select = "姓名"/>
    </xsl:template>
```

```
</xsl:stylesheet>
```

文件 6-4-9-1. xml 引用文件 6-4-9-3. xsl,在浏览器显示的效果如图 6-14 所示。

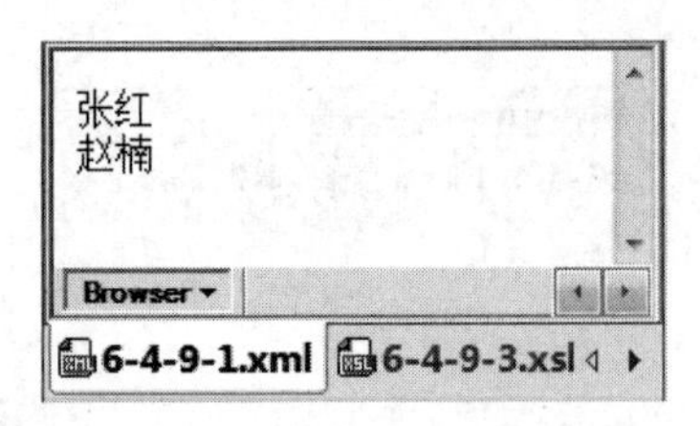

图 6-14 引用 XSL 文件后 XML 显示结果

4. 在条件中使用“*”

在条件中使用“*”,表示选择符合条件的任意元素。例如:

```
<xsl:template match = " * [生日] ">
    <xsl:value - of select = "姓名"/>
</xsl:template>
```

在该程序段中,< xsl: template match=" * [生日] ">表示匹配到具有<生日>子元素的任意元素,然后使用输出模板< xsl: value-of select="姓名"/>输出任意元素中的<姓名>元素的内容。因此,该规则用于获得具有<生日>子元素的任意元素的<姓名>子元素的内容。

根据文件 6-4-9-1. xml,编写完整的 XSL 文件。

文件 6-4-9-4. xsl

```
<?xml version = "1.0" encoding = "gb2312"?>
<xsl:stylesheet version = "1.0" xmlns:xsl = "http://www.w3.org/1999/XSL/Transform">
    <xsl:template match = "/">
        <xsl:apply - templates select = "会员信息/ * [生日]"/>
    </xsl:template>
    <xsl:template match = " * [生日] ">
        <xsl:value - of select = "姓名"/>
    </xsl:template>
</xsl:stylesheet>
```

文件 6-4-9-1. xml 引用文件 6-4-9-4. xsl,在浏览器显示的效果如图 6-15 所示。

5. 限制元素必须带有指定属性

如果要求限制的元素必须带有指定属性,可以在限制条件的“[]”中结合“@”获取信息,其中@用于指定属性名。例如:

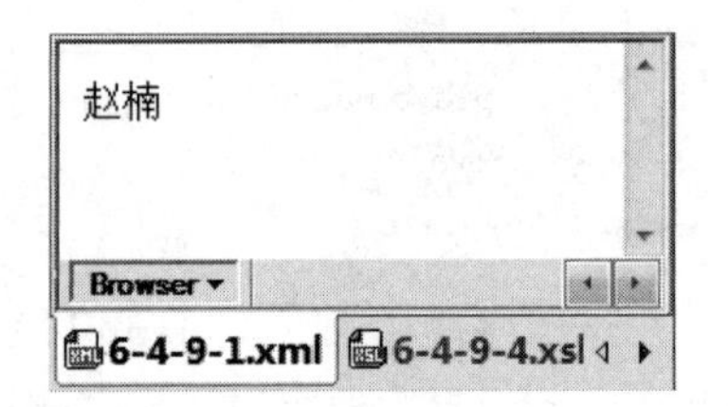

图 6-15 引用 XSL 文件后 XML 显示结果

```
<xsl:template match = "会员[@卡号] ">
    <xsl:value - of select = "."/>
</xsl:template>
```

在该程序段中,< xsl: template match="会员[@卡号] ">表示匹配到具有"卡号"属性的<会员>元素,然后使用输出模板< xsl: value-of select="."/>输出对应<会员>元素中子元素的内容。

根据文件 6-4-9-1. xml,编写完整的 XSL 文件。

文件 6-4-9-5. xsl

```
<?xml version = "1.0" encoding = "gb2312"?>
<xsl:stylesheet version = "1.0" xmlns:xsl = "http://www.w3.org/1999/XSL/Transform">
```

```
    <xsl:template match="/">
        <xsl:apply-templates select="会员信息/会员[@卡号]"/>
    </xsl:template>
    <xsl:template match="会员[@卡号] ">
        <xsl:value-of select="."/><br/>
    </xsl:template>
</xsl:stylesheet>
```

文件 6-4-9-1. xml 引用文件 6-4-9-5. xsl，在浏览器显示的效果如图 6-16 所示。

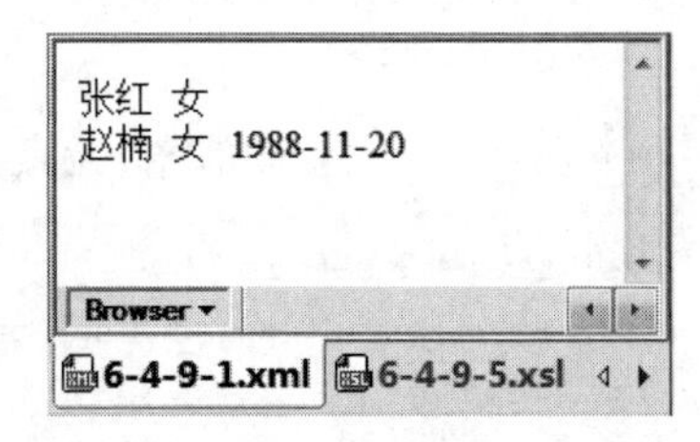

图 6-16　引用 XSL 文件后 XML 显示结果

6. 限制元素的属性内容为指定字符串

如果要求限制的元素必须带有指定属性的值，可以在限制条件的“[]”中结合“@”并使用“=”连接固定值即可。

```
<xsl:template match="会员[@卡号='SY102030']">
    <xsl:value-of select="姓名"/>
</xsl:template>
```

在该程序段中，<xsl: template match="会员[@卡号='SY102030']">表示匹配到具有“卡号”属性值为“SY102030”的<会员>元素，然后使用输出模板<xsl: value-of select="姓名"/>输出对应<姓名>元素的数据内容。

根据文件 6-4-9-1. xml，编写完整的 XSL 文件。

文件 6-4-9-6. xsl

```
<?xml version="1.0" encoding="gb2312"?>
<xsl:stylesheet version="1.0" xmlns:xsl="http://www.w3.org/1999/XSL/Transform">
    <xsl:template match="/">
        <xsl:apply-templates select="会员信息/会员[@卡号='SY102030']"/>
    </xsl:template>
    <xsl:template match="会员[@卡号='SY102030']">
        <xsl:value-of select="姓名"/>
    </xsl:template>
</xsl:stylesheet>
```

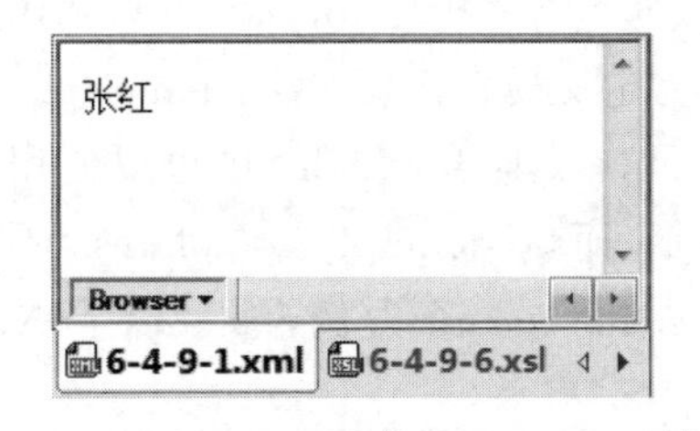

图 6-17　引用 XSL 文件后 XML 显示结果

文件 6-4-9-1. xml 引用文件 6-4-9-6. xsl，在浏览器显示的效果如图 6-17 所示。

7. 限制元素的位置

在 XSL 中，可以选取元素的具体位置获取所需信息，下面讲解几种常用的方式。

（1）获取<会员信息>元素的第一个<会员>子元素：

```
<xsl:template match="/">
    <xsl:apply-templates select="会员信息/会员[1] "/>
</xsl:template>
```

(2) 获取属于<会员信息>元素的最后一个<会员>子元素:

```
<xsl:template match="/">
    <xsl:apply-templates select="会员信息/会员[last()]"/>
</xsl:template>
```

(3) 获取属于<会员信息>元素的倒数第二个<会员>子元素。

```
<xsl:template match="/">
    <xsl:apply-templates select="会员信息/会员[last()-1]"/>
</xsl:template>
```

(4) 获取属于<会员信息>元素的前3个<会员>子元素。

```
<xsl:template match="/">
    <xsl:apply-templates select="会员信息/会员[position()&lt;4]"/>
</xsl:template>
```

6.5 XSL控制模板元素

除了前面讲过的定义模板元素、调用显示模板元素、输出模板元素外,XSL还提供了其他模板元素以方便XSL获取所需信息,其中一些模板元素还可以对XML中的数据进行筛选、排序等处理。

6.5.1 循环模板元素

在编程语言中,经常使用for语句进行循环处理,在XSL文档中也可使用类似方式对数据处理。循环模板元素<xsl:for-each>能够对拥有数个相同的节点进行循环,并显示相关内容,其语法格式为:

```
<xsl:for-each select="节点名">
    … …
</xsl:for-each>
```

其中,select属性用以指定要匹配的节点名称,循环模板元素<xsl:for-each>与调用显示模板元素<xsl:apply-templates>地位比较相似,需要作为定义模板元素<xsl:template>的子元素存在,但是与<xsl:apply-templates>有所不同的是,<xsl:for-each>中可以使用输出模板元素<xsl:value-of>作为子元素对数据获取并显示,而<xsl:apply-templates>不能包含<xsl:value-of>作为子元素存在。例如,以文件6-1-2-1.xml为例,编写以下XSL文件:

文件6-5-1-1.xsl

```
<?xml version="1.0" encoding="gb2312"?>
<xsl:stylesheet version="1.0" xmlns:xsl="http://www.w3.org/1999/XSL/Transform">
    <xsl:template match="/">
        <h3 align="center">会员信息一览表</h3>
        <table align="center" border="1" cellpadding="15" bordercolor="black">
```

```
            <tr align="center">
                <th>卡号</th>
                <th>姓名</th>
                <th>性别</th>
                <th>生日</th>
            </tr>
        <xsl:for-each select="会员信息/会员">
            <tr align="center">
                <td><xsl:value-of select="@卡号"/></td>
                <td><xsl:value-of select="姓名"/></td>
                <td><xsl:value-of select="性别"/></td>
                <td><xsl:value-of select="生日"/></td>
            </tr>
        </xsl:for-each>
        </table>
    </xsl:template>
</xsl:stylesheet>
```

将该文件引用至文件 6-1-2-1. xml 中，通过浏览器显示的效果如图 6-6 所示。由此可见，使用循环模板元素< xsl：for-each >同使用< xsl：apply-templates >的效果一样。

6.5.2 排序模板元素

在 XSL 中可以使用排序模板元素< xsl：sort >对相应数据进行排序。使用排序模板元素时，它必须作为调用显示模板元素< xsl：apply-templates >和循环模板元素< xsl：for-each >的子元素使用。排序模板元素常用语法格式为：

```
<xsl:sort select="节点名" order="order_value">
```

其中，select 属性是指定要排序的节点名称；order 属性用于指定排序顺序，如果是升序则对应属性值为 ascending，降序则对应属性值为 descending。

下面通过一个例子对排序模板元素进行讲解，要求对文件 6-1-2-1. xml 中的数据在表格中显示，并且按照属性"卡号"的值由大到小进行排序。

文件 6-5-2-1. xsl

```
<?xml version="1.0" encoding="gb2312"?>
<xsl:stylesheet version="1.0" xmlns:xsl="http://www.w3.org/1999/XSL/Transform">
    <xsl:template match="/">
        <h3 align="center">会员信息一览表</h3>
        <table align="center" border="1" cellpadding="15" bordercolor="black">
            <tr align="center">
                <th>卡号</th>
                <th>姓名</th>
                <th>性别</th>
                <th>生日</th>
            </tr>
        <xsl:for-each select="会员信息/会员">
            <xsl:sort select="@卡号" order="descending"/>
            <tr align="center">
```

```
                    <td><xsl:value-of select="@卡号"/></td>
                    <td><xsl:value-of select="姓名"/></td>
                    <td><xsl:value-of select="性别"/></td>
                    <td><xsl:value-of select="生日"/></td>
                </tr>
                </xsl:for-each>
            </table>
        </xsl:template>
    </xsl:stylesheet>
```

在文件 6-1-2-1. xml 中引用文件 6-5-2-1. xsl,在浏览器显示的效果如图 6-18 所示。

会员信息一览表

卡号	姓名	性别	生日
SY102032	王刚	男	1990-08-25
SY102031	赵楠	女	1988-11-20
SY102030	张红	女	1986-02-15

Text Grid Schema WSDL XBRL Authentic Browser

6-1-2-1.xml

图 6-18 使用排序模板后 XML 文件显示结果

6.5.3 单一条件判断模板元素

在 XSL 中可以使用<xsl: if>模板进行单一条件的测试,它根据需要的条件进行判断,并执行相应语句,类似于编程语言中的 if 语句。其语法格式为:

```
<xsl:if test="测试条件">
    … …
</xsl:if>
```

其中:test 属性用于指定测试条件,如果条件满足,则处理器转换该元素开始标记后面的内容;如果条件不满足,则处理器忽略本语句。

例如,要求对文件 6-1-2-1. xml 中<性别>元素的数据内容为“女”的信息输出,并以表格的方式显示。

文件 6-5-3-1. xsl

```
<?xml version="1.0" encoding="gb2312"?>
<xsl:stylesheet version="1.0" xmlns:xsl="http://www.w3.org/1999/XSL/Transform">
    <xsl:template match="/">
        <h3 align="center">会员信息一览表</h3>
```

```
        <table align = "center" border = "1" cellpadding = "15" bordercolor = "black">
            <tr align = "center">
                    <th>卡号</th>
                    <th>姓名</th>
                    <th>性别</th>
                    <th>生日</th>
        </tr>
    <xsl:for - each select = "会员信息/会员">
        <xsl:if test = "性别 = '女'">
            <tr align = "center">
                    <td><xsl:value - of select = "@卡号"/></td>
                    <td><xsl:value - of select = "姓名"/></td>
                    <td><xsl:value - of select = "性别"/></td>
                    <td><xsl:value - of select = "生日"/></td>
                </tr>
            </xsl:if>
        </xsl:for - each>
        </table>
    </xsl:template>
</xsl:stylesheet>
```

在文件 6-1-2-1. xml 中引用文件 6-5-3-1. xsl,通过浏览器显示的效果如图 6-19 所示。

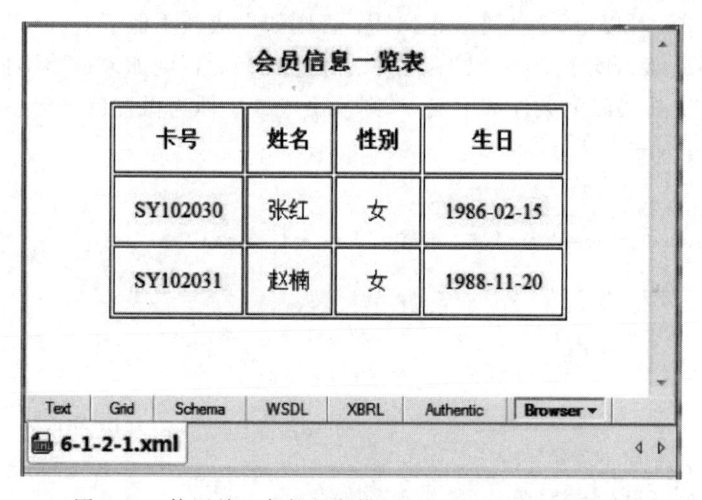
会员信息一览表

卡号	姓名	性别	生日
SY102030	张红	女	1986-02-15
SY102031	赵楠	女	1988-11-20

图 6-19　使用单一条件判断模板后 XML 文件显示结果

假如要求文件 6-1-2-1. xml 显示“卡号”为“SY102030”的信息,可以使用语句:< xsl: if test="@卡号='SY102030'">或者< xsl: if test="@卡号[. ='SY102030']">。

6.5.4　多重条件判断模板

多重条件判断模板使用< xsl: choose >元素,并使用它的子元素< xsl: when >和< xsl: otherwise >共同完成控制选择功能,该类元素比< xsl: if >元素使用更灵活,它类似于编程语言中的 switch 语句。其语法格式为:

```
<xsl:choose>
```

```
        <xsl:when test = "测试条件 1">
            … …
        </xsl:when>
        <xsl:when test = "测试条件 2">
            … …
        </xsl:when>
                ⋮
        <xsl:otherwise>
            … …
        </xsl:otherwise>
    </xsl:choose>
```

在<xsl: choose>元素中包含一组<xsl: when>子元素,处理器能够根据test属性中的测试条件按先后顺序进行判断。如果某个条件成立,则执行<xsl: when>元素中的数据内容;如果所有的<xsl: when>条件都不成立,则执行</xsl: otherwise>元素中的数据内容。需要注意的是:在<xsl: choose>中至少包含1个<xsl: when>元素、0或1个</xsl: otherwise>元素;并且<xsl: when>和</xsl: otherwise>元素必须作为<xsl: choose>的子元素存在,不能独立地在XSL中使用。

下面通过一个实例深入了解多重条件判断模板的使用方式。要求文件6-5-4-1.xml中的数据在表格中显示,按照元素<成绩>由大到小排序。其中使用<xsl: choose>模板设计,如果成绩不低于90分以上,字体为红色六磅;否则如果成绩不低于80分以上,字体为绿色五磅;否则如果成绩不低于70分以上,字体为紫色四磅;否则如果成绩不低于60分以上,字体为蓝色三磅;如果以上条件都不成立,则输出成绩字体为橄榄色二磅。

文件 6-5-4-1.xml

```
<?xml version = "1.0" encoding = "gb2312"?>
<?xml - stylesheet type = "text/xsl" href = "6 - 5 - 4 - 1.xsl" ?>
<学生列表>
    <学生>
        <姓名>李小明</姓名>
        <成绩> 92 </成绩>
    </学生>
    <学生>
        <姓名>张思思</姓名>
        <成绩> 79 </成绩>
    </学生>
    <学生>
        <姓名>黄楠</姓名>
        <成绩> 83 </成绩>
    </学生>
    <学生>
        <姓名>李泽楷</姓名>
        <成绩> 68 </成绩>
    </学生>
    <学生>
        <姓名>刘天宇</姓名>
        <成绩> 95 </成绩>
    </学生>
```

```
    <学生>
        <姓名>何小洁</姓名>
        <成绩> 55 </成绩>
    </学生>
    <学生>
        <姓名>张燕</姓名>
        <成绩> 85 </成绩>
    </学生>
</学生列表>
```

文件 6-5-4-1.xsl

```
<?xml version = "1.0" encoding = "gb2312"?>
< xsl:stylesheet version = "1.0" xmlns:xsl = "http://www.w3.org/1999/XSL/Transform">
< xsl:template match = "/">
    < h3 align = "center">学生成绩一览表</h3 >
        < table align = "center" border = "1" width = "200" bordercolor = "black">
            < tr align = "center">
                < th >姓名</th >
                < th >成绩</th >
            </tr >
        < xsl:for - each select = "学生列表/学生">
        < xsl:sort order = "descending" select = "成绩"/>
        < xsl:choose >
        < xsl:when test = "成绩 &gt; = 90">
        < tr >
            < td >< xsl:value - of select = "姓名"/></td >
            < td >
            < b >< font color = "red" size = "6">< xsl:value - of select = "成绩"/></font ></b >
        </td >
    </tr >
    </xsl:when >
    < xsl:when test = "成绩 &gt; = 80">
    < tr >
        < td >< xsl:value - of select = "姓名"/></td >
        < td >
            < b >< font color = "green" size = "5">< xsl:value - of select = "成绩"/></font ></b >
            </td >
        </tr >
    </xsl:when >
    < xsl:when test = "成绩 &gt; = 70">
    < tr >
            < td >< xsl:value - of select = "姓名"/></td >
            < td >
            < b >< font color = "purple" size = "4">< xsl:value - of select = "成绩"/></font ></b >
            </td >
        </tr >
    </xsl:when >
    < xsl:when test = "成绩 &gt; = 60">
    < tr >
        < td >< xsl:value - of select = "姓名"/></td >
```

```
            <td>
                <b><font color="blue" size="3"><xsl:value-of select="成绩"/></font></b>
            </td>
        </tr>
        </xsl:when>
        <xsl:otherwise>
                <tr>
                    <td><xsl:value-of select="姓名"/></td>
                    <td>
                    <b><font color="olive" size="2"><xsl:value-of select="成绩"/></font>
    </b>
                    </td>
                </tr>
            </xsl:otherwise>
            </xsl:choose>
            </xsl:for-each>
        </table>
    </xsl:template>
    </xsl:stylesheet>
```

在文件 6-5-4-1.xml 中引用文件 6-5-4-1.xsl，通过浏览器显示的效果如图 6-20 所示。

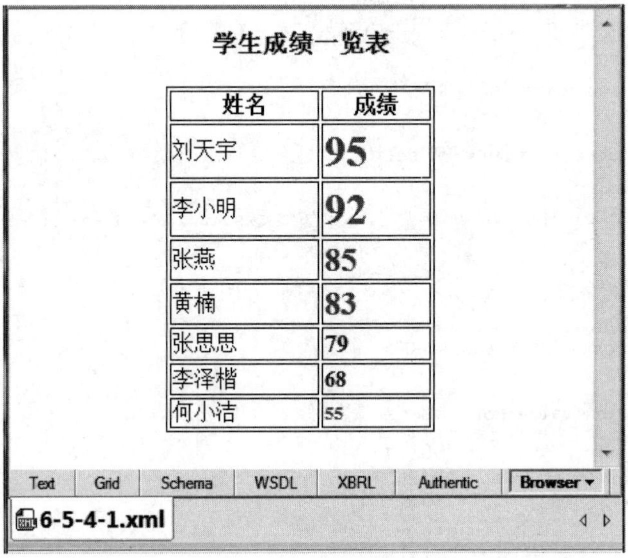

学生成绩一览表

姓名	成绩
刘天宇	95
李小明	92
张燕	85
黄楠	83
张思思	79
李泽楷	68
何小诘	55

Text Grid Schema WSDL XBRL Authentic Browser
6-5-4-1.xml

图 6-20　使用多重条件判断模板后文件 XML 显示结果

6.6 小结

XSL 可扩展样式语言是由 W3C 制定的专门针对 XML 文档设计的一种样式语言，它是 XML 重要的技术之一。通过定义不同的样式表可以使相同的数据显示不同的外观，从而更好地适应不同的应用。

XSL 主要由 3 部分组成，包括数据转换语言 XSLT(XSL Transformations)、数据格式化语言 XSL-FO(XSL FormationObject)和 XPath 寻址语言。其中数据转换语言 XSLT 和寻址语言 XPath 是 XSL 的重要组成部分。一般情况下，使用 XSL 转换 XML 文档时，主要通过使用模板元素，将 XML 源文件转换为带样式信息的可浏览文档，最终的可浏览文档可以是 HTML 格式或其他格式，目前大多数情况下转换为 HTML 文档来显示。

在 XSL 模板中，可以出现各种合法的 HTML 标记对节点信息进行修饰。但是需要注意，如果在 XSL 中使用 HTML 标记，必须是起始标记与结束标记相匹配。

一般情况下，在 XSL 文件中需要通过定义模板< xsl：template >包含一个与根节点("/")匹配的模板，并且可以结合使用调用显示模板< xsl：apply-templates >获取节点信息，以及使用输出模板< xsl：value-of >在客户端或浏览器中输出节点信息。此外，在 XSL 中还提供了相关的其他控制模板，如循环模板< xsl：for-each >、排序模板< xsl：sort >、单一条件判断模板< xsl：if >、多重条件判断模板< xsl：choose >等元素共同完成对 XML 文本的显示。

在使用模板获取节点时，可以结合使用 XPath 语言中的一些相关符号，能够方便、简洁地定位到所需节点的路径。

6.7 习题

1. 选择题

(1)(　　)是作为 XML 文本显示的样式语言。

A. XSD　　B. XSL　　C. HTML　　D. DTD

(2) 在 XSL 中，匹配元素的属性，应使用(　　)符号。

A. *　　B. /　　C. @　　D. //

(3) 假设模板匹配的当前节点为<联系人>，使用模板< xsl：apply-templates select＝"../电话">的含义是(　　)。

A. 匹配当前节点

B. 匹配<联系人>节点的父节点下的<电话>节点

C. 匹配<联系人>节点下的<电话>子节点

D. 匹配<联系人>节点下的所有节点

(4) 已知元素"< student gender＝"male"> Smith </ student >"，若在样式表中输出 gender 属性，应使用的格式为(　　)。

A. < xsl：value-of select＝".">

B. < xsl：value-of select＝"gender">

C. < xsl：value-of select＝"@student">

D. < xsl：value-of select＝"@gender">

(5) 在 XML 中，下述关于 XSL 的说法，错误的有(　　)。

A. XSL 是一种用来转换 XML 文档的样式表，它包含转换和格式 XML 文档的规则

B. XSL 在转换 XML 文档过程中，首先根据匹配条件修改源文档内容，然后输出

修改后的文档内容

C. XSL包含了XSLT和XPath的强大功能,从而可以把XML文档转换成其他格式的文档

D. XSL文件是同一系列模板组成的,任何一个XSL文件至少包括一个模板

2. 填空题

(1) XSL的根元素为________。

(2) 在XSL样式语言中,使用定义模板<xsl:template>匹配根节点,应使用________符号表示。

(3) 在XML文档中,要想正确地引用名为“mystyle.xsl”的样式表,其处理指令为________。

(4) XSLT 1.0中使用________元素对输出结果进行排序。

(5) 在使用XSL样式语言时,要求选择<学生>元素,但<学生>元素要求必须具有子元素<出生日期>,则使用的模板为<xsl:template match="________">。

3. 简答题

(1) XSL主要由几个部分组成?各是什么?各有什么特点?

(2) XSL是如何转换XML文档的?转换原理是什么?

(3) XSL与CSS比较有什么区别?

(4) 根据第4题的XML文档,画出该文档的XML结构树。

(5) XSL重要概念就是模板元素,什么是模板元素?试举几个例子加以说明。

4. 上机操作

```
<?xml version = "1.0" encoding = "gb2312"?>
<?xml - stylesheet type = "text/xsl" href = "1.xsl"?>
<影片介绍>
    <影片 类别 = "动画">
        <排行榜> 02 </排行榜>
        <片名>猫和老鼠</片名>
        <演员>汤姆 &amp;杰瑞</演员>
        <出品>迪斯尼公司</出品>
    </影片>
    <影片 类别 = "喜剧">
        <排行榜> 03 </排行榜>
        <片名>宝贝计划</片名>
        <演员>成龙 &amp; 古天乐</演员>
        <出品>新画面影业</出品>
    </影片>
    <影片 类别 = "科幻">
        <排行榜> 01 </排行榜>
        <片名>变形金刚</片名>
        <演员>希安.拉博夫</演员>
        <出品>梦工厂</出品>
```

```
    </影片>
</影片介绍>
```

根据以上 XML 文档，编写 XSL 样式表，使得 XML 文档的显示效果如下：

(1) 影片介绍的数据内容在表格(Table)中显示，表格相对页面居中；

(2) 表格要求有表头，表头下对应显示文档中“类别”“排行榜”“片名”“演员”“出品”元素的数据内容；

(3) 其中“排行榜”要求由小到大排序(使用排序模板)；

(4) 表格上显示一级标题“影片介绍一览表”并居中显示。

显示效果如图 6-21 所示。

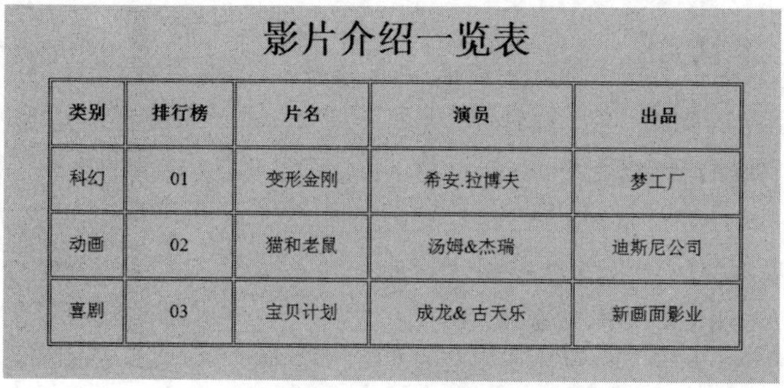

影片介绍一览表

类别	排行榜	片名	演员	出品
科幻	01	变形金刚	希安.拉博夫	梦工厂
动画	02	猫和老鼠	汤姆&杰瑞	迪斯尼公司
喜剧	03	宝贝计划	成龙& 古天乐	新画面影业

图 6-21　显示效果图

第7章 XML数据岛

内容导读

XML 文本采用树状结构排列，主要用于描述数据的结构，而 HTML 网页主要用于描述数据的形式。XML 数据岛将 XML 文档和 HTML 文档相互结合，既利用了 XML 文档结构化善于描述数据的特征，也利用了 HTML 文档表现力丰富的特征，将 XML 作为原始数据源绑定到 HTML 页面中，以 HTML 页面的形式展现出来，以方便客户端使用。

本章主要围绕 XML 数据岛的基本结构及语法格式进行详细介绍，并结合实例描述如何将 HTML 网页与 XML 文本结合使用。

本章要点

◇ 理解 XML 数据岛的概念及使用方式。

◇ 掌握数据岛访问 XML 的方式。

◇ 掌握记录集操作 XML 的方式。

7.1 数据岛概述

7.1.1 数据岛基本概念

一个程序的开发离不开数据的支持，对于 JavaEE 或.Net 等语言开发的 Web 程序中包含很多信息，如用户信息、商品信息、订单信息，甚至包括相关系统的配置信息等，都可采用 XML 文本进行存储，通过 XML 文本能够为数据的交互和共享提供一个平台。使用 XML 文本作为媒介存储信息，也可以认为 XML 文本是放置数据的一个简单数据库，它为其他应用提供数据。通过对 XML 文本的操作，用户可以在客户端以网页或其他形式获取所需的数据信息。

根据前面的知识了解到，XML 文本侧重于描述数据的内容，把它作为一种数据的媒介，可以通过 XSL 技术进行数据显示，但 XSL 是一种转换语言，在转换过程中，XSL 还是利用 HTML 网页进行数据显示，因此如果将 XML 文本与 HTML 网页相结合使用，在保持数据原始结构和意义的同时，还能使用 HTML 千变万化的显示技巧，将其优势互补，达到更好的显示效果。这种技术就是数据岛。

数据岛是指在 HTML 网页中嵌入 XML 文本的一种技术，数据岛将一个 XML 文本或一段 XML 代码当作一个类似于数据库的对象，使用一般操作数据库的方法操作 XML 文本中的数据，如数据的添加、删除、修改和查询等，数据岛技术实现了真正意义上的数据内容与数据显示相分离。

7.1.2 数据源对象

XML 数据岛是将 XML 文本中的数据嵌入到 HTML 网页中进行显示和操作的一种技术。通过使用数据岛，可以轻松地将 XML 数据绑定到 HTML 中，这样就省去了手工填充数据的麻烦，当改变 XML 的数据时，绑定的数据也会随着 XML 的改变而改变。

在 HTML 网页中需要使用特定的标记将 XML 数据进行嵌入，因此可以将 XML 文本作为数据源对象(Data Source Object，DSO)进行操作。

数据岛允许在 HTML 页面中集成 XML，因此在 HTML 网页中形成一个 XML 数据岛。利用数据岛技术可将 XML 作为数据源对象进行操作，需要在 HTML 页面中使用 < xml >标记定义数据源对象，根据其定义方式可以将数据源分为内部数据源和外部数据源两种类型。

1. 内部数据源

内部数据源是将 XML 文本通过< xml >标记嵌入到 HTML 文件中，并使用< xml >标记中的 id 属性定义一个数据源对象名，然后根据该对象名对 XML 数据进行操作。例如，以文件 7-1-2-1. xml 为例，内部数据源定义文件如下：

文件 7-1-2-1. html

```
<html>
    <head>
        <title>内部数据源</title>
    </head>
    <body>
        <xml id = "xmldso">
        <?xml version = "1.0" encoding = "gb2312"?>
        <会员信息>
            <会员 卡号 = "SY102030" >
                <姓名>张红</姓名>
                <性别>女</性别>
                <生日> 1986 - 02 - 15 </生日>
            </会员>
            <会员 卡号 = "SY102031">
                <姓名>赵楠</姓名>
                <性别>女</性别>
                <生日> 1988 - 11 - 20 </生日>
            </会员>
            <会员 卡号 = "SY102032">
                <姓名>王刚</姓名>
                <性别>男</性别>
                <生日> 1990 - 08 - 25 </生日>
            </会员>
            <!-- 其他会员信息 -->
        </会员信息>
```

```
        </xml>
    </body>
</html>
```

内部数据源将XML文本通过<xml>标记将其嵌入到HTML网页中,它通常对应于网页的专用数据,针对性较强,但是由于作为内部数据源使用,程序交互性较差。

2. 外部数据源

外部数据源是将XML文本作为一个独立的文件,通过<xml>标记的src属性将其引用到HTML文件中,外部数据源定义文件如下:

文件7-1-2-2.html

```
<html>
    <head>
        <title>外部数据源</title>
    </ head>
    <body>
        <xml id = "xmldso" src = "6 - 1 - 2 - 1.xml ">
    </xml>
    </body>
</html>
```

外部数据源是在HTML文本中使用<xml>标记中的src属性将外部XML文本进行调用的。外部数据源中的数据可以被多个不同网页进行调用,因此程序交互性较好。

7.1.3 数据绑定

数据源定义完成后,需要将XML中的数据进行绑定,并在HTML页面中显示相关信息。一般情况下,通过两个步骤对数据信息进行绑定。

(1) 将全部XML元素绑定到HTML文本的table元素中,格式为:

```
<table datasrc = "#xmldso" >
    … …
</table>
```

使用<table>标记的datasrc属性绑定id为xmldso的数据源对象,使得HTML网页能够以表格的形式显示XML文档。需要注意的是,在datasrc对应的数据源名称前需要加"#"。

(2) 将指定的XML元素绑定到HTML文本中的<span>或<div>等元素中,格式为:

```
<span datasrc = "#xmldso" datafld = "元素或属性名"></span>
```

使用<span>标记的datasrc属性绑定id为xmldso的数据源对象,其数据源名称xmldso前加"#",并使用datafld属性绑定需要显示的元素或属性名。

需要注意的是,使用HTML元素和XML文本绑定时,并非每个HTML元素都能绑定,常用支持数据绑定的HTML元素如表7-1所示。

表 7-1 常用支持数据绑定的 HTML 元素

HTML 元素	说 明
span	创建内联文本
div	创建文档分区或节
table	创建表格
img	创建图片
input type="button"	创建一个按钮
input type="text"	创建一个文本框
input type="password"	创建一个密码框
input type="radio"	创建一个单选按钮
input type="checkbox"	创建一个复选框
textarea	创建文本域
select	创建下拉列表框
frame 或 iframe	创建一个框架或浮动框架

7.2 使用数据岛显示 XML 文档

7.2.1 显示 XML 单条数据

在 HTML 文本中使用<xml>标记定义数据源对象后，可直接使用<span>或<div>等标记的 datafld 属性绑定到某个指定的单一元素。根据所绑定的元素，在 HTML 页面中显示相应的记录。

文件 7-2-1-1.xml

```
<?xml version = "1.0" encoding = "gb2312"?>
<会员>
    <姓名>张红</姓名>
    <性别>女</性别>
    <生日> 1986 - 02 - 15 </生日>
</会员>
```

文件 7-2-1-1.html

```
< html >
    < head >
        < title >显示 XML 单条数据</title >
    </head >
    < body >
        < xml id = "xmldso" src = "7 - 2 - 1 - 1.xml"></xml >
        < h3 >单一会员信息</h3 >< hr >
        < b >姓名 :</b >< span datasrc = " # xmldso" datafld = "姓名"></span >< br >
        < b >性别 :</b >< span datasrc = " # xmldso" datafld = "性别"></span >< br >
        < b >生日 :</b >< span datasrc = " # xmldso" datafld = "生日"></span >< br >
    </body >
</html >
```

在浏览器中运行该文档,文档显示效果如图 7-1 所示。

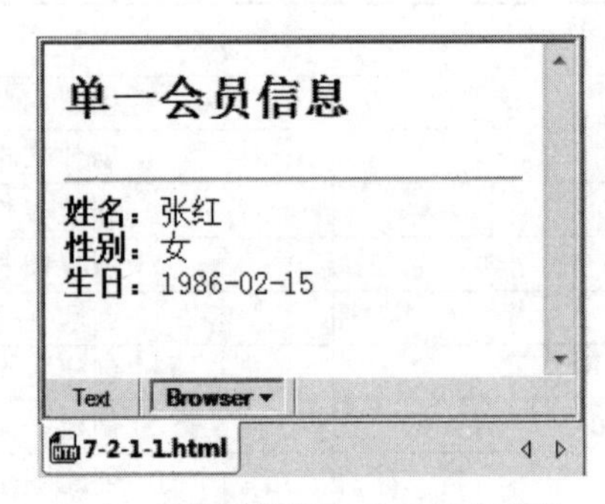

图 7-1　使用数据岛显示单条数据

7.2.2　显示 XML 多条数据

如果 XML 中存在多条数据需要在客户端显示,可以将全部 XML 元素绑定到 HTML 文本中的< table >元素中。通过< table >建立表格并将多条信息显示在表格中是一种快捷和简单的方式。使用< table >显示数据岛的数据时,需要指定< table >标记中的 datasrc 属性绑定数据源对象,然后在< table >中嵌入< span >或< div >等标记显示具体数据信息。

以文件 6-1-2-1. xml 为例,使用数据岛显示 XML 文档的多条数据的文件如下:

文件 7-2-2-1. html

```
<html>
    <head>
        <title>显示 XML 多条数据</title>
    </head>
    <body>
        <xml id = "xmldso" src = "6 - 1 - 2 - 1. xml"></xml>
        <center>
        <h2>会员信息记录表</h2>
        <table datasrc = "#xmldso" border = "1" cellpadding = "10">
            <thead>
            <tr>
                <th>姓名</th>
                <th>性别</th>
                <th>生日</th>
            </tr>
            </thead>
            <tbody>
                <tr>
                    <td><span datasrc = "#xmldso" datafld = "姓名"></span></td>
                    <td><span datasrc = "#xmldso" datafld = "性别"></span></td>
                    <td><span datasrc = "#xmldso" datafld = "生日"></td>
                    </tr>
                </tbody>
            </center>
        </table>
    </body>
</html>
```

需要注意的是，使用< table >标记的作用类似于脚本语言中的循环语句，它可以自动显示以下层次中所有同名的元素，它所生成的行数取决于数据岛的内容。在浏览器中运行该文档，文档显示效果如图 7-2 所示。

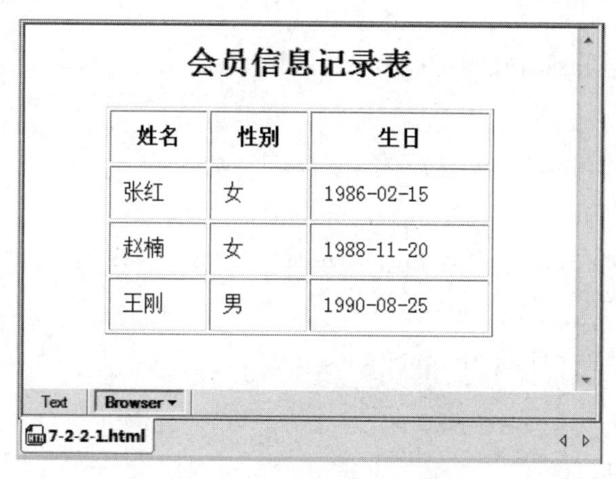

图 7-2 使用表格显示多条数据

7.2.3 显示 XML 属性

在 XML 文本中，通常会使用属性描述元素的更多内容。如果需要在数据岛中显示元素中的属性内容，可以将属性作为一个子元素处理，即使用< span >标记读出属性值。如果元素或属性中涉及图片，可以使用< img >标记获取图片信息，格式为：

```
< img datasrc = "#xmldso" datafld = "元素或属性名"/>
```

下面通过一个实例进行讲解。

文件 7-2-3-1. xml

```
<?xml version = "1.0" encoding = "gb2312"?>
<会员信息>
    <会员 卡号 = "SY102030" 照片 = "zhanghong.jpg">
        <姓名>张红</姓名>
        <性别>女</性别>
        <生日> 1986 - 02 - 15 </生日>
    </会员>
    <会员 卡号 = "SY102031" 照片 = "zhaonan.jpg">
        <姓名>赵楠</姓名>
        <性别>女</性别>
        <生日> 1988 - 11 - 20 </生日>
    </会员>
    <会员 卡号 = "SY102032" 照片 = "wanggang.bmp">
        <姓名>王刚</姓名>
        <性别>男</性别>
        <生日> 1990 - 08 - 25 </生日>
    </会员>
    <!-- 其他会员信息 -->
```

```
</会员信息>
```

文件 7-2-3-1.html

```
<html>
    <head>
        <title>显示 XML 的属性</title>
    </head>
    <body>
        <xml id="xmldso" src="7-2-3-1.xml"></xml>
        <center>
            <h2>会员信息记录表</h2>
            <table datasrc="#xmldso" border="1" cellpadding="10">
            <thead>
                <tr>
                    <th>卡号</th>
                    <th>姓名</th>
                    <th>性别</th>
                    <th>照片</th>
                    <th>生日</th>
                </tr>
            </thead>
            <tbody>
        <tr>
            <td><span datasrc="#xmldso" datafld="卡号"></span></td>
            <td><span datasrc="#xmldso" datafld="姓名"></span></td>
            <td><span datasrc="#xmldso" datafld="性别"></span></td>
            <td><img datasrc="#xmldso" datafld="照片"></img></td>
            <td><span datasrc="#xmldso" datafld="生日"></span></td>
        </tr>
    </tbody>
        </table>
    </center>
    </body>
</html>
```

在浏览器中运行该文档，文档显示效果如图 7-3 所示。

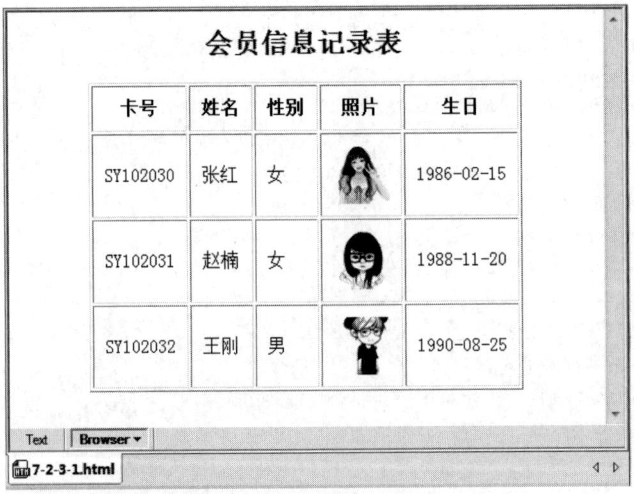

会员信息记录表

卡号	姓名	性别	照片	生日
SY102030	张红	女		1986-02-15
SY102031	赵楠	女		1988-11-20
SY102032	王刚	男		1990-08-25

Text Browser

7-2-3-1.html

图 7-3 使用数据岛显示属性

7.2.4 分页显示 XML 文档

如果 XML 中的信息量较大，可以使用表格分页的方式显示数据，并且在页面中使用翻页操作查看文档数据。通常情况下，可以定义一个文本框，用于输入所显示的记录个数，单击按钮触发事件，在页面中使用表格分页方式显示记录个数所对应的信息。

表格分页设置方式，需要在表格标记<table id="xmlTable">中定义 id 属性，并使用表格设置分页的属性或方法获取对应页面信息。表格标记提供分页的常用方法和属性如表 7-2 所示。

表 7-2 表格标记设置分页的常用方法和属性

方法名	用 法	说 明
firstPage()	xmlTable. firstPage()	显示记录第一页
lastPage()	xmlTable. lastPage()	显示记录最后一页
nextPage()	xmlTable. nextPage()	显示记录下一页
previousPage()	xmlTable. previousPage()	显示记录前一页
dataPageSize	xmlTable. dataPageSize	设置表格中显示的记录数

以文件 7-2-3-1. xml 为例，使用表格分页方式显示 XML 文档的示例如下：

文件 7-2-4-1. html

```
<html>
    <head>
        <title>使用表格分页显示 XML 文档</title>
    </head>
    <body>
    <script language = "javascript">
        function records() {
            xmlTable.dataPageSize = count.value;
            xmlTable.firstPage();
    }
    function first() {
        xmlTable.firstPage();
    }
    function previous() {
        xmlTable.previousPage();
    }
    function next() {
        xmlTable.nextPage();
    }
    function last() {
        xmlTable.lastPage();
    }
    </script>
    <xml id = "xmldso" src = "7 - 2 - 3 - 1.xml"></XML>
    <center>
    <h3>会员信息记录表</h3>
        查看的记录数:<input type = "text" size = "2" id = "count"/>
```

```
        <input type="button" value="查看" onclick="records()"/><br>
        <table id="xmlTable" datasrc="#xmldso" cellpadding="10" border= "1">
            <thead>
                <tr>
                    <th>卡号</th>
                    <th>姓名</th>
                    <th>性别</th>
                    <th>照片</th>
                    <th>生日</th>
                </tr>
            </thead>
            <tbody>
                <tr>
                    <td><span datasrc="#xmldso" datafld="卡号"/></td>
                    <td><span datasrc="#xmldso" datafld="姓名"/></td>
                    <td><span datasrc="#xmldso" datafld="性别"/></td>
                    <td><img datasrc="#xmldso" datafld="照片"/></td>
                    <td><span datasrc="#xmldso" datafld="生日"/></td>
                </tr>
            </tbody>
                    </table><br>
                    <input type="button" onclick="first()" value="第一页" ></input>
                    <input type="button" onclick="previous()" value="上一页"></input>
                    <input type="button" onclick="next()" value="下一页"></input>
                    <input type="button" onclick="last()" value="最后一页"></input>
    </center>
    </body>
</html>
```

在浏览器中运行该文档，在“查看的记录数”文本框中输入个数，单击【查看】按钮，文档显示效果如图7-4所示，并且可通过【第一页】【上一页】【下一页】【最后一页】按钮查看文档信息。

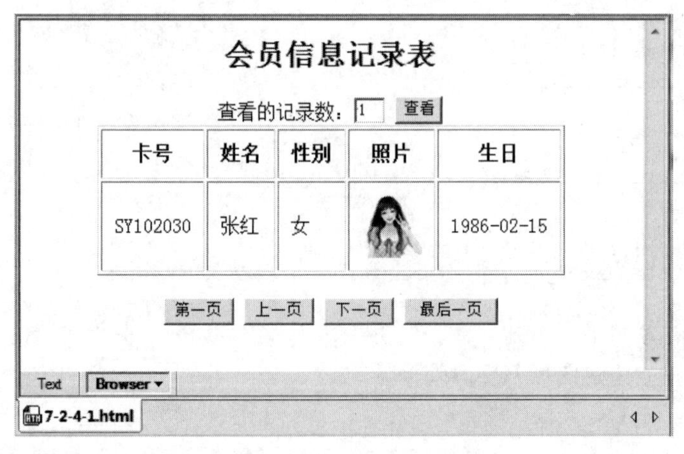

图7-4　分页显示XML

7.3 记录集操作 XML 文档

数据岛通过引用 XML 文件,能够从 HTML 页面中析取 XML 数据。通常情况下,可以使用数据岛对象对 XML 数据进行操作,数据岛对象常用属性如表 7-3 所示。

表 7-3 数据岛对象的常用属性和方法

属性名	说 明
tagName	表示数据岛标记名称,即<xml>标记名称
text	表示数据岛中 XML 文档节点的数据内容
url	表示数据岛中 XML 文档路径
documentElement	表示数据岛中 XML 文档根节点
recordSet	表示记录集

本书主要讲解 recordSet 记录集操作 XML 文档。记录集本身是从指定数据库中检索到数据的集合。它可以包括完整的数据库表,也可以包括表的行和列的子集,这些行和列通过在记录集中定义的数据进行查询或检索。将 XML 作为数据源存储时,所有记录的信息集合也是记录集,一个记录集包含一条或多条记录(行),每条记录包括一个或多个字段。一般情况下,DSO 在内存中生成的记录集相当于 ADO(ActiveX Data Objects,ActiveX 数据对象)的 recordset 对象,通过 recordset 记录集对象提供的属性和方法,可以对数据岛中的数据进行有效、灵活的控制。

假设当前数据源对象为 xmldso,recordset 对象提供的常用属性和方法如表 7-4 所示。

表 7-4 recordset 对象提供的常用属性和方法

方法名	用法	说明
moveFirst()	xmldso.recordset.moveFirst()	记录指针移至记录集头部
moveLast()	xmldso.recordset.moveLast()	记录指针移至记录集尾部
movePrevious()	xmldso.recordset.movePrevious()	记录指针前移
BOF	xmldso.recordset.BOF	如果当前的记录位置在第一条记录之前,则返回 true;否则返回 false
EOF	xmldso.recordset.EOF	如果当前记录的位置在最后的记录之后,则返回 true,否则返回 false
recordcount	xmldso.recordset.recordcount	获取记录集中记录总数

以文件 7-2-3-1.xml 为例,使用 recordset 记录集显示 XML 文档的示例如下:

文件 7-3-2-1.html

```
<html>
    <head>
<title>使用记录集显示 XML 文档</title>
</head>
    <body>
        <script language = "javascript">
            function first(){
                xmldso.recordset.moveFirst();
```

```
                }
            function previous() {
            xmldso.recordset.movePrevious();
            if (xmldso.recordset.BOF) {
                xmldso.recordset.moveLast();
            }
        }
        function next() {
            xmldso.recordset.moveNext();
            if (xmldso.recordset.EOF) {
                xmldso.recordset.moveFirst();
            }
        }
        function last(){
            xmldso.recordset.moveLast();
            }
        function count(){
            alert(xmldso.recordset.recordCount);
            }
    </script>
    <xml id = "xmldso" src = "7-2-3-1.xml"></XML>
    <h2>会员信息记录表</h2>
    <span>卡号:</span><span datasrc = "#xmldso" datafld = "卡号"     ></span><br>
    <span>姓名:</span><span datasrc = "#xmldso" datafld = "姓名"     ></span><br>
    <span>性别:</span><span datasrc = "#xmldso" datafld = "性别"     ></span><br>
    <span>照片:</span><img datasrc = "#xmldso" datafld = "照片"     ></img><br>
    <span>生日:</span><span datasrc = "#xmldso" datafld = "生日"     ></span><br>
    <hr>
    <input type = "button" onclick = "first()" value = "第一个" ></input>
    <input type = "button" onclick = "previous()" value = "上一个"></input>
    <input type = "button" onclick = "next()" value = "下一个"></input>
    <input type = "button" onclick = "last()" value = "最后一个"></input>
    <input type = "button" onclick = "count()" value = "总记录数"></input>
</body>
</html>
```

在浏览器中运行该文档,文档显示效果如图 7-5 所示。

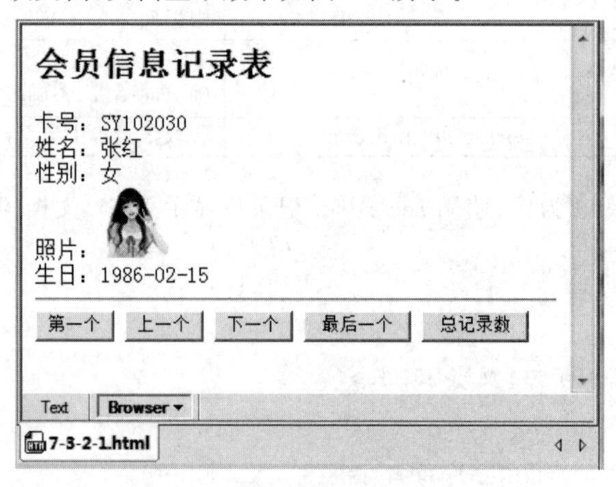

图 7-5 使用记录集显示 XML 文档

7.4 小结

通过使用数据岛，可以方便、简单地将 XML 文本数据绑定到相应的 HTML 中，利用数据岛技术将 XML 作为数据源对象进行操作。

根据定义方式可以将数据源分为内部数据源和外部数据源两种类型。其中，内部数据源将 XML 文本通过<xml>标记将其嵌入到 HTML 页面中，它通常对应于网页的专用数据，针对性较强，但是由于作为内部数据源使用，程序交互性较差，而外部数据源是在 HTML 文本中使用<xml>标记中的 src 属性将外部 XML 文本进行调用的。外部数据源中的数据可以被多个不同页面进行调用，因此程序交互性较好。

对绑定后数据源进行操作时，可以使用 HTML 中标记中的 datasrc 属性绑定数据源对象，datafld 属性绑定到某个指定的元素。根据所绑定的元素，在 HTML 页面中显示相应的记录。结合使用数据岛对象和脚本语言，可以对 XML 进行操作。

7.5 习题

1. 选择题

(1) 数据岛可以把(　　)和 XML 两种技术相结合。

A. HTML　　B. XSL　　C. CSS　　D. DTD

(2) 所谓数据源是将 XML 文本通过(　　)标记嵌入到 HTML 文件中的。

A. <body></body>　　B. <xml></xml>

C. <datasrc></datasrc>　　D. <datafld></datafld>

(3) (　　)标记用于设置或获取数据绑定的数据源。

A. <body></body>　　B. <xml></xml>

C. <datasrc></datasrc>　　D. <datafld><datafld>

(4) (　　)标记用于绑定需要显示的元素或属性名。

A. <body></body>　　B. <xml></xml>

C. <datasrc></datasrc>　　D. <datafld></datafld>

(5) 一般情况下，DSO 在内存中生成的记录集相当于 ADO 数据对象的(　　)对象。

A. tagName　　B. text　　C. recordSet　　D. resultSet

2. 简答题

(1) 什么是数据岛？

(2) 什么是数据源对象？什么是数据绑定？

(3) 数据岛根据定义方式可以将数据源分为几种类型？各有什么特点？

(4) 如何使用数据岛的分页方式显示 XML 中的多条数据？

(5) 如何使用记录集访问 XML 文档?

3. 上机操作

用户自己创建一个通讯录的 XML 文件,根据本书所讲的方式,使用数据岛和记录集对该文件进行操作。

第8章 文档对象模型DOM

内容导读

XML 文档可以描述和组织数据，并进行数据交流。在很多实际应用中，用户需要从XML 文档中提取出需要的数据，利用 DOM 技术可以很好地解决这个问题。DOM 技术把XML 文档在内存中映射成一棵结构树模型，并提供了一系列面向对象的编程接口，通过这些接口可以方便，灵活地处理 XML 文档的各个组成部分，包括 XML 文档的元素、属性、文本等对象，并使得应用程序对 XML 文档的处理真正实现独立于具体编程语言和跨平台的目标。

本章主要围绕 DOM 的结构、DOM 对 XML 文档的处理进行了详细介绍，并采用 Java 编程技术实现了 DOM 对 XML 文本的操作过程。

本章要点

◇ 理解 DOM 的概念及结构。

◇ 掌握 DOM 访问 XML 文档的编程技术。

◇ 掌握 DOM 操作 XML 文档的编程技术。

◇ 掌握 DOM 编程异常处理。

8.1 DOM 概述

8.1.1 DOM 简介

DOM(Document Object Model，文档对象模型)是 W3C 推荐的处理 XML 的标准接口，定义了所有文档元素的对象和属性以及访问它们的方法或接口。它是一个使程序有能力动态地访问和更新文档的内容、结构以及样式的平台和语言中立的接口。

DOM 可以看作一组 API(Application Program Interface，应用程序接口)，它把 XML 文档等看作文档对象，在接口中存放的是对这些文档操作的属性和方法的定义，若某种编程语言实现了其定义的属性和方法，就可以对文档对象进行访问和处理。

利用 DOM 来处理 XML 文档时，DOM 解析器首先将 XML 文档加载到内存中，其逻辑形式是树状结构，所有对 XML 文档的操作都是基于树结构这种逻辑形式。任何语言只要遵循 DOM 的定义，就具备了对文档操作的一系列功能和结构，就可以实现对文档的各种操作，如读取、修改、删除和添加等功能。

总之,DOM 是 XML 文档的编程接口,它定义如何在程序中访问和操作 XML 文档,以树结构这种逻辑形式来描述 XML 文档,并提供了一组对象来对 XML 文档进行访问和操作,它是与平台和编程语言无关的接口标准。

8.1.2 DOM 文档结构

DOM 规范的核心就是树状结构,对于要解析的 XML 文档,解析器会把 XML 文档加载到内存中,在内存中为 XML 文件建立逻辑形式的树。从本质上说,DOM 就是 XML 文档的一个结构化的视图,它将一个 XML 文档看作一棵节点树,而其中的每一个节点代表一个可以与其进行交互的对象。树的节点是一个个的对象,这样通过操作这棵树和这些对象就可以完成对 XML 文档的操作,为处理文档的所有方面提供了一个完美的概念性框架。DOM 规定如下。

① 整个文档是一个文档节点,即根节点。

② 每个 XML 标记是一个元素节点。

③ 包含在 XML 元素中的文本是文本节点。

④ 每个 XML 属性是一个属性节点。

⑤ 注释属于注释节点。

XML 文档中的所有节点组成了一个文档树(或节点树),节点彼此都有等级关系。XML 文档中的每个元素、属性、文本等都代表着树中的一个节点。树起始于文档节点,并由此继续伸出枝条,直到处于这棵树最低级别的所有文本节点为止。

一个节点树可以把一个 XML 文档展示为一个节点集及其之间的连接。

① 在一个节点树中,最顶端的节点称为根节点。

② 在一个节点树中,有且只有一个根元素。

③ 每个节点,除根元素外,都可以拥有父节点。

④ 一个节点可以有无限的子节点。

⑤ 叶是无子节点的节点。

⑥ 同级节点拥有相同的父节点。

8.2 DOM 接口和 DOM 对象

不管 XML 文档有多简单或者多复杂,在加载到内存中都会被转化成一棵对象节点树。该节点树中存在了不同类型的节点,如属性形成的节点、元素标记形成的节点、注释形成的节点、标记内容形成的节点。节点树生成之后,就可以通过 DOM 接口访问、修改、添加、删除、创建树中的节点和内容。

8.2.1 DOM 接口

在 DOM 接口规范中,包含有多个接口。其中常用的基本接口有 Document 接口、Node 接口、NamedNodeMap 接口、NodeList 接口、Element 接口、Text 接口、CDATASection 接口和 Attr 接口等。其中,Document 接口是对文档进行操作的入口,它是从 Node 接口继承而来的。Node 接口是其他大多数接口的父类，像 Documet、Element、Attribute、Text、Comment 等接口都是从 Node 接口继承过来的。NodeList 接口是一个节点的集合，它包含了某个节点中的所有子节点。NamedNodeMap 接口也是一个节点的集合，通过该接口，可以建立节点名和节点之间的一一映射关系，从而利用节点名可以直接访问特定的节点。

1. Document 接口

Document 接口代表了整个 XML 文档，因此，它是整棵文档树的根，提供了对文档中的数据进行访问和操作的入口。

由于元素、文本节点、注释、处理指令等都不能脱离文档的上下文关系而独立存在，所以在 Document 接口提供了创建其他节点对象的方法，通过该方法创建的节点对象都有一个 ownerDocument 属性，用来表明当前节点是由谁所创建的以及节点同 Document 之间的联系。Document 接口和其他接口之间的关系如图 8-1 所示。

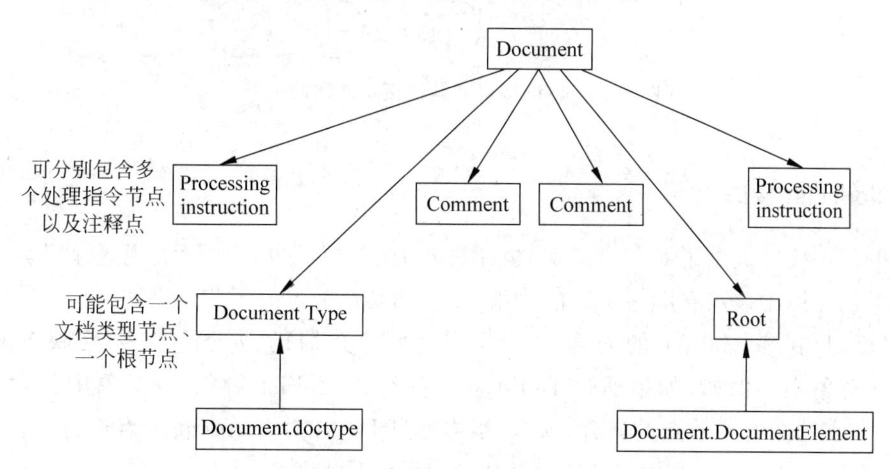

图 8-1　Document 接口同其他接口之间的关系

从图 8-1 中可以看出，Document 节点是 DOM 树中的根节点，也即对 XML 文档进行操作的入口节点。通过 Document 节点，可以访问到文档中的其他节点，如处理指令、注释、文档类型以及 XML 文档的根元素节点等。此外，由图可知，在一棵 DOM 树中，Document 节点可以包含多个处理指令、多个注释作为其子节点，而文档类型节点和 XML 文档根元素节点都是唯一的。

2. Node 接口

Node 接口在整个 DOM 树中具有举足轻重的地位，DOM 接口中有很大一部分接口是从 Node 接口继承过来的，如 Element、Attr、CDATASection 等接口都是从 Node 继承过来的。在 DOM 树中，Node 接口代表了树中的一个节点。典型的 Node 接口如图 8-2 所示。

从图 8-2 中可以看出，Node 接口是文档对象模型的主要数据类型，它表示文档中的单个节点。Node 接口提供了访问 DOM 文档树中元素内容和信息的途径，还提供了遍历 DOM 文档树中元素的方法。将从 Node 接口继承的各个子接口分别实现后，就会形成节点树中不同类型的节点，如属性 Attr 节点、元素 Element 节点和文本 Text 节点等。

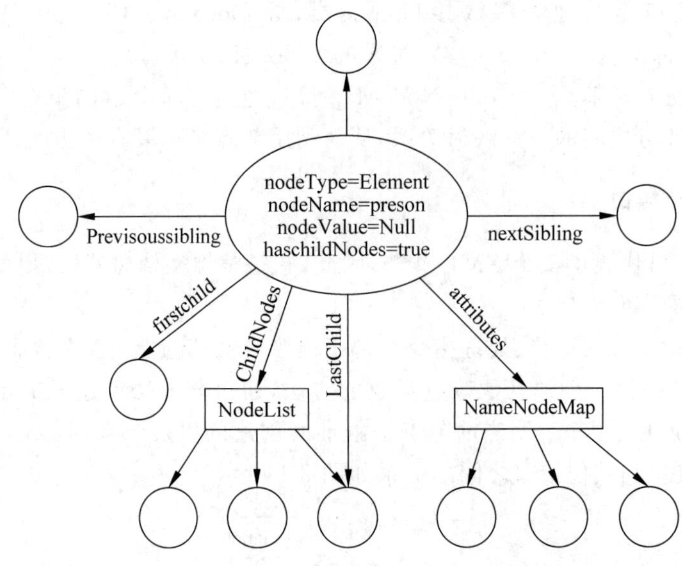

图 8-2 Node 接口同其他接口之间的关系

3. NodeList 接口

NodeList 接口提供了对节点集合的抽象定义，它并不包含如何实现这个节点集的定义。NodeList 用于表示有顺序关系的一组节点，如某个节点的子节点序列。

在 DOM 中，NodeList 的对象是活动的，即对文档的改变会直接反映到相关的 NodeList 对象中。例如，如果通过 DOM 获得一个 NodeList 对象，该对象中包含了某个 Element 节点的所有子节点的集合，那么，当再通过 DOM 对 Element 节点进行操作(添加、删除、改动节点中的子节点)时，这些改变将会自动地反映到 NodeList 对象中，而不需 DOM 应用程序再做其他额外的操作。

4. NamedNodeMap 接口

实现了 NamedNodeMap 接口的对象中包含了可以通过名字来访问的一组节点的集合。不过要注意，NamedNodeMap 并不是从 NodeList 继承过来的，它所包含节点集中的节点是无序的。尽管这些节点也可以通过索引进行访问，但这只是提供了枚举 NamedNodeMap 中所包含节点的一种简单方法，并不表明在 DOM 规范中为 NamedNodeMap 中的节点规定了一种排列顺序。NamedNodeMap 表示的是一组节点和其唯一名字的一一对应关系，这个接口主要用于属性节点的相关表示。

与 NodeList 相同，在 DOM 中，NamedNodeMap 对象也是活动的。

5. Element 接口

Element 接口继承 Node 接口和 NodeList 接口。Element 接口表示 XML 文档树中的元素，元素有可能具有属性，所以可以使用 NodeList 接口中的 attributes 属性来获得元素的所有属性的集合。Element 接口有通过命名获得 Attr 对象或属性值的方法。

6. Text 接口

Text 接口继承 CharacterData 接口，表示 Element 或者 Attr 的文本内容。如果元素的内容中没有标记，则文本包含在实现 Text 接口的单个对象中。如果有标记，则将解析为信息项和组成该元素的子元素列表的 Text 节点。

DOM 模型还包含其他多种接口，具体可查阅相关文档。

8.2.2 DOM 对象

接口是一组方法声明的集合，没有具体的实现。这些方法具有共同的特征，即共同作用于 XML 文档中某一个对象的一类方法。当用编程语言实现这个接口的一个对象时，该对象称为 DOM 对象。例如，Attr 接口，里面封装的是关于节点属性方面的操作方法，如获得属性名称、获得属性值等。如果一个 Attr 对象实现了这个接口，那么此对象就是 DOM 对象，即属性操作对象。

在 DOM 对象中，常用的对象包括以下几个。

1. 文档对象

实现了 Document 接口的对象，若对 XML 文档进行操作，首先要获得文档对象，它代表整个 XML 文档，由根元素和子元素构成。

2. 节点对象

实现了 Element 接口的对象，表示 XML 文档中的单个节点，可以使用该对象进行有关节点的操作。

3. 节点列表对象

实现了 NodeList 接口的对象，表示 XML 文档中的节点集合，通过该对象可以对节点进行大量的读取等操作。

当创建了一个实现接口的对象后，就可以使用该对象对 XML 文档进行操作。对 XML 文档操作，实际上就是利用实现不同接口的多个对象来完成的。

8.3 使用 DOM 访问 XML 文档

创建 DOM 对象、加载 XML 文档和处理 XML 文档是使用 DOM 解析器处理解析 XML 文档的基本步骤。本节详细介绍 DOM 对象在不同语言中的创建方式、加载 XML 文档和访问 XML 文档的不同节点。

8.3.1 DOM 对象的创建及 XML 文档的加载

不同的语言创建和加载 XML 文档的方式不尽相同，下面是几种常用的语言创建和加载 XML 文档的方式。

1. JavaScript

```
var xmlDoc = new ActiveXObject("Microsoft.XMLDOM");
xmlDoc.load("example.xml");
```

2. VBScript

```
set xmlDoc = CreateObject("Microsoft.XMLDOM")
xmlDoc.load("example.xml");
```

3. ASP

```
set xmlDoc = Server.CreateObject("Microsoft.XMLDOM");
xmlDoc.load("example.xml");
```

4. Java

```
DocumentBuilderFactory factory = DocumentBuilderFactory.newInstance();
DocumentBuilder builder = factory.newDocumentBuilder();
Document document = builder.parse(new File("example.xml"));
```

对于不同的语言创建和加载 XML 文档的方式,用户可以根据自己的不同编程环境自行选择。本节主要介绍使用 Java 语言对 DOM 解析器的创建和使用。下面通过一个实例演示 Java 技术创建 DOM 对象、加载 XML 文档和处理 XML 文档的编程过程。创建一个以下的 XML 文本。

文件 8-3-1-1.xml

```
<?xml version = "1.0" encoding = "gb2312"?>
    <!-- 会员信息相关文档 -->
    <会员信息>
        <会员 卡号 = "SY102030">
            <姓名 性别 = "女" 生日 = "1986 - 02 - 15">张红</姓名>
            <家庭住址>金地滨河小区 2 号楼 203 室</家庭住址>
            <手机> 13233339999 </手机>
            <积分> 120 </积分>
        </会员>
        <会员 卡号 = "SY102031">
            <姓名 性别 = "女" 生日 = "1988 - 11 - 20">赵楠</姓名>
            <家庭住址>万科新里程 5 号楼 1103 室</家庭住址>
            <手机> 13212341122 </手机>
            <积分> 40 </积分>
        </会员>
        <会员 卡号 = "SY102032">
            <姓名 性别 = "男" 生日 = "1990 - 08 - 25">王刚</姓名>
            <家庭住址>青年居易 2 号楼 203 室</家庭住址>
            <手机> 18612345678 </手机>
```

```
            <积分> 300 </积分>
        </会员>
        <!-- 其他会员信息 -->
</会员信息>
```

使用 Eclipse 编辑器创建解析 XML 文档的 Java 程序，代码如下：

文件 Example1.java

```
package com.dom;
import org.w3c.dom.*;
import javax.xml.parsers.*;
import java.io.*;
public class Example1{
    public static void main(String args[ ]){
        try{
        DocumentBuilderFactory factory = DocumentBuilderFactory.newInstance();
        DocumentBuilder builder = factory.newDocumentBuilder();
        Document document = builder.parse(new File("8-3-1-1.xml"));
        String version = document.getXmlVersion();
        System.out.println("XML 文档版本为：" + version);
        String encoding = document.getXmlEncoding();
        System.out.println("XML 文档的编码是：" + encoding);
    } catch(Exception e){
        System.out.println(e);
            }
        }
}
```

编译并执行 Java 程序，在控制台输出结果如图 8-3 所示。

```
XML文档版本为：1.0
XML文档的编码是：gb2312
```

图 8-3 创建 DOM 对象及加载 XML 文档

8.3.2 Document 节点的访问

Java 应用程序可以从 Dcoument 节点的子孙节点中获取整个 XML 文件中数据的细节。Document 节点对象中两个直接子节点，类型分别是 DocumentType 类型和 Element 类型，其中的 DocumentType 节点对应着 XML 文件所关联的 DTD 文件，可通过进一步获取该节点的子孙节点来分析 DTD 文件中的数据；Element 类型节点对应着 XML 文件的根节点，可通过进一步获取该 Element 类型节点子孙节点来分析 XML 文件中的数据。

Document 节点是一棵文档树的根，提供对文档数据最初(或最顶层)的访问入口。元素节点、文本节点、注释、处理指令等均存在于 Document 内，Document 节点提供了创建这些对象的方法。Document 节点的常用方法如表 8-1 所示。

表 8-1 Document 节点的常用方法

方 法	描 述
createAttribute(name)	创建一个拥有指定名称的属性节点,并返回新的 Attr 对象
createCDATASection()	创建一个 CDATA 区段节点
createComment()	创建一个注释节点
createElement()	创建一个元素节点
createTextNode()	创建一个文本节点
getElementById(id)	返回具有给定值的 ID 属性的元素。如果此元素不存在,则返回 null
getElementsByTagName()	返回一个具有指定名称的所有元素的节点列表
getDocumentElement()	返回当前节点的所有 Element 节点
renameNode()	重命名一个元素或者属性节点

以 8-3-1-1. xml 为例,使用 Eclipse 创建访问 Document 节点的 Java 程序,代码如下:

文件 Example2. java

```
package com.dom;
import org.w3c.dom.*;
import javax.xml.parsers.*;
import java.io.*;
public class Example2{
    public static void main(String args[]){
    try{
        DocumentBuilderFactory factory = DocumentBuilderFactory.newInstance();
        DocumentBuilder builder = factory.newDocumentBuilder();
        Document document = builder.parse(new File("8-3-1-1.xml"));
        Element root = document.getDocumentElement();
        String rootName = root.getNodeName();
        System.out.println("XML 文件根元素的名称为:" + rootName);
        NodeList nodelist = document.getElementsByTagName("会员");
            for(int i = 0;i < nodelist.getLength();i++){
            Node node = nodelist.item(i);
            String name = node.getNodeName();
            String content = node.getTextContent();
            System.out.println(name);
            System.out.println(content);
                }
            }catch(Exception e){
                System.out.println(e);
            }
        }
}
```

编译并执行 Java 程序,在控制台输出结果如图 8-4 所示。

8.3.3 Element 节点的访问

Element 接口是比较重要的接口,该接口被实例化后,会对应节点树中的 Element 节点,这里称为 Element 节点。Element 节点可以有 Element 子节点和 Text 子节点(规范的

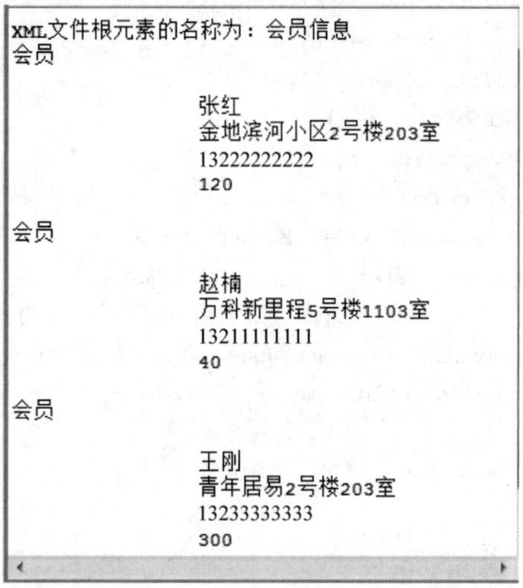

XML文件根元素的名称为：会员信息
会员

张红
金地滨河小区2号楼203室
13222222222
120

会员

赵楠
万科新里程5号楼1103室
13211111111
40

会员

王刚
青年居易2号楼203室
13233333333
300

图 8-4　访问 Document 节点

XML 文件的标记可以有子标记和文本数据)。若节点使用 getNodeType()方法测试,如果返回值为 Node.ELEMENT_NODE,那么该节点就是 Element 节点。Element 节点的常用方法如表 8-2 所示。

表 8-2　Element 节点的常用方法

方　　法	描　　述
getTagName()	返回该节点的名称,节点名称就是对应的 XML 文件的标记名称
getAtrribute(String name)	返回该节点参数 name 指定的属性值,XML 标记中对应的属性值
getElementsByTagName(String name)	返回一个 NodeList 对象
hasAttribute(String name)	判断当前节点是否存在名字为 name 的指定的属性
removeAttribute(String name)	通过名称移除一个属性
setAttribute(String name, String value)	添加一个新属性

以 8-3-1-1.xml 为例,使用 Eclipse 创建访问 Element 节点的 Java 程序,代码如下:

文件 Example3.java

```
package com.dom;
import org.w3c.dom.*;
import javax.xml.parsers.*;
import java.io.*;
public class Example3 {
    public static void main(String args[]) {
    try {
        DocumentBuilderFactory factory = DocumentBuilderFactory.newInstance();
        DocumentBuilder builder = factory.newDocumentBuilder();
        Document document = builder.parse(new File("8-3-1-1.xml "));
        Element root = document.getDocumentElement();
        String rooName = root.getNodeName();
```

```
            System.out.println("XML 文件根元素的名称为:" + rooName);
            NodeList nodelist = root.getChildNodes();
            int size = nodelist.getLength();
            for (int i = 0; i < size; i++) {
                Node node = nodelist.item(i);
                if (node.getNodeType() == Node.ELEMENT_NODE) {
                    Element elementNode = (Element) node;
                    String name = elementNode.getNodeName();
                    String id = elementNode.getAttribute("卡号");
                    String content = elementNode.getTextContent();
                    System.out.println(name + " " + id + " " + content + "\n");
                }
            }
        } catch (Exception e) {
                System.out.println(e);
            }
        }
    }
```

编译并执行 Java 程序,在控制台输出结果如图 8-5 所示。

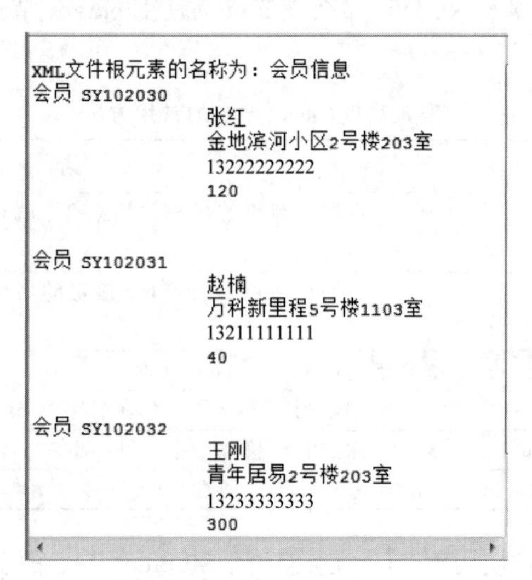

图 8-5　访问 Element 节点

8.3.4　Text 节点的访问

通过 Text 接口实现的对象称为 Text 对象,该对象对应着节点树中的文本节点,也可把该对象称为 Text 节点对象。Element 节点对象和元素标记相对应,文本内容和 Text 节点相对应。若判断一个节点是否是 Text 节点,可通过 getNodeType()判断,如该方法返回值为 Node.TEXT_NODE,那么该节点就是 Text 节点。Element 节点可以有 Text 节点和 Element 节点。Text 节点的常用方法如表 8-3 所示。

表 8-3 Text 节点的常用方法

方法	描述
getWholeText()	返回 Text 节点的以文档顺序串接的所有文本
isElementContentWhitespace()	返回此文本节点是否包含元素内容空白符,即可忽略的空白符
replaceWholeText(String content)	将当前节点和所有逻辑上相邻的文本节点的文本替换为指定的文本
splitText(int offset)	在指定的 offset 处将此节点拆分为两个节点,并将两者作为兄弟节点保持在树中

以 8-3-1-1.xml 为例,使用 Eclipse 创建访问 Text 节点的 Java 程序,代码如下:

文件 Example4.java

```
package com.dom;
import org.w3c.dom.*;
import javax.xml.parsers.*;
import java.io.*;
public class Example4 {
    public static void main(String args[]) {
        try {
            DocumentBuilderFactory factory = DocumentBuilderFactory.newInstance();
            DocumentBuilder builder = factory.newDocumentBuilder();
            Document document = builder.parse(new File("8-3-1-1.xml"));
            Element root = document.getDocumentElement();
            String rootName = root.getNodeName();
            System.out.println("XML 文件根元素的名称为:" + rootName);
            NodeList nodelist = root.getChildNodes();
            diplayText(nodelist);
        }catch (Exception e) {
            System.out.println(e);
            }
    }
    private static void diplayText(NodeList nodelist) {
        int size = nodelist.getLength();
        for (int i = 0; i < size; i++) {
            Node node = nodelist.item(i);
            if (node.getNodeType() == Node.TEXT_NODE) {
                Text textNode = (Text) node;
                String content = textNode.getWholeText();
                System.out.print(content);
            }
            if (node.getNodeType() == Node.ELEMENT_NODE) {
                Element elementNode = (Element) node;
                NodeList nodes = elementNode.getChildNodes();
                diplayText(nodes);
            }
        }
    }
}
```

执行 Java 程序,在控制台输出结果如图 8-6 所示。

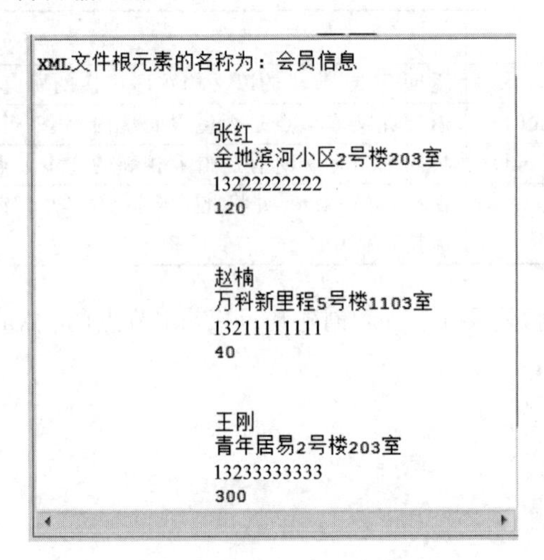

XML文件根元素的名称为：会员信息
张红
金地滨河小区2号楼203室
13222222222
120
赵楠
万科新里程5号楼1103室
13211111111
40
王刚
青年居易2号楼203室
13233333333
300

图 8-6 访问 Text 节点

8.3.5 Attr 节点的访问

XML 文件中标记所包含的属性,在节点树中对应的是 Attr 节点。Attr 节点是 Attr 接口的实例化对象,Attr 接口表示 Element 对象中的属性,Attr 对象继承 Node 接口,但由于它们实际上不是描述元素的子节点,DOM 不会将它们看作文档树的一部分。DOM 认为元素的属性是其特性,而不是来自于它们所关联元素的独立身份,这应该使实现把这种特征作为与所有给定类型的元素相关联的默认属性更为有效。

由于 Attr 对象也是一种节点,因此它可继承 Node 对象的属性和方法。不过属性无法拥有父节点,同时属性也不被认为是元素的子节点,对于许多 Node 对象的属性来说都将返回 null。Attr 节点的常用方法如表 8-4 所示。

表 8-4 Attr 节点的常用方法

方　法	描　述
getName()	返回属性名称
getOwnerElement()	此属性连接到的 Element 节点；如果未使用此属性,则为 null
getValue()	检索时,该属性值以字符串形式返回
setValue(String value)	检索时,该属性值以字符串形式返回

以 8-3-1-1. xml 为例,使用 Eclipse 创建访问 Attr 节点的 Java 程序,代码如下：

文件 Example5. java

```
package com. dom;
import org. w3c. dom. * ;
import javax. xml. parsers. * ;
import java. io. * ;
public class Example5{
    public static void main(String args[ ]){
```

```
        try{
            DocumentBuilderFactory factory = DocumentBuilderFactory.newInstance();
            DocumentBuilder builder = factory.newDocumentBuilder();
            Document document = builder.parse(new File("8-3-1-1.xml"));
            Element root = document.getDocumentElement();
            String rootName = root.getNodeName();
            System.out.println("XML 文件根元素的名称为:" + rootName);
            NodeList nodelist = root.getElementsByTagName("姓名");
            int size = nodelist.getLength();
            for(int i = 0;i < size;i++){
                Node node = nodelist.item(i);
                String name = node.getNodeName();
                NamedNodeMap map = node.getAttributes();
                String content = node.getTextContent();
                System.out.print(name);
                for(int k = 0;k < map.getLength();k++){
                    Attr attrNode = (Attr)map.item(k);
                    String attName = attrNode.getName();
                    String attValue = attrNode.getValue();
                    System.out.print(" " + attName + " = " + attValue);
                    }
                    System.out.print(" " + content + "\n");
                }
            } catch(Exception e){
                System.out.println(e);
            }
        }
    }
```

编译并执行 Java 程序，在控制台输出结果如图 8-7 所示。

```
XML文件根元素的名称为：会员信息
姓名 性别=女 生日=1986-02-15  张红
姓名 性别=女 生日=1988-11-20  赵楠
姓名 性别=男 生日=1990-08-25  王刚
```

图 8-7　访问 Attr 节点

8.4　使用 DOM 操作 XML 文档

通过 DOM 不但可以遍历 XML 文档指定的节点，如 Element 节点、文本节点和属性节点等，还可以对在内存中存在的树模型进行操作，如添加、删除或修改节点和属性以及添加元素内容等。

8.4.1　动态创建 XML 文档

DOM 解析器通过在内存中建立和 XML 结构相对应的树状结构数据，使得应用程序可以方便地获得 XML 文件中的数据。JAXP 也提供了使用内存中的树状结构数据建立一个 XML 文件的 API,即使用解析器得到的 Document 对象建立一个新的 XML 文件。

1. 动态创建 XML 文档的步骤

DOM 生成 XML 文档的基本过程是：首先生成一个 Document 节点；然后对 Document 节点进行修改；最后使用 Transformer 对象将 Document 节点转换为 XML 文件。具体步骤如下。

(1) 生成 Document 节点。使用以下语句得到一个 Document 节点。

```
Document document = builder.newDocument();
```

(2) 修改 Document 节点。可以对 Document 节点进行添加,修改和删除等操作。常用方法如表 8-5 所示。

(3) 转换为一个 XML 文件。使用 Transformer 对象将 Document 节点转换为一个 XML 文件。具体编程步骤如下。

① 创建 TransformerFactory(转换工厂对象)：

```
TransformerFactory transFactory = TransformerFactory.newInstance();
```

② 创建 Transformer 对象(文件转换对象)：

```
Transformer transformer = transFactory.newTransformer();
```

③ 将要转换的 Document 对象封装到 DOMSource 类中：

```
DOMSource domSource = new DOMSource(document);
File file = new File("example.xml");
FileOutputStream out = new FileOutputStream(file);
```

④ 将要变换得到的 XML 文件保存在 StreamResult 中：

```
StreamResult xmlResult = new StreamResult(out);
```

⑤ 把节点树转换为 XML 文件：

```
transformer.transform(domSource,xmlResult);
```

表 8-5 修改 Document 节点的常用方法

方 法	描 述
appendChild(Node newChild)	向当前节点增加一个新的子节点,并返回这个新节点
removeChild(Node oldChild)	删除参数指定的子节点,并返回被删除的子节点
replaceChild(Node newChild, Node oldChild)	替换子节点,并返回被替换的子节点
removeAttributeNode(Attr oldAttr)	删除 Element 节点的属性
setAttribute(String name, String value)	为 Element 节点增加新的属性及属性值,如果该属性已经存在,新的属性将替换旧的属性

续表

方　　法	描　　述
replaceWholeText(String content)	替换当前 Text 节点的文本内容
appendData(String arg)	向当前 Text 节点尾加文本内容
insertData(int offset, String arg)	向当前 Text 节点插入文本内容,插入的位置由参数 offset 指定,即第 offset 个字符的后继位置
deleteData(int offset,int count)	删除当前节点文本内容中的一部分。被删除的范围由参数 offset 和 count 指定,即从第 offset 个字符后续的 count 个字符
replaceData (int offset, int count, String arg)	当前 Text 节点中文本内容的一部分替换为参数 arg 指定的内容,被替换的范围由参数 offset 和 count 指定,即从第 offset 个字符后续的 count 个字符

2. 动态生成 XML 文档的实例

下面的 Java 程序演示了动态生成 XML 文档的过程:

文件 Example6. java

```
package com.dom;
import javax.xml.transform.*;
import javax.xml.transform.stream.*;
import javax.xml.transform.dom.*;
import org.w3c.dom.*;
import javax.xml.parsers.*;
import java.io.*;
public class Example6 {
public static void main(String args[]) {
    try {
        String cardid[] = { "SY102030", "SY102031", "SY102032" };
        String name[] = { "张红", "赵楠", "王刚" };
        String tel[] = { "13233339999", "13212341122", "18612345678" };
        DocumentBuilderFactory factory = DocumentBuilderFactory.newInstance();
        DocumentBuilder builder = factory.newDocumentBuilder();
        Document document = builder.newDocument();
        document.setXmlVersion("1.0");
        Element root = document.createElement("会员列表");
        document.appendChild(root);
        for (int k = 1; k <= cardid.length; k++) {
    root.appendChild(document.createElement("会员"));
}
NodeList nodeList = document.getElementsByTagName("会员");
for (int k = 0; k < nodeList.getLength(); k++) {
    Node node = nodeList.item(k);
    if (node.getNodeType() == Node.ELEMENT_NODE) {
        Element elementNode = (Element) node;
        elementNode.setAttribute("卡号", cardid[k]);
        elementNode.appendChild(document.createElement("姓名"));
        elementNode.appendChild(document.createElement("电话"));
```

```
            }
        }
        nodeList = document.getElementsByTagName("姓名");
        for (int k = 0; k < nodeList.getLength(); k++) {
            Node node = nodeList.item(k);
            if (node.getNodeType() == Node.ELEMENT_NODE) {
                Element elementNode = (Element) node;
                elementNode.appendChild(document.createTextNode(name[k]));
            }
        }
        nodeList = document.getElementsByTagName("电话");
        for (int k = 0; k < nodeList.getLength(); k++) {
            Node node = nodeList.item(k);
            if (node.getNodeType() == Node.ELEMENT_NODE) {
                Element elementNode = (Element) node;
                elementNode.appendChild(document.createTextNode(tel[k]));
                }
            }
            TransformerFactory transFactory = TransformerFactory.newInstance();
            Transformer transformer = transFactory.newTransformer();
            DOMSource domSource = new DOMSource(document);
            File file = new File("8-4-1-1.xml");
            FileOutputStream out = new FileOutputStream(file);
            StreamResult xmlResult = new StreamResult(out);
            transformer.transform(domSource, xmlResult);
            } catch (Exception e) {
                System.out.println(e); }
        }
    }
```

编译和运行 Java 程序,将自动生成 8-4-1-1.xml 文件,使用 XMLSpy 的浏览器打开,动态生成的 XML 文档如图 8-8 所示。

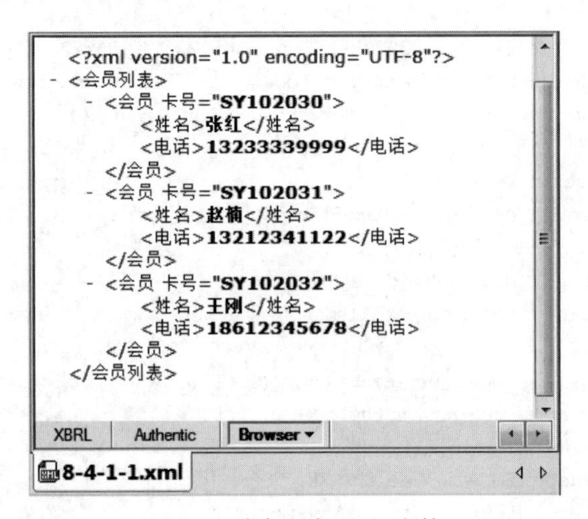

图 8-8 动态生成 XML 文档

8.4.2 元素节点的添加和删除操作

XML 文档被加载到内存后，可以对其形成的 XML 文档树中的节点进行操作，如添加一个节点或删除一个已有的节点。

以 8-4-1-1. xml 文件为例，下面的 Java 程序演示了添加和删除节点的过程，并将结果生成在 8-4-2-1. xml 文件中：

文件 Example7. java

```
package com.dom;
import javax.xml.transform.*;
import javax.xml.transform.stream.*;
import javax.xml.transform.dom.*;
import org.w3c.dom.*;
import javax.xml.parsers.*;
import java.io.*;
public class Example7 {
public static void main(String args[]) {
    try {
        DocumentBuilderFactory factory = DocumentBuilderFactory.newInstance();
        DocumentBuilder builder = factory.newDocumentBuilder();
        Document document = builder.parse(new File("8-4-1-1.xml"));
        Element root = document.getDocumentElement();
        root.appendChild(document.createElement("客户汇总"));
            NodeList nodeList = document.getElementsByTagName("客户汇总");
            for (int k = 0; k < nodeList.getLength(); k++) {
                Node node = nodeList.item(k);
                if (node.getNodeType() == Node.ELEMENT_NODE) {
                    Element elementNode = (Element) node;
                    elementNode.appendChild(document.createTextNode("3 个客户"));
                    }
                }
                nodeList = document.getElementsByTagName("电话");
                for (int k = nodeList.getLength() - 1; k >= 0; k--) {
            Node node = nodeList.item(k);
            Element parentNode = (Element) node.getParentNode();
            if (node.getNodeType() == Node.ELEMENT_NODE) {
                parentNode.removeChild(node);
            }
        }
        TransformerFactory transFactory = TransformerFactory.newInstance();
        Transformer transformer = transFactory.newTransformer();
        DOMSource domSource = new DOMSource(document);
        File file = new File("8-4-2-1.xml");
        FileOutputStream out = new FileOutputStream(file);
        StreamResult xmlResult = new StreamResult(out);
        transformer.transform(domSource, xmlResult);
        } catch (Exception e) {
            System.out.println(e);
        }
    }
}
```

编译和运行Java程序,使用XMLSpy的浏览器打开8-4-2-1.xml,添加和删除元素节点的XML文档,如图8-9所示。

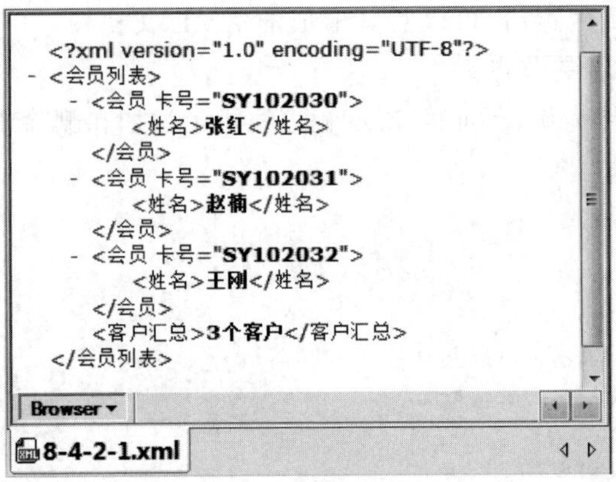

```
<?xml version="1.0" encoding="UTF-8"?>
- <会员列表>
  - <会员 卡号="SY102030">
      <姓名>张红</姓名>
    </会员>
  - <会员 卡号="SY102031">
      <姓名>赵楠</姓名>
    </会员>
  - <会员 卡号="SY102032">
      <姓名>王刚</姓名>
    </会员>
    <客户汇总>3个客户</客户汇总>
  </会员列表>
Browser
8-4-2-1.xml
```

图8-9 添加和删除元素节点

8.4.3 属性节点的添加和删除操作

XML文档中标记的属性具有属性名称和属性值,如果通过DOM形成XML文档的树模型,会形成属性节点和相应的文本节点。此时,可以对DOM树模型中属性节点进行添加和删除操作。

以8-4-1-1.xml文件为例,下面的Java程序演示了添加和删除属性节点的过程,并将结果生成在8-4-3-1.xml文件中。

文件 Example8.java

```
package com.dom;
import javax.xml.transform.*;
import javax.xml.transform.stream.*;
import javax.xml.transform.dom.*;
import org.w3c.dom.*;
import javax.xml.parsers.*;
import java.io.*;
public class Example8 {
    public static void main(String args[]) {
        try {
            String[] gender = { "女", "女", "男" };
            DocumentBuilderFactory factory = DocumentBuilderFactory.newInstance();
            DocumentBuilder builder = factory.newDocumentBuilder();
            Document document = builder.parse(new File("8-4-1-1.xml"));
            NodeList nodeList = document.getElementsByTagName("会员");
            for (int k = 0; k < nodeList.getLength(); k++) {
                Node node = nodeList.item(k);
                if (node.getNodeType() == Node.ELEMENT_NODE) {
                    Element elementNode = (Element) node;
                    elementNode.removeAttribute("卡号");
                }
```

```
            }
            nodeList = document.getElementsByTagName("姓名");
              for (int k = 0; k < nodeList.getLength(); k++) {
                  Node node = nodeList.item(k);
                      if (node.getNodeType() == Node.ELEMENT_NODE) {
                          Element elementNode = (Element) node;
                          elementNode.setAttribute("性别", gender[k]);
                      }
            }
        TransformerFactory transFactory = TransformerFactory.newInstance();
        Transformer transformer = transFactory.newTransformer();
        DOMSource domSource = new DOMSource(document);
        File file = new File("8-4-3-1.xml");
        FileOutputStream out = new FileOutputStream(file);
        StreamResult xmlResult = new StreamResult(out);
        transformer.transform(domSource, xmlResult);
        } catch (Exception e) {
            System.out.println(e);
        }
    }
}
```

编译和运行 Java 程序,使用 XMLSpy 的浏览器打开 8-4-3-1. xml,添加和删除属性节点的 XML 文档如图 8-10 所示。

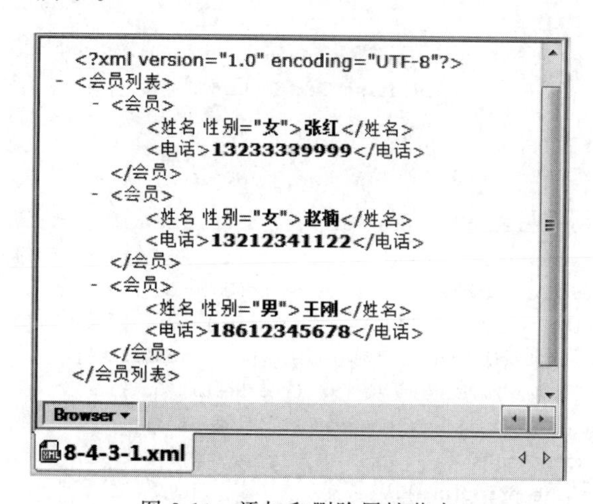

图 8-10 添加和删除属性节点

8.4.4 文本节点的添加和修改操作

在 DOM 的树模型中,可以通过文本节点对更新节点内的数据,如添加新的内容或修改旧的内容。

以 8-4-1-1. xml 文件为例,下面的 Java 程序演示了添加和修改文本节点的过程,并将结果生成在 8-4-4-1. xml 文件中:

文件 Example9. java

```
package com.dom;
import javax.xml.transform.*;
import javax.xml.transform.stream.*;
import javax.xml.transform.dom.*;
import org.w3c.dom.*;
import javax.xml.parsers.*;
import java.io.*;
public class Example9 {
    public static void main(String args[]) {
        try {
            DocumentBuilderFactory factory = DocumentBuilderFactory.newInstance();
            DocumentBuilder builder = factory.newDocumentBuilder();
            Document document = builder.parse(new File("8-4-1-1.xml"));
            Element root = document.getDocumentElement();
            NodeList nodeList = root.getElementsByTagName("姓名");
            for (int k = 0; k < nodeList.getLength(); k++) {
                Node node = nodeList.item(k);
                if (node.getNodeType() == Node.ELEMENT_NODE) {
                    Element elementNode = (Element) node;
                    String str = elementNode.getTextContent();
                    if (str.equals("张红")) {
                        elementNode.setTextContent(str + "和李白");
                    }
                    if (str.equals("赵楠")) {
                        elementNode.setTextContent("赵女士");
                    }
                }
            }
            TransformerFactory transFactory = TransformerFactory.newInstance();
            Transformer transformer = transFactory.newTransformer();
            DOMSource domSource = new DOMSource(document);
            File file = new File("8-4-4-1.xml");
            FileOutputStream out = new FileOutputStream(file);
            StreamResult xmlResult = new StreamResult(out);
            transformer.transform(domSource, xmlResult);
        } catch (Exception e) {
            System.out.println(e);
        }
    }
}
```

编译和运行 Java 程序,使用 XML Spy 的浏览器打开 8-4-4-1. xml 文件,添加和修改文本节点的 XML 文档如图 8-11 所示。

8.4.5 异常处理

大多数 DOM 下的异常都是作为 DOMException 类的一个实例发生的。这个类支持多种不同的、具体的异常条件。每种条件都被指定为 DOMException 类的一个成员,叫作

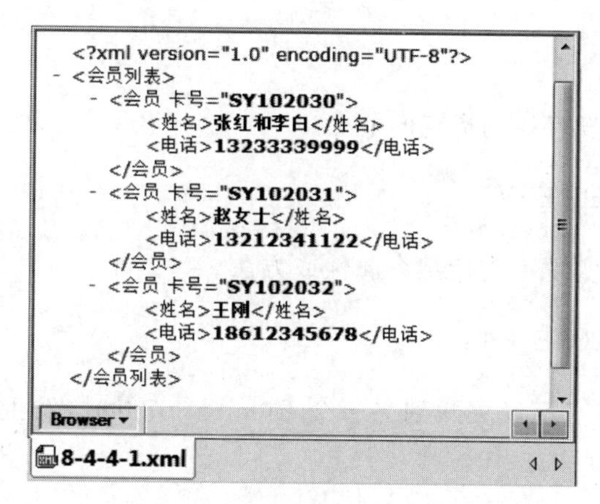

图 8-11　添加和删除文本节点

code。除了 code 成员外，DOMException 类还包含一组静态成员，它们被用来确定异常的条件。

当错误使用或在不适合的环境中使用某个 DOM 属性或方法时，就会抛出一个 DOMException 对象。code 属性的值说明了发生异常的一般类型。注意，读写对象的属性或调用对象的方法时，都有可能抛出 DOMException 对象。

1. INDEX_SIZE_ERR

说明数组或字符串下标的溢出错误。

2. DOMSTRING_SIZE_ERR

说明请求的文本太大，文本的指定范围不适合 DOMString。

3. HIERARCHY_REQUEST_ERR

说明发生了要把节点放在文档树层次中的不合法位置的操作。

4. WRONG_DOCUMENT_ERR

说明发生了从创建节点的文档以外的文档使用该节点的操作。

5. INVALID_CHARACTER_ERR

说明(如在元素名中)使用了不合法的字符。

6. NO_DATA_ALLOWED_ERR

说明为不支持数据的 Node 指定数据。

7. NO_MODIFICATION_ALLOWED_ERR

说明发生了修改只读的、不允许修改节点的操作。

8. NOT_FOUND_ERR

说明在期望的位置没有找到指定的节点。

9. NOT_SUPPORTED_ERR

说明当前的 DOM 实现不支持某个属性或方法。

10. INUSE_ATTRIBUTE_ERR

说明在一个 Attr 节点已经关联到另一个 Element 节点时,发生了把一个 Attr 节点关联到另一个 Element 节点的操作。

11. INVALID_STATE_ERR

说明使用了处于不允许使用状态或不再允许使用状态的对象。

12. SYNTAX_ERR

说明含有语法错误。通常由 CSS 属性声明使用。

13. INVALID_MODIFICATION_ERR

说明发生了修改 CSSRule 对象或 CSSValue 对象的操作。

14. NAMESPACE_ERR

说明有涉及元素或属性的命名空间的错误。

15. INVALID_ACCESS_ERR

说明以一种当前的实现不支持的方法访问对象。

8.5 小结

DOM(Document Object Model,文档对象模型)定义了所有文档元素的对象和属性以及访问它们的方法(接口),包括核心 DOM、XML DOM 和 HTML DOM 等部分,其中 XML DOM 是 XML 文档的标准对象模型,是 XML 文档的标准编程接口,是用于获取、更改、添加或删除 XML 元素的标准。

DOM 规范的核心就是树模型,DOM 就是 XML 文档的一个结构化视图,它将一个 XML 文档看作一棵节点树,而其中的每个节点代表一个可以与其进行交互对象。树的节点是一个个对象,这样通过操作这棵树和这些对象就可以完成对 XML 文档的操作。

DOM 接口规范中包含有多个接口,其中常用的基本接口有 Document 接口、Node 接口、NamedNodeMap 接口、NodeList 接口、Element 接口、Text 接口、CDATASection 接口和 Attr 接口等。其中,Document 接口是对文档进行操作的入口,它是从 Node 接口继承过来的; Node 接口是其他大多数接口的父类,像 Documet、Element、Attribute、Text、

Comment 等接口都是从 Node 接口继承过来的；NodeList 接口是一个节点的集合，它包含了某个节点中的所有子节点；NamedNodeMap 接口也是一个节点的集合，通过该接口可以建立节点名和节点之间的一一映射关系，从而利用节点名可以直接访问特定的节点。

常用的 DOM 对象包括文档对象、节点对象和节点列表对象。其中文档对象实现了 Document 接口的对象，代表整个 XML 文档；节点对象实现了 Element 接口的对象，表示 XML 文档中的单个节点，可以使用该对象进行有关节点的操作；节点列表对象实现了 NodeList 接口的对象，表示 XML 文档中的节点集合，通过该对象可以对节点进行大量的读取等操作。

使用 DOM 对象可以完成加载 XML 文档、创建 XML 文档、访问各种节点以及对各种节点进行添加、修改、删除等诸多操作。

8.6 习题

1. 选择题

(1) 以下不是继承 Node 接口的是(　　)。

A. Document 接口　B. Attr 接口　C. Text 接口　D. TypeInfo 接口

(2) Document 节点下面有两种类型的节点，一个是 Element 节点，另一个是(　　)节点。

A. DocumentType 节点　B. Attr 节点
C. Node 节点　D. Text 节点

(3) 下面(　　)方法可以获取 XML 文档的根节点。

A. getEntities()　B. getPublicId()
C. getDocumentElement()　D. getWholeText()

(4) 下面(　　)方法可以添加节点。

A. appendChild()　B. append()　C. setChild()　D. insertChild()

(5) 下面(　　)方法可以删除属性。

A. removeAttribute()　B. removeChild()
C. getNodeName()　D. replaceWholeText()

2. 填空题

(1) DOM 是 Document Object Model 英文缩写，其中文含义是________。

(2) DOM 有 4 个基本接口，分别是________、________、Node 和 NamedNodeMap。

(3) 用来表示标记中包含的数据节点对象，是用________接口创建的。

(4) 使用 DOM 处理 XML 文档，常发生________异常。

(5) XML 文档被加载到内存中时，会被封装成________对象。

3. 简答题

(1) 简述 DOM 的工作原理。

(2) DOM 的常用接口有哪些？分别表示什么？

(3) 使用 DOM 创建 XML 文档的步骤是什么？

(4) getElementByTagName()与 getChildNodes()有何区别？

(5) 添加属性的步骤是什么？

4. 上机操作

(1) 使用 DOM 的 Java 程序，动态创建第 3 章习题第 4 题上机操作对应的 XML 文档。

(2) 根据上题生成的 XML 文档，使用 DOM 编写添加、修改和删除 XML 文档元素的 Java 程序。

(3) 根据上题生成的 XML 文档，使用 DOM 编写添加和删除 XML 文档元素属性的 Java 程序。

第9章 简易应用程序编程接口SAX

内容导读

DOM解析器的核心是在内存中建立和XML文档相对应的树状结构，XML文件的标记、标记中的文本数据和实体等都与内存中的树状结构的某个节点相对应。利用DOM可以方便地操作内存中的树状节点，获取XML文档中需要的数据。但如果XML文件较大，或者只需要解析XML文档的一部分数据，就会占用大量的内存空间。与DOM不同的是，SAX的核心是事件处理机制，利用SAX来解析XML文档时，具有占用内存少、效率高等特点。

本章主要围绕SAX的工作原理、SAX对XML文档的解析进行了详细介绍，具体实例采用Java SAX编程技术实现，并设计了一个综合实例全面演示了SAX技术对XML文档的解析。

本章要点

◇ 理解SAX的工作原理。

◇ 掌握SAX解析XML文档的编程技术。

◇ 掌握SAX编程异常处理。

◇ 理解SAX与DOM的技术特点。

9.1 SAX概述

9.1.1 SAX简介

SAX(Simple API for XML)意为简易应用程序编程接口。在第8章中，对于要解析的XML文档，DOM解析器会把XML文档加载到内存中，在内存中为XML文件建立逻辑形式的树，这样做的弊端在于处理数据是低效、缓慢的，并且要耗费很多内存资源。对那些要处理大量数据的应用程序来说，使用DOM技术解析XML文档，并不是效率最高的。一种替代技术就是SAX，SAX是一种高效的解析器，它允许在读取XML文档时即开始处理数据，而不必等到整个文档都被加载到内存之后才开始处理数据。

SAX也是解析XML的一种规范，由一系列接口组成，但不是W3C推荐的标准，SAX是公开的、开放源代码的。SAX最初是由David Megginson采用Java语言开发，后来参与开发的程序员越来越多，组成了互联网上的XML-DEV社区，1998年5月SAX 1.0版由

XML-DEV 正式发布。

在 SAX 2.0 版本中增加了对命名空间的支持,而且可以设置解析器是否对文档进行有效性验证,以及怎样处理带有命名空间的元素名称等。SAX 2.0 中还有一个内置的过滤机制,可以很轻松地输出一个文档子集或进行简单的文档转换。SAX 2.0 版本在多处不兼容 SAX 1.0 版本,SAX 1.0 中的接口在 SAX 2.0 中已经不再使用。SAX 是 XML 事实上的标准,所有的 XML 解析器都支持它,已经被 Java、C# 等语言编写实现。

与 DOM 不同的是,SAX 是基于事件的,这意味着当它在一个 XML 文档中发现特殊符号时,会产生相关的事件。SAX 的优点是当它读到 XML 文档中每一部分内容时,就会产生一个事件,应用程序就可以在这个事件中写入具体的处理代码,然后解析器就移动到文档的下一段。因为 SAX 以序列的形式处理文档,与 DOM 相比,SAX 对内存的需求很少。而且当 SAX 找到需要信息的时候,能够停止对当前文档的解析。因为 SAX 不需要在内存中建立整个文档的树结构,SAX 和 DOM 相比,可以被认为是一个轻量级的接口集合。

当需要处理大的文件时,SAX 对内存的需求很小,因为它并不会因为 XML 文档尺寸的增加而增加对内存的需求。SAX 允许在任何时候终止解析,这样的一个好处是,如果实际上只需要对文档的一部分信息进行处理的时候,可以在得到该部分信息以后,就终止对文档的解析。同时,当想要提取文档中一小部分内容的时候(对许多基于 XML 的应用来说,实际上没有必要读完整个 XML 文档),比如,想要通过扫描数据找到文档中关于某只特定股票的相关信息时,就不必把不需要的数据放到内存里面,用 SAX 能够扫描数据发现和该股票相关的信息,然后创建一个仅和该部分相关的一个文档结构,这样不仅节省了系统资源,还节省了处理时间。另外,当想要创建一个新的文档结构时,在一些情况下,可能想要使用 SAX 来创建一个高层对象的数据结构,如股票代码和价格信息,然后和其他的 XML 文档的数据进行结合,而不是建立一个有关低层的元素、属性、处理指令相关的 DOM 结构的时候,可以通过使用 SAX 更加有效地建立文档结构。特别是当系统资源有限时,对大规模的文档来说,SAX 提供了一个更加有效的方法来解析 XML 文档。因为 SAX 可以只处理文档中某一部分的信息,而 DOM 实际上是根据整个文档建立树状结构并放到内存中,所以如果 XML 文件很大的话,DOM 模型对内存的需要量就很大。

SAX 模型也存在一些缺陷,因为整个文档并没有放到内存中,所以它不能随机地到达文档的某一部分,同时也因为整个文档不在内存中,开发人员必须在处理过程中按顺序处理信息,所以 SAX 在处理包含很多内部交叉引用的文档时就会有一些困难。不能实现复杂的搜索,同时在处理文档部分信息的时候,必须自己考虑清楚是否保存相关的上下文信息。

9.1.2 SAX 工作原理

SAX 采用事件机制的方式来解析 XML 文档。使用 SAX 解析器对 XML 文档进行解析时,会触发一系列事件,这些事件将被相应的事件监听器监听,从而触发相应的事件处理方法,应用程序通过这些事件处理方法实现对 XML 文档的访问。

基于事件的处理模式主要是围绕着事件源以及事件处理器(或者叫监听器)来工作的。一个可以产生事件的对象称为事件源,而可以针对事件产生响应的对象就叫作事件处理器。事件源和事件处理器是通过在事件源中的事件处理器注册方法连接的。这样当事件源产生事件后，调用事件处理器相应的处理方法，一个事件就获得了处理。当然在事件源调用事件处理器中特定方法的时候，会传递给事件处理器相应事件的状态信息，这样事件处理器才能够根据事件信息来决定自己的行为。

大多数的 SAX 都会实现以下几种类型的事件：

(1) 在文档的开始和结束时触发文档处理事件。

(2) 在文档内每一个 XML 元素都在接受解析的前后触发元素事件。任何元数据通常都是由单独的事件交付。

(3) 在处理文档的 DTD 或 Schema 时产生 DTD 或 Schema 事件。

(4) 错误事件用来通知主机应用程序解析错误。

SAX 解析器在解析开始时就发送事件，当解析器开始处理文档开始、元素开始和文本时，负责在文档中触发一个事件，而程序员则实现这些事件监听器，这些监听器负责处理这些事件，事件中包含了 XML 元素的内容。

SAX 应用程序处理过程如图 9-1 所示，当使用 SAX 应用程序把一个要解析的 XML 文件调入内存时，需要读取该 XML 文件，当读到一个标记时，就会触发一个事件，整个标记就是触发事件源，这时就会调用和该事件相应的方法来处理这个事件，即事件处理者(DefaultHander)。解析到不同的标记时会触发不同的事件。当解析到文档开始、开始标记、空白字符、标记内容、结束标记、文档结束等时，都会触发不同的事件，同时解析器就会调用和该事件相应的方法来处理这个事件。

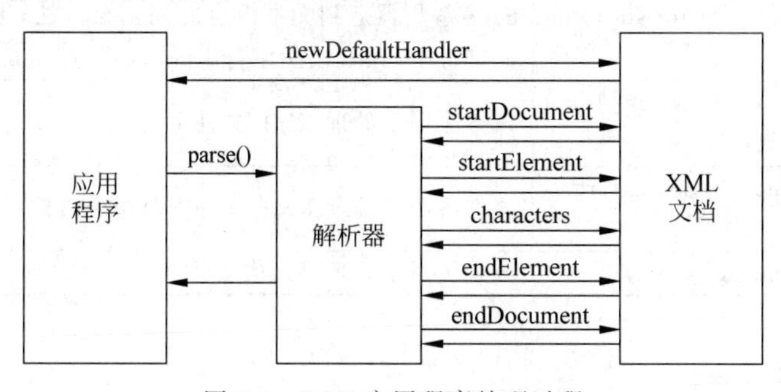

图 9-1　SAX 应用程序处理过程

9.2　SAX 接口及 SAX 解析器的使用

9.2.1　SAX 接口

在 SAX API 中有两个包，即 org. xml. sax 和 org. xml. sax. helper。其中 org. xml. sax 中主要定义了 SAX 的一些基础接口，如 XMLReader、ContentHandler、ErrorHandler、DTDHandler、EntityResolver 等；而在 org. xml. sax. helper 中则是一些方便开发人员使用的帮助类，如默认实现所有处理器接口的帮助类 DefaultHandler、方便开发人员创建 XMLReader 的 XMLReaderFactory 类等。常用的接口有以下几种。

1. ContentHandler 接口

定义了处理 XML 文档所能调用的事件方法,ContentHandler 接口中定义的常用方法如表 9-1 所示。

表 9-1 ContentHandler 接口的常用方法

方　法	描　述
voidstartDocument()	SAX 解析器开始解析 XML 文件时调用此方法,进行初始化操作
voidendDocument()	SAX 解析器完成 XML 解析时调用此方法,进行的善后操作
voidstartElement(String uri, String localName, String qName, Attributes atts)	SAX 解析器遇到开始标记时调用该方法,参数 uri 表示名称空间,localName 表示标记名,qName 表示前缀名加上标记名,atts 表示属性参数列表
voidendElement(String uri, String localName, String qName)	SAX 解析器遇到结束标记时调用该方法,参数 uri 表示名称空间,localName 表示标记名,qName 表示前缀名加上标记名
voidstartPrefixMapping(String prefix, String uri)	设置 SAX 解析器支持名称空间,遇到名称空间调用此方法,参数 prefix 表示名称空间的前缀,uri 表示名称空间的名字
voidendPrefexMapping(String prefix)	一个名称空间的作用域结束调用该方法
voidcharacters(char[ ] ch, int start, int length)	SAX 解析器遇到文本内容时调用该方法,参数 ch[]表示遇到的字符串,start 表示字符串的起始位置,length 表示长度
voidignorableWhitespace(char ch[], int start, int length)	该方法用于处理 XML 文件中的空白
voidprocessingInstruction(String target, String data)	该方法用于处理 XML 文件中的指令事件
voidskippedEntity(String name)	该方法用于处理跳过的实体

2. DTDHandler 接口

定义了解析 DTD 时所能调用的事件方法,DTDHandler 接口中定义的常用方法如表 9-2 所示。

表 9-2 DTDHandler 接口的常用方法

方　法	描　述
voidnotationDecl(String name, String publicId, String systemId)	SAX 解析器遇到符号命令描述时调用该方法,参数 name 表示符号名称,publicId 表示公用识别符,systemId 表示系统识别符
voidunparsedEntityDecl(String name, String publicId, String systemId, String notationName)	当 SAX 解析器遇到不能解析的实体时调用该方法,参数 notationName 表示实体名,其他参数含义同上

3. EntityResolver 接口

用来处理调用外部实体事件,接口只有一个方法:

```
public InputSource resolveEntity(String publicId, String systemId);
```

解析器将在打开外部实体前调用此方法。此类实体包括在 DTD 内引用的外部 DTD 子集、外部参数实体和在文档标记内引用的外部通用实体等。

4. ErrorHandler 接口

ErrorHandler 接口是 SAX 错误处理程序的基本接口，用于处理 XML 文件中所出现的各种错误事件。

5. Attrbutes 接口

用于得到属性的个数、名字和值。

6. XMLReader 接口

用于解析 XML 文档。任何兼容 SAX2 的解析器都要实现这个接口，这个接口让应用程序可以设置或查找 features 和 properties、注册各种事件处理器以及开始解析文档。

7. Locator 接口

为了定位解析中产生的内容事件在文档中的位置而准备的一个定位器接口。

8. XMLFilter 接口

提供了一个方便应用开发的过滤器接口。

9.2.2　SAX 解析器的使用

SAX 接口提供了解析 XML 文档的 API，基于 SAX 接口的解析器称为 SAX 解析器，SAX 解析器的核心是事件处理机制。

1. SAX 编程步骤

(1) 使用 javax. xml. parsers 包中 SAXParserFactory 类调用方法 newInstance 实例化一个解析器工厂对象。

```
SAXParserFactory factory = SAXParserFactory.newInstance();
```

(2) Factory 对象调用 newnewSAXParser ()方法，创建一个 SAXParser 对象，也可以称为 SAX 解析器。

```
SAXParser saxParser = factory.newSAXParser();
```

(3) 解析器创建完成后，就调用 parse()方法解析 XML 文件。

```
public void parse(File f,DefaultHandler dh)throws SAXEception,IOException
```

DefaultHandler 类或它的子类的对象称为 SAX 解析器的事件处理器。事件处理器可以接收解析器报告的所有事件，处理所发现的数据。DefaultHandler 类实现了 ContentHandler 接口、DTDHandler 接口、EntityResolver 接口和 ErrorHandler 接口。

实际上实现上面任意一个接口的类的对象都是事件处理器对象，但是，实现接口就必须实现其中的所有方法，即使是用不到的方法也要将其实现，增加了程序开发的工作量，为了克服这一缺点，DefaultHandler 类实现了上述 4 个接口，包含了这 4 个接口的所有方法，方法都是一种空实现，即方法体中没有任何语句。所以在编写事件处理程序时，可以不用直接实现这 4 个接口，而直接继承 DefaultHandler 类，然后重写需要的方法。

SAX 解析器遇到一个事件后，会向事件处理器报告一个相应的事件，事件处理器就会调用接口中相应的方法来处理该事件。由于接口中定义的处理事件的方法没有任何具体的处理语句，所以在编写事件处理程序时，必须按照自己的需要重写处理方法。对于不需要处理的事件，可以不用重写对应的处理方法，处理器会按照默认的方法进行处理(不做任何处理)。

比如，SAX 解析器遇到 XML 文档一个元素的开始标记时，就将发现的数据封装成一个标记开始事件，并报告给事件处理器，事件处理器就会知道发生了标记开始事件，然后调用 void startElement(String uri, String localName, String qName, Attributes atts)方法，其中参数 uri 表示名称空间，localName 表示标记名，qName 表示前缀名加上标记名，atts 表示属性参数列表。

2. SAX 解析 XML 文档

本节将主要介绍 SAX 解析器对 XML 文档的解析方式，创建以下 XML 文件：

文件 9-2-2-1. xml

```
<?xml version = "1.0" encoding = "gb2312" standalone = "no"?>
<?xml - stylesheet type = "text/xsl" href = "1.xsl" ?>
<会员 卡号 = "SY102030">
    <姓名 性别 = "女" 生日 = "1986 - 02 - 15">张红</姓名>
    <家庭住址>金地滨河小区 2 号楼 203 室</家庭住址>
    <手机> 13233339999 </手机>
    <积分> 120 </积分>
</会员>
```

使用 Eclipse 编辑器解析 XML 文档的 Java 程序，代码如下：

文件 Example1. java

```
package com.sax;
import javax.xml.parsers.*;
import org.xml.sax.helpers.*;
import org.xml.sax.*;
import java.io.*;
public class Example1 {
    public static void main(String[ ] args) {
        try {
            SAXParserFactory factory = SAXParserFactory.newInstance();
            SAXParser saxParser = factory.newSAXParser();
            MyHandler1 handler = new MyHandler1();
            saxParser.parse(new File("9 - 2 - 2 - 1.xml"), handler);
```

```
            System.out.println("该 XML 文件共触发了" + handler.count + "个事件");
        } catch (Exception e) {
            System.out.println(e);
                }
            }
    }
    class MyHandler1 extends DefaultHandler {
        int count = 0;
        public void startDocument() {
            System.out.println("开始解析 XML 文件");
                count++;
            }
        public void endDocument() {
        System.out.println("解析文件结束");
        count++;
    }
    public void startElement(String uri, String localName, String qName,Attributes atts) {
        System.out.println("<" + qName + ">");
        count++;
    }
    public void endElement(String uri, String localName, String qName) {
        System.out.println("<" + qName + ">");
        count++;
    }
    public void characters(char[] ch, int start, int length) {
        String text = new String(ch, start, length);
        System.out.println(text);
        count++;
    }
}
```

编译并执行 Java 程序，在控制台输出结果如图 9-2 所示。

SAX 解析器在调用 parse()方法过程中，事件处理器共处理了 21 个事件。

(1) 发现 XML 文件，触发文件开始事件，监听器调用 startDocument()方法处理。

(2) 发现<会员>的开始标记，触发开始标记事件，监听器调用 startElement()方法处理。

(3) 发现<会员>和<姓名>之间的空白符号，触发文本事件，监听器调用 characters 方法处理。

(4) 发现<姓名>的开始标记，触发开始标记事件，监听器调用 startElement()方法处理。

(5) 发现<姓名>标记的文本内容，触发文本事件，监听器调用 characters 方法处理。

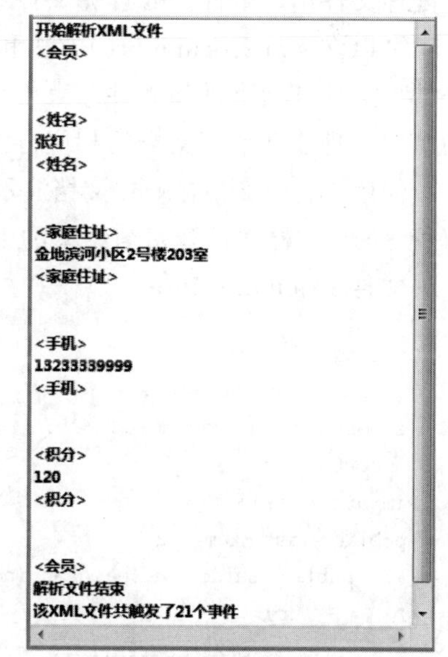

图 9-2 SAX 解析 XML 文档

(6) 发现<姓名>的结束标记，触发结束标记事件，监听器调用 endElement()方法处理。

(7) 发现<姓名>和<家庭住址>之间的空白符号,触发文本事件,监听器调用 characters 方法处理。

(8) 发现<家庭住址>的开始标记,触发开始标记事件,监听器调用 startElement()方法处理。

……

(21) 发现 XML 文件结束,触发文件结束事件,调用 endDocument()方法处理。

9.3 使用 SAX 解析 XML 文档

SAX 解析器的核心是事件处理机制,使用 SAX 解析 XML 文档时,涉及解析器和事件处理器两部分。解析器负责读取 XML 文档,并向事件处理器发送事件,事件处理器负责对事件做出响应,对传递的 XML 数据进行处理。

9.3.1 处理文件开始与结束

一个 XML 文件只能有一个开始和一个结束,因此,SAX 解析器在解析 XML 文件时,只能向事件处理器报告一次文件开始事件和一次文件结束事件。

解析器在解析 XML 文件时,首先报告文件开始(startDocument)事件,事件处理器就会调用 startDocument()方法处理该事件。

处理器处理完开始事件后,解析器再陆续报告其他事件,如 startElement 事件、endElement 事件等。

最后报告的事件是文件结束(endDocument)事件,事件处理器调用 endDocument()方法处理文件结束事件。处理完文件结束事件表示文件解析结束。

可以在 startDocument()方法和 endDocument()方法内按照自己的想法添加处理语句来处理文件开始事件和文件结束事件。如果不想做任何处理,可以不用重写相应的方法,因为事件处理器会继承父类的相应方法,方法内没有任何处理语句。

使用文件 9-2-2-1.xml 文档演示解析器处理文件开始与结束。在 Eclipse 环境中创建解析 XML 文档文件开始与结束的 Java 程序。

文件 Example2.java

```
package com.sax;
import javax.xml.parsers.*;
import org.xml.sax.helpers.*;
import org.xml.sax.*;
import java.io.*;
public class Example2 {
    public static void main(String args[]) {
        try {
            SAXParserFactory factory = SAXParserFactory.newInstance();
            SAXParser saxParser = factory.newSAXParser();
            File file = new File("9-2-2-1.xml");
```

```
            MyHandler2 handler = new MyHandler2(file);
            saxParser.parse(file, handler);
        } catch (Exception e) {
            System.out.println(e);
        }
    }
    }
class MyHandler2 extends DefaultHandler {
        File file;
        long starttime, endtime;
        public MyHandler2(File f) {
            file = f;
        }
        public void startDocument() {
        starttime = System.currentTimeMillis();
        System.out.println("文件所在路径是" + file.getAbsolutePath());
        System.out.println("文件名为" + file.getName());
        System.out.println("开始解析 XML 文件----------");
    }
    public void endDocument() {
        try {
            Thread.sleep(2000);
            } catch (InterruptedException e) {
                e.printStackTrace();
            }
            System.out.println("解析 XML 文件结束----------");
            endtime = System.currentTimeMillis();
            System.out.println("文件解析共花费" + (endtime - starttime) / 1000 + "秒");
    }
}
```

编译并执行 Java 程序，在控制台输出结果如图 9-3 所示。

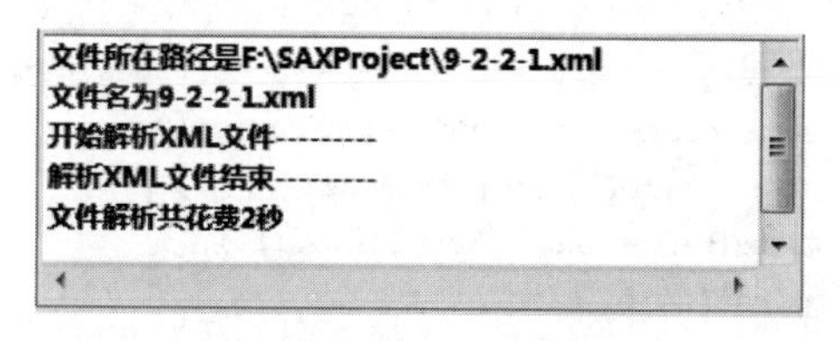

图 9-3 处理文件开始与结束

当 SAX 解析器解析 XML 文件时，首先使用代码 SAXParserFactory factory = SAXParserFactory. newInstance()；创建 SAXParserFactory 类的实例 factory，然后使用代码 SAXParser saxParser=factory. newSAXParser()；创建 SAXParser 类的实例 saxParser，代码 saxParser. parse(file, handler)；进行 XML 文档的解析。MyHandler2 类为事件处理器，处理"文件开始"与"文件结束"事件。

MyHandler2 类继承 DefaultHandler 类，并实现了 startDocument()和 endDocument()方法，在两个方法中输出了文件路径、XML 文件名以及解析时间等信息。

9.3.2 处理指令

XML 的处理指令是指 XML 文件中用“<?”和“?>”括起来的部分，用于作为某些信息的提示。例如：

```
<?xml version = "1.0" encoding = "gb2312"?>
<?xml - stylesheet type = "text/xsl" href = "***.xsl"?>
```

当 SAX 解析器处理 XML 文件时，如果发现 XML 文档中的处理指令，会报告一个“处理指令”事件给事件处理器，事件处理器会调用下面的方法进行处理：

```
public void processingInstruction( String target, String data) throws SAXEception;
```

说明：参数 target 表示指令的名称；参数 data 表示处理指令所包含的内容。

上面两条处理指令的参数对应关系是：

① target 对应于“xml”和“xml-stylesheet”；

② data 对应于 version="1.0" encoding="gb2312"和 type="text/xsl" href="***.xsl "。

注意：SAX 解析器不报告 XML 声明给事件处理器，即不报告处理指令。

使用文件 9-2-2-1.xml 演示解析器解析处理指令。在 Eclipse 环境中创建解析 XML 处理指令的 Java 程序。

文件 Example3.java

```
package com.sax;
import java.io.File;
import javax.xml.parsers.SAXParser;
import javax.xml.parsers.SAXParserFactory;
import org.xml.sax.helpers.DefaultHandler;
public class Example3 {
    public static void main(String args[ ]) {
        try {
            SAXParserFactory factory = SAXParserFactory.newInstance();
            SAXParser saxParser = factory.newSAXParser();
            File file = new File("9 - 2 - 2 - 1.xml");
            MyHandler3 handler = new MyHandler3(file);
            saxParser.parse(file, handler);
        } catch (Exception e) {
            System.out.println(e);
            }
        }
    }
    class MyHandler3 extends DefaultHandler {
        File file;
        public MyHandler3(File f) {
            file = f;
        }
        public void processingInstruction(String target, String data) {
            System.out.println("处理指令的名称" + target);
            System.out.println("处理指令的内容" + data);
```

```
        }
    }
```

编译并执行 Java 程序,在控制台输出结果如图 9-4 所示。

图 9-4　解析处理指令

当 SAX 解析器处理 XML 文件时,首先触发"文件开始"事件,然后触发"处理指令"事件,事件处理器对处理指令事件做出相应处理,即 processingInstruction(String target, String data)方法被调用,输出参数 target 和 data 的值,其他事件均没有处理,直接交给其父类 DefaultHandler 去处理。从输出结果可以看出,声明处理指令<? xml version="1.0" encoding="gb2312" standalone="no"?>没有触发"处理指令"事件,只有<? xml-stylesheet type="text/xsl" href="1.xsl" ?>触发了"处理指令"事件。

9.3.3　处理开始和结束标记

当解析器遇到开始标记时会报告给处理器一个标记开始事件,处理器就会调用下面的方法处理:

```
void startElement(String uri,String localName,String qName,Attributes attributes);
```

各参数的意义如下。

① uri:如果解析器支持名称空间,uri 表示名称空间,若没有名称空间,uri="";如果解析器不支持名称空间,uri=""。

② localName:如果解析器支持名称空间,localName 表示标记的名称;如果解析器不支持名称空间,localName =""。

③ qName:如果标记带有名称空间前缀,qName 表示带有前缀的标记名称;如果标记没有名称空间前缀,qName 表示标记名称。

④ attributes:表示标记的全部属性列表。

处理器执行完该方法后,就会处理其他事件,如"文本开始"等事件。因为标记一定有相应的结束标记,所以当解析器遇到结束标记时会报告给处理器一个标记结束事件,处理器就会调用下面的方法处理:

```
void endElement(String uri,String localName,String qName);
```

各参数的意义同 startElement 方法中的参数。

对于 XML 文件中的空标记,解析器也会报告标记开始事件和标记结束事件。

使用文件 9-2-2-1.xml 演示解析器处理开始和结束标记。在 Eclipse 环境中创建处理 XML 文档开始和结束标记的 Java 程序如下:

文件 Example4. java

```
package com.sax;
import javax.xml.parsers.*;
import org.xml.sax.helpers.*;
import org.xml.sax.*;
import java.io.*;
public class Example4 {
    public static void main(String args[]) {
        try {
            SAXParserFactory factory = SAXParserFactory.newInstance();
            SAXParser saxParser = factory.newSAXParser();
            MyHandler4 handler = new MyHandler4();
            saxParser.parse(new File("9-2-2-1.xml"), handler);
        } catch (Exception e) {
            System.out.println(e);
            }
        }
    }
class MyHandler4 extends DefaultHandler {
    int count = 0;
    public void startElement(String uri, String localName, String qName,Attributes atts) {
        count++;
        System.out.print("<" + qName + " ");
            for (int k = 0; k < atts.getLength(); k++) {
            System.out.print(atts.getLocalName(k) + " = ");
            System.out.print("\"" + atts.getValue(k) + "\"");
        }
        System.out.println(">");
    }
    public void endElement(String uri, String localName, String qName) {
        System.out.println("</" + qName + ">");
    }
    public void endDocument() {
        System.out.println("解析文件结束一共有" + count + "标记");
    }
}
```

编译并执行 Java 程序,在控制台输出结果如图 9-5 所示。

```
<会员 卡号="SY102030">
<姓名 性别="女"生日="1986-02-15">
</姓名>
<家庭住址 >
</家庭住址>
<手机 >
</手机>
<积分 >
</积分>
</会员>
解析文件结束一共有5标记
```

图 9-5 解析开始和结束标记

当解析器发现一个开始标记时,startElement()将被调用一次,计数变量 count 值加 1,输出开始标记名称,在 for 循环中,将标记的所有属性输出,代码 atts. getLocalName(k)和 atts. getValue(k)可以获取属性名和属性值。当解析器发现一个结束标记时,endElement()将被调用一次,输出结束标记名称。当解析器发现文档结束标记时,endDocument()方法将被调用,输出了 XML 文档中的标记数量。

9.3.4 处理文本

当解析器遇到 XML 文件中的文本内容时，会报告给事件处理器一个 characters 事件，事件处理器就会调用下面的方法处理：

```
void characters(char [] ch,int start,int length) ;
```

各参数的意义如下：

① ch：一个字符数组，用于存放文本数据。

② start：表示数组存放字符的起始位置。

③ length：表示字符的个数。

解析器会把 XML 文件中的空白视为 characters 事件报告给处理器处理。

使用文件 9-2-2-1.xml 演示解析器解析处理指令。在 Eclipse 环境中创建处理 XML 文本的 Java 程序。

文件 Example5.java

```
package com.sax;
import javax.xml.parsers.*;
import org.xml.sax.helpers.*;
import org.xml.sax.*;
import java.io.*;
public class Example5 {
    public static void main(String args[]) {
    try {
        SAXParserFactory factory = SAXParserFactory.newInstance();
        SAXParser saxParser = factory.newSAXParser();
        MyHandler5 handler = new MyHandler5();
        saxParser.parse(new File("9-2-2-1.xml"), handler);
    } catch (Exception e) {
        System.out.println(e);
            }
        }
    }
    class MyHandler5 extends DefaultHandler {
        boolean isName = false, isTel = false;
         public void startElement ( String uri, String localName, String qName, Attributes
atts) {
            if (qName.endsWith("姓名"))
                isName = true;
            if (qName.equals("手机"))
                isTel = true;
            }
            public void characters(char[] ch, int start, int length) {
                String text = new String(ch, start, length);
                String str = text.trim();
                if (isName == true){
                    System.out.print("\n现在解析的是姓名标记中的文本:" + str);
                    isName = false;
```

```
                }
            if (isTel == true){
        System.out.print("\n 现在解析的是手机标记中的文本:" + str);
        isTel = false;
        }
    }
}
```

现在解析的是姓名标记中的文本：张红
现在解析的是手机标记中的文本：13233339999

图 9-6 处理文本

编译并执行 Java 程序，在控制台输出结果如图 9-6 所示。

在程序中，重写了 startElement()方法和 characters()方法，在 startElement()方法中，首先判断标记名称是否为<姓名>或<手机>，若是则将标志变量 isName 或 isTel 设置为真，当解析器处理文本事件时，只有当前标记是<姓名>或<手机>时，才输出其文本内容。

9.3.5 处理空白

在 XML 文件中，标记之间的缩进区域都是为了使 XML 文件看起来更加美观，但是解析器却把它们作为文本数据来处理。在处理文本事件时，会调用 characters()方法来处理，同时一并处理文本之间的空白字符，这样会延长整个程序的执行时间。例如，在以下标记中，存在很多空白字符。

```
<姓名>
张红
</姓名>
```

<姓名>和"张红"之间，"张红"和</姓名>之间都存在着空白字符，解析器都会报告文本事件给处理器。

如果不希望解析器调用 characters()方法处理空白字符，那么 XML 文档必须是有效的，且其关联的 DTD 必须规定 XML 文档不能有混合内容，此时，只需要在处理器中重写 ignorableWhitespace()方法即可。解析器在遇到空白时，就会向处理器报告 ignorableWhitespace 事件，事件处理器调用下面的方法处理：

```
public void ignorableWhitespace(char[ ] ch, int start, int length) throws SAXException;
```

将文件 9-2-2-1. xml 文档增加 DTD 验证，创建以下 XML 文件：

文件 9-3-5-1. xml

```
<?xml version = "1.0" encoding = "gb2312" standalone = "no"?>
<?xml - stylesheet type = "text/xsl" href = "1.xsl"?>
<!DOCTYPE 会员 [
    <!ELEMENT 会员 (姓名,家庭住址,手机,积分)>
    <!ELEMENT 姓名 (#PCDATA)>
    <!ELEMENT 家庭住址 (#PCDATA)>
    <!ELEMENT 手机 (#PCDATA)>
    <!ELEMENT 积分 (#PCDATA)>
```

```
    <!ATTLIST 会员
        卡号 CDATA #REQUIRED
    >
    <!ATTLIST 姓名
        性别 CDATA #REQUIRED
        生日 CDATA #REQUIRED
    >
]>
<会员 卡号 = "SY102030">
    <姓名 性别 = "女" 生日 = "1986 - 02 - 15">张红</姓名>
    <家庭住址>金地滨河小区 2 号楼 203 室</家庭住址>
    <手机> 13233339999 </手机>
    <积分> 120 </积分>
</会员>
```

使用 Eclipse 编辑器创建处理空白的 Java 程序如下：

文件 Example6. java

```
package com.sax;
import java.io.File;
import javax.xml.parsers.SAXParser;
import javax.xml.parsers.SAXParserFactory;
import org.xml.sax.helpers.DefaultHandler;
public class Example6 {
    public static void main(String args[ ]) {
        try {
            SAXParserFactory factory = SAXParserFactory.newInstance();
            SAXParser saxParser = factory.newSAXParser();
            MyHandler6 handler = new MyHandler6();
            saxParser.parse(new File("9 - 3 - 5 - 1.xml"), handler);
        } catch (Exception e) {
            System.out.println(e);
            }
        }
    }
    class MyHandler6 extends DefaultHandler {
        int count = 0;
        public void ignorableWhitespace(char[ ] ch, int start, int length) {
            count++;
            System.out.println("第" + count + "个空白区");
        }
        public void endDocument() {
            System.out.println("解析文件结束报告了" + count + "次空白");
        }
}
```

编译并执行 Java 程序，在控制台输出结果如图 9-7 所示。

在程序中重写了 ignorableWhitespace()和 endDocument()方法，在 ignorableWhitespace()方法中，使用 count++；统计了空白次数，在 endDocument()方法中，输出了总共的空白次数。

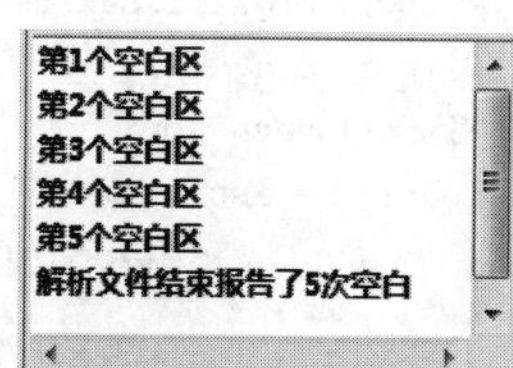

图 9-7　处理空白

本例中使用的是内部 DTD,当然使用外部 DTD 来定义 XML 文档也可以。如果没有 DTD 来定义 XML 文档,本程序报告的空白次数为 0,说明只有使用 DTD 来定义 XML 文档的时候,ignorableWhitespace()方法才会被调用。

9.3.6 处理命名空间

XML 规范提供了命名空间机制,用来解决元素或属性命名冲突的问题。命名空间包括前置命名法和默认命名法。处理命名空间需要设置 SAX 解析器支持命名空间。

```
factory.setNamespaceAware(true);
```

SAX 解析器在遇到命名空间时会向处理器报告命名空间开始事件,事件处理器再调用下面的方法处理:

```
void startPrefixMapping(String prefix,String uri);
```

说明:prefix 表示命名空间的前缀,如果没有前缀,则 prefix=""; uri 表示命名空间的名字。

在命名空间的作用域结束之后,解析器会向处理器报告命名空间结束事件,事件处理器调用下面的方法处理:

```
void endPrefixMapping(String prefix);
```

将文件 9-2-2-1.xml 增加前置命名空间,创建以下 XML 文件:

文件 9-3-6-1.xml

```
<?xml version = "1.0" encoding = "gb2312" standalone = "no"?>
<?xml - stylesheet type = "text/xsl" href = "1.xsl" ?>
< member:会员 xmlns:member = "http://www.member.net" member:卡号 = "SY102030">
    < member:姓名 member:性别 = "女" member:生日 = "1986 - 02 - 15">
        张红
    </member:姓名>
    < member:家庭住址>金地滨河小区 2 号楼 203 室</member:家庭住址>
    < member:手机> 13233339999 </member:手机>
    < member:积分> 120 </member:积分>
</member:会员>
```

使用 Eclipse 编辑器创建处理命名空间的 Java 程序:

文件 Example7.java

```
package com.sax;
import javax.xml.parsers.*;
import org.xml.sax.helpers.*;
import org.xml.sax.*;
import java.io.*;
public class Example7 {
    public static void main(String args[]) {
    try {
        SAXParserFactory factory = SAXParserFactory.newInstance();
        factory.setNamespaceAware(true);            // 设定可以解析名称空间
```

```
            SAXParser saxParser = factory.newSAXParser();
            MyHandler7 handler = new MyHandler7();
            saxParser.parse(new File("9-3-3-1.xml"), handler);
        } catch (Exception e) {
            System.out.println(e);
            }
        }
}
class MyHandler7 extends DefaultHandler {
    int count = 0;
    public void startPrefixMapping(String prefix, String uri)throws SAXException {
        count++;
        System.out.println("命名空间开始,前缀:" + prefix + " ");
        System.out.println("命名空间的名称:" + uri + " ");
    }
    public void endPrefixMapping(String prefix) throws SAXException {
        System.out.println("命名空间结束,前缀:" + prefix + " ");
    }
    public void endDocument() {
        System.out.println("解析文件结束,报告了" + count + "次命名空间");
    }
}
```

编译并执行 Java 程序，在控制台输出结果如图 9-8 所示。

在程序中，重写了 startPrefixMapping()、endPrefixMapping() 和 endDocument()方法。在 startPrefixMapping()方法中，输出了命名空间的前缀和名称；在 endPrefixMapping()中，输出了命名空间的前缀；在 endDocument()方法中，输出了命名空间的个数。

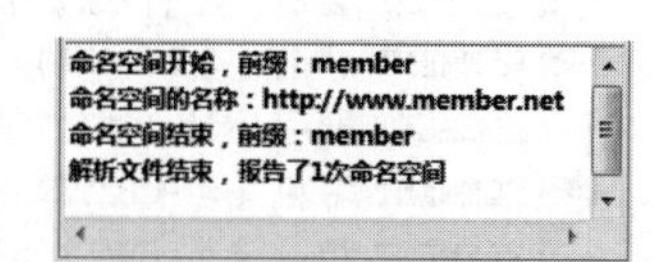

图 9-8　处理命名空间

9.3.7　处理实体

在 3.5 节中，讲解了实体的几种方式，SAX 解析器在遇到通用实体时会有以下两种情况需要处理。

① 内部通用实体。首先将实体引用替换为实体内容，然后再以文本数据事件报告给事件处理器，处理器调用 characters()方法处理。

② 外部通用实体。首先将实体引用替换为实体的内容，然后先向事件处理器报告一个实体事件，再报告一个文本数据事件，处理器先调用 resolveEntity()方法处理，然后再调用 characters()方法处理。

如果在 XML 文件中引用的实体在 DTD 中没有相关的定义，解析器在遇到该实体的时候不会解析该实体，并向事件处理器报告一个忽略实体事件，处理器调用 skippedEntity()方法处理。

处理外部通用实体事件的方法是：

```
InputSource resolveEntity(String publicId,String systemId);
```

参数含义如下。

① publicId：如果声明实体时使用的是 PUBLIC，则 publicId 是公用标识符；如果声明实体时使用的是 SYSTEM，则 publicId 是 null。

② systemId：表示外部实体的 uri。

处理忽略实体事件的方法是：

```
void skippedEntity(String name);
```

其中，参数 name 表示被忽略实体引用的名称。

创建以下文件并演示解析器处理实体的方式：

文件 9-3-7-1. xml

```
<?xml version = "1.0" encoding = "gb2312"?>
<!DOCTYPE 会员 PUBLIC " - //iso/member/EN" "9 - 3 - 7 - 1.dtd">
<会员 卡号 = "SY102030">
    <姓名>张红</姓名>
    <家庭住址> &city;金地滨河小区 2 号楼 203 室</家庭住址>
    <手机> 13233339999 </手机>
    <积分> 120 &total;</积分>
</会员>
```

文件 9-3-7-1. dtd

```
<?xml version = "1.0" encoding = "gb2312"?>
<!ELEMENT 会员 (姓名,家庭住址,手机,积分)>
<!ELEMENT 姓名 ( #PCDATA)>
<!ELEMENT 家庭住址 ( #PCDATA)>
<!ELEMENT 手机 ( #PCDATA)>
<!ELEMENT 积分 ( #PCDATA)>
<!ATTLIST 会员 卡号 CDATA #REQUIRED >
<!ENTITY city "辽宁沈阳">
<!ENTITY total PUBLIC " - //iso/market/EN" "total.txt">
```

文件 total. txt

```
金卡会员
```

使用 Eclipse 编辑器创建处理实体的 Java 程序，代码如下：

文件 Example8. java

```
package com.sax;
import javax.xml.parsers.*;
import org.xml.sax.helpers.*;
import org.xml.sax.*;
import java.io.*;
public class Example8 {
    public static void main(String args[]) {
        try {
            SAXParserFactory factory = SAXParserFactory.newInstance();
            factory.setNamespaceAware(true);
            SAXParser saxParser = factory.newSAXParser();
            MyHandler8 handler = new MyHandler8();
```

```
                saxParser.parse(new File("9 - 3 - 7 - 1.xml"), handler);
            } catch (Exception e) {
                System.out.println(e);
            }
        }
    }
    class MyHandler8 extends DefaultHandler {
        int count = 0;
        public InputSource resolveEntity(String publicId, String systemId) {
            count++;
            System.out.println(publicId);
            System.out.println(systemId);
            return null;
        }
        public void characters(char[ ] ch, int start, int length) {
            String text = new String(ch, start, length);
            System.out.println(text);
        }
        public void endDocument() {
            System.out.println("解析结束,报告了" + count + "个实体,包括 DOCTYPE 声明");
        }
    }
```

编译并执行 Java 程序,在控制台输出结果如图 9-9 所示。

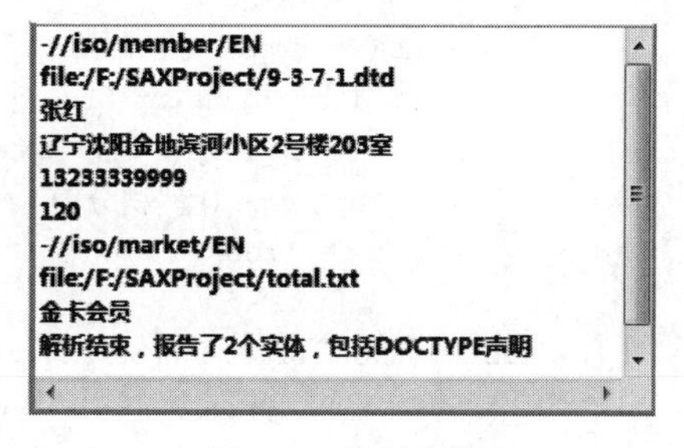

图 9-9　处理实体

在程序中,XML 文档中的<! DOCTYPE 会员 PUBLIC "-//iso/member/EN" "9-3-7-1. dtd">声明语句触发了实体事件,解析器会将 DOCTYPE 声明作为实体事件报告给事件处理器,处理器中的 resolveEntity()方法被调用,输出了结果窗口中的前 2 行,即 publicId 和 systemId 的值;XML 文档中的内部实体引用 &city;没有触发实体事件,而是实体引用替换为实体内容后触发文本事件,输出了结果窗口中的第 4 行;XML 文档中的外部实体引用 &total;触发了实体事件,所以 resolveEntity()方法被调用,输出了结果窗口中的 publicId 和 systemId 的值,实体引用替换为实体内容后,触发文本事件,输出了结果窗口中的"金卡会员"的外部实体的内容;最后 endDocument()方法被调用,输出了触发实体事件的次数。

9.3.8　SAX 异常处理

从前面的实例中可以看出,解析器在调用 parse()方法时,必须用 try-catch 语句来捕获 SAXException 异常,当 SAXException 异常发生时,解析器的 parse()方法结束执行,停止解析过程。实际上,DefaultHandler 类的方法都可以抛出 SAXException 异常,例如,事件处理器在调用 startElement()方法时,如果决定停止解析,就可以抛出 SAXException 异常,解析器将停止解析过程。

使用文件 9-2-2-1. xml 演示解析器异常处理过程。在 Eclipse 环境中创建处理 XML 文件异常的 Java 程序。

文件 Example9. java

```
package com.sax;
import java.io.File;
import javax.xml.parsers.SAXParser;
import javax.xml.parsers.SAXParserFactory;
import org.xml.sax.Attributes;
import org.xml.sax.SAXException;
import org.xml.sax.helpers.DefaultHandler;
public class Example9 {
    public static void main(String args[ ]) {
        try {
            SAXParserFactory factory = SAXParserFactory.newInstance();
            SAXParser saxParser = factory.newSAXParser();
            MyHandler9 handler = new MyHandler9();
            saxParser.parse(new File("9-2-2-1.xml"), handler);
        } catch (Exception e) {
            System.out.println(e);
            }
        }
}
class MyHandler9 extends DefaultHandler {
    boolean bo = false;
    boolean sa = true;
    public void startElement(String uri, String localName, String qName,Attributes atts) {
        System.out.print("<" + qName + ">");
        if (qName.equals("积分"))
            bo = true;
        }
    public void endElement(String uri, String localName, String qName) {
        System.out.print("<" + qName + ">");
    }
    public void characters(char[ ] ch, int start, int length)throws SAXException {
        String text = new String(ch, start, length);
        if (bo == true) {
            text = text.trim();
            int number = Integer.parseInt(text);
        if (number < 0) {
            sa = false;
        } else {
        sa = true;
        }
        if (sa == false) {
            throw new SAXException("数据不合理,停止解析");
        } else {
            System.out.print(text);
        }
        bo = false;
        } else {
```

```
            System.out.println(text);
        }
    }
}
```

将 9-2-2-1.xml 文档中的<积分>内容改为负数，如-120，编译并执行 Java 程序，在控制台输出结果如图 9-10 所示。

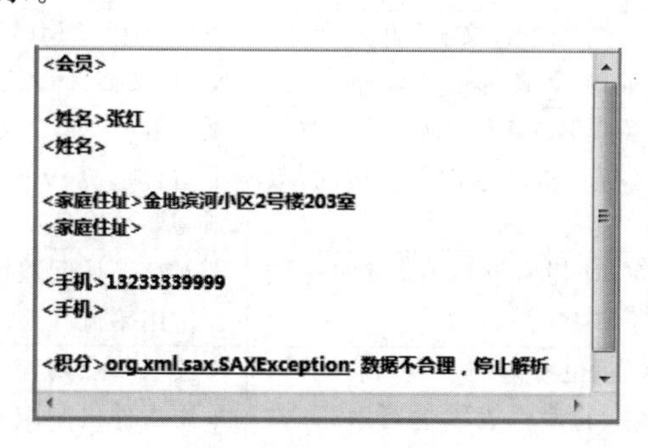

图 9-10 异常处理

在程序中，要求<积分>标记中的积分数据必须大于或等于零，不允许为负数。事件处理器在调用 characters()方法时，若发现积分数据小于零，就抛出 SAXException("数据不合理，停止解析")；异常，解析器收到 SAXException()异常，会停止 parse()方法的执行，不再报告任何事件给事件处理器。

在 characters()方法中，若发现小于零的积分数据，就将标志变量 sa 设置为 false，然后抛出 SAXException()；若积分数据大于或等于零，则正常解析。

9.4 SAX 与 DOM 技术比较

(1) DOM API 是一种基于对象的 API。实现 DOM 的 XML 解析器在内存中生成代表 XML 文档内容的一般对象模型。XML 解析器一旦完成解析，内存中也就有了一个同时包含 XML 文档的结构和内容信息的 DOM 对象树，而后对文档的操作都是在这个树状模型上完成的。通过这个模型，DOM 可以实现对 XML 文档的随机访问，这种访问方式可以任意控制 XML 文档中的内容。另外，这种树模型与 XML 文档结构相吻合，结构清晰，操作方便。

在内存中的 DOM 对象树将是文档实际大小的几倍，特别是对于大的 XML 文档或者结构复杂的 XML 文档，是极其耗费系统资源的，另外对其访问也将是十分耗时的工作，DOM 解析器对机器性能要求较高，实现效率不十分理想。

(2) SAX API 是基于事件驱动的 API。实现 SAX 的 XML 解析器根据解析到的 XML 文档的不同特征产生不同事件，然后根据触发的不同事件实现对 XML 文档的访问。由于事件触发是有序的，所以 SAX 提供的是一种顺序访问 XML 文档的机制，对于解析过的部分，不能再倒回去重新处理。SAX 之所以称为简易应用程序编程接口，是因为 SAX 解析器只做了简单工作，大部分工作需要应用程序来完成。SAX 解析器只是顺序检查 XML 文档，根据 XML 文档的结构触发不同事件，然后由应用程序-事件处理器自己处理事件。SAX 没有对象模型,内存消耗少,解析速度快,适合比较大的XML文档处理工作,另外对于只需要访问XML文档中的数据而不必对数据做更改的应用程序来说,SAX解析器的效率更高。

DOM和SAX两种技术的比较如表9-3所示。

表9-3 DOM和SAX两种技术的比较

方 法	DOM	SAX
速度	需要一次性装入整个XML文档,并将XML文档转换为DOM树,因此速度比较慢	顺序解析XML文档,无须一次装入整个XML文档,因此速度快
重复访问	将XML文档转换成DOM树之后,整个解析阶段DOM常驻内存,非常适合重复访问,效率很好	顺序解析XML文档,不保存已访问的数据,不适合重复访问。如果需要重复访问数据,则需要再次解析XML文档
内存要求	整个解析阶段DOM树常驻内存,对内存的要求高,内存占用率大	不保存已访问数据,对内存几乎没有要求,内存占用率低
修改	既可读取节点内容,也可修改节点内容	可读取节点内容,但无法修改节点内容
复杂度	完全采用面向对象的编程思维进行解析,整个XML文档转换为DOM树之后,以面向对象的方式来操作各Node对象	采用事件机制编程,SAX解析器负责触发事件,程序负责监听事件,并通过事件获取XML文档中的信息

通过对SAX和DOM的分析,它们各有自己的不同应用领域。

DOM适于处理下面的问题:

① 创建XML文档。

② 需要对文档进行修改。

③ 重复读取文档数据。

④ 需要随机对文档进行访问,如XSLT解析器。

SAX适于处理下面的问题:

① 对大型文档进行处理;

② 只需要文档的部分内容,或者只需要从文档中得到特定信息;

③ 想创建自己的对象模型时。

9.5 SAX综合实例

本节综合9.3节中讲解的SAX对XML文档的解析访问,结合Java的图形化界面,设计了一个SAX对XML文档解析的综合实例,使读者可以更加直观、形象地了解SAX对XML文档解析的编程方法。

9.5.1 设计思路

(1) 采用图形化界面显示SAX对XML文档的解析访问,确定需要演示的功能有以下几个。

① 处理文档开始:显示开始解析文档。

② 处理文档结束:显示解析文档结束。

③ 处理标记开始:显示标记开始及标记名称。

④ 处理标记结束：显示标记结束及标记名称。

⑤ 处理文本：显示文本。

⑥ 处理属性：显示所有属性。

（2）图形化界面采用 Java Swing 技术实现，主窗口类为 XMLSAXDemo，该类继承自 JFrame，负责显示 XML 文档内容以及解析后的显示结果。事件处理器类为 SAXHandler，SAX 对 XML 文档解析触发的事件均由 SAXHandler 处理，处理的事件有文档开始、文档结束、标记开始、标记结束、文本和属性。

9.5.2 具体功能实现方法

以 8-3-1-1. xml 文档为例，使用 SAX 解析器对文档处理。

SAXHandler. java

```
package com. . sax;
import org.xml.sax.Attributes;
import org.xml.sax.SAXException;
import org.xml.sax.helpers.DefaultHandler;
public class SAXHandler extends DefaultHandler {
      XMLSAXDemo xmlsaxdemo;
    public void startDocument() throws SAXException {
        xmlsaxdemo.jtadisplay.setText("开始解析 XML 文档\n");
    }
    public void endDocument() throws SAXException {
        xmlsaxdemo.jtadisplay.setText(xmlsaxdemo.jtadisplay.getText()
            + "解析 XML 文档结束");
    }
public void startElement (String uri, String localName, String qName, Attributes attributes)
throws SAXException {
        xmlsaxdemo.jtadisplay.setText(xmlsaxdemo.jtadisplay.getText() + "开始标记:"
                                  + qName);
        if (attributes.getLength() > 0) {
        String str = "";
        for (int i = 0; i < attributes.getLength(); i++)
            str += attributes.getQName(i) + ":" + attributes.getValue(i) + " ";
            xmlsaxdemo.jtadisplay.setText(xmlsaxdemo.jtadisplay.getText() + "( " + str +
")\n");
        } else {
            xmlsaxdemo.jtadisplay.setText(xmlsaxdemo.jtadisplay.getText() + "\n");
        }
    }
    public void endElement(String uri, String localName, String qName)
        throws SAXException {
        xmlsaxdemo.jtadisplay.setText(xmlsaxdemo.jtadisplay.getText() + "结束标记:"
                  + qName + "\n");
    }
    public void characters(char[ ] ch, int start, int length)
        throws SAXException {
        String str = new String(ch, start, length);
```

```
        xmlsaxdemo.jtadisplay.setText(xmlsaxdemo.jtadisplay.getText() + "元素内容:"
                + str.trim() + "\n");
    }
    public void setXMLSAXDemo(XMLSAXDemo xmlsaxdemo) {
        this.xmlsaxdemo = xmlsaxdemo;
    }
}
```

下面是综合实例解析 XML 文档的显示界面，如图 9-11 和图 9-12 所示。

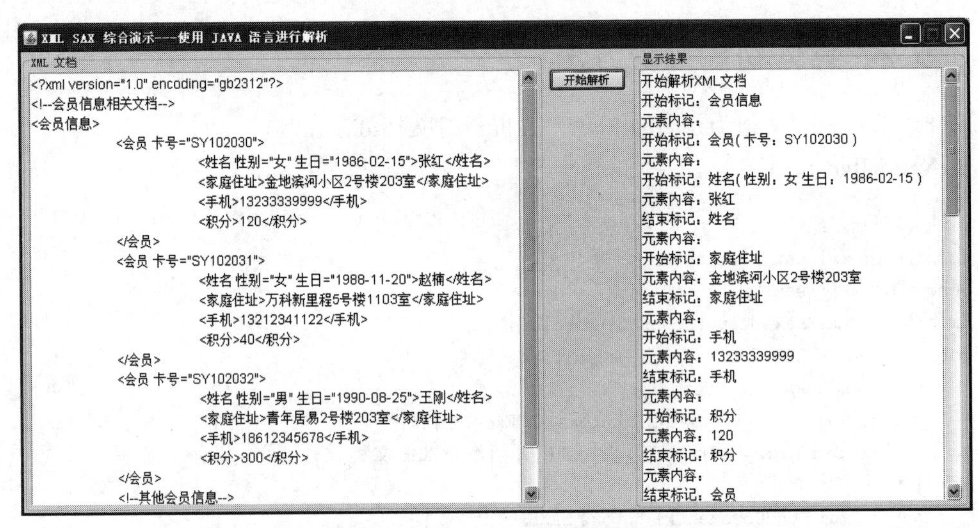

图 9-11　SAX 解析 XML 文档综合实例之一

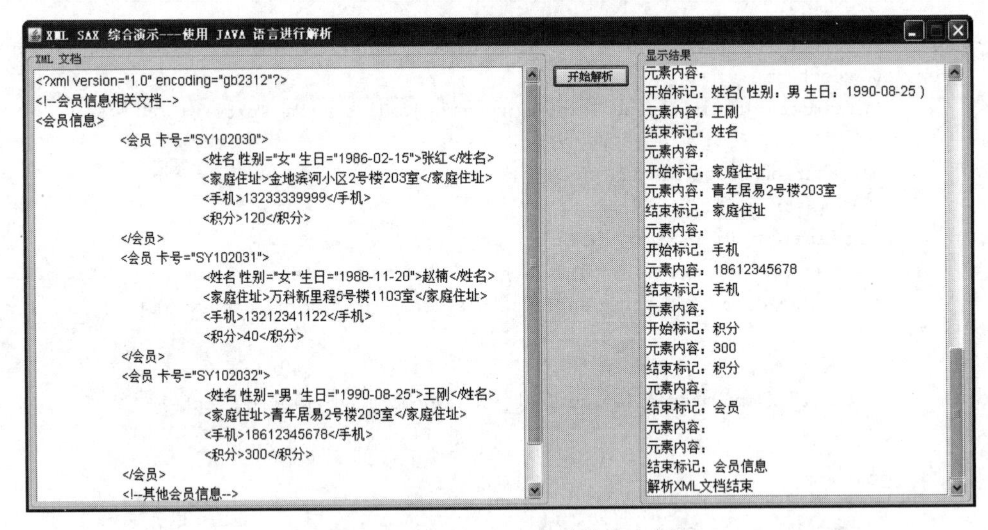

图 9-12　SAX 解析 XML 文档综合实例之二

在事件处理器 SAXHandler 类中，处理文档开始和文档结束对应的方法是 startDocument() 和 endDocument()，在这两个方法中，分别在主窗口类的显示结果文本区中显示两个字符串，即“开始解析 XML 文档”和“解析 XML 文档结束”；在处理标记开始的 startElement()

方法中，首先显示字符串“开始标记：”和标记名称，然后判断标记是否具有属性，若有属性则利用循环将所有属性输出；在处理标记结束的 endElement()方法中，输出“结束标记：”；在处理文本的 characters()方法中，将文本显示在主窗口类的显示结果文本区中。

9.6 小结

SAX 是 Simple API for XML，称为简易应用程序编程接口。它采用事件机制的方式来解析 XML 文档。使用 SAX 解析器对 XML 文档进行解析时，会触发一系列事件，这些事件将被相应的事件监听器监听，从而触发相应的事件处理方法，应用程序通过这些事件处理方法实现对 XML 文档的访问。

大多数的 SAX 都会实现以下几种类型的事件。

① 在文档的开始和结束时触发文档处理事件。

② 在文档内每一个 XML 元素都在接受解析的前后触发元素事件。任何元数据通常都是由单独的事件交付。

③ 在处理文档的 DTD 或 Schema 时产生 DTD 或 Schema 事件。

④ 错误事件用来通知主机应用程序解析错误。

SAX 接口提供了解析 XML 文档的 API，基于 SAX 接口的解析器称为 SAX 解析器，SAX 解析器的核心是事件处理机制。

常用的接口有以下几种。

① ContentHandler 接口：定义了处理 XML 文档所能调用的事件方法。

② DTDHandler 接口：定义了解析 DTD 时所能调用的事件方法。

③ EntityResolver 接口：用来处理调用外部实体事件。

④ ErrorHandler 接口：ErrorHandler 接口是 SAX 错误处理程序的基本接口，用于处理 XML 文件中所出现的各种错误事件。

⑤ Attrbutes 接口：用于得到属性的个数、名字和值。

⑥ XMLReader 接口：用于解析 XML 文档。

⑦ Locator 接口：为了定位解析中产生的内容事件在文档中的位置而准备的一个定位器接口。

⑧ XMLFilter 接口：提供了一个方便应用开发的过滤器接口。

DefaultHandler 类或它的子类的对象称为 SAX 解析器的事件处理器。事件处理器可以接收解析器报告的所有事件，处理所发现的数据。DefaultHandler 类实现了 ContentHandler 接口、DTDHandler 接口、EntityResolver 接口和 ErrorHandler 接口。

9.7 习题

1. 选择题

(1) 当 SAX 解析器解析到文档的开始标记时，会调用(　　)方法。

A. startElement()
B. startDocument()
C. startPrefixMapping()
D. setDocumentLocator()

(2) 当SAX解析器解析到标记之间的文本时,会调用(　　)方法。

A. startDocument()
B. characters()
C. ignorableWhitespace()
D. processingInstruction()

(3) 当SAX解析器解析到一条指令时,会调用(　　)方法。

A. processingInstruction()
B. skippedEntity()
C. unparsedEntityDecl()
D. startDocument()

(4) 当SAX解析器解析命名空间时,会调用(　　)方法。

A. resolveEntity()
B. characters()
C. skippedEntity()
D. startPrefixMapping()

(5) SAX解析器可能产生的异常是(　　)。

A. DOMException()
B. SAXException()
C. EOFException()
D. ArithmeticException()

2. 填空题

(1) SAX是Simple API for XML的英文缩写,其中文含义是________。

(2) SAX和________都是访问XML文档的API接口。

(3) 当SAX解析器解析文档结束时,会调用________方法。

(4) 要实现一个事件处理器需要继承________类,该类实现了ContentHandler接口、DTDHandler接口、EntityResolver接口和ErrorHandler接口。

(5) SAX解析器解析XML文档的核心机制是________。

3. 简答题

(1) 简述SAX的工作原理。

(2) SAX和DOM的各自优、缺点是什么?

(3) SAX解析XML文档遇到错误时如何处理?

(4) SAX解析XML文档时,文件、指令、元素和数据的解析次序是什么?

(5) 简述解析实体时的处理步骤。

4. 上机操作

(1) 根据以下的XML文档,编写处理文档开始和结束、标记开始和结束以及文本的Java程序。

```
<?xml version = "1.0" encoding = "gb2312"?>
<图书订单>
    <订单号> D87859697 </订单号>
    <订货时间> 2015 - 01 - 01 </订货时间>
    <客户姓名>张大年</客户姓名>
    <联系电话> 12345678 </联系电话>
    <邮寄地址>辽宁沈阳</邮寄地址>
```

```
    <书名 ISBN = "111"> XML 基础教程</书名>
    <书名> java </书名>
</图书订单>
```

(2) 根据以下的 XML 文档,编写处理实体的 Java 程序:

```
<?xml version = "1.0" encoding = "gb2312"?>
<!DOCTYPE 客户 SYSTEM "外部.dtd">
<会员>
    <姓名>王楠</姓名>
    <电话> 13340245678 </电话>
    < EMAIL > &Context;</EMAIL >
</会员>
```

外部.dtd 的内容为:

```
<?xml version = "1.0" encoding = "gb2312"?>
    <!ELEMENT 会员 (姓名,电话,EMAIL)>
    <!ELEMENT 姓名 (#PCDATA)>
    <!ELEMENT 电话 (#PCDATA)>
    <!ELEMENT EMAIL (#PCDATA)>
<!ENTITY Context SYSTEM "context.txt">
```

context.txt 的内容为:

```
wangnan@163.com
```

(3) 根据以下的 XML 文档,编写处理数据不合理,提前结束 SAX 解析过程的 Java 程序:

```
<?xml version = "1.0" encoding = "gb2312"?>
<班级>
    <学生>
        <姓名>张三</姓名>
        <高数成绩> 84 </高数成绩>
        <物理成绩> 45 </物理成绩>
        <英语成绩> - 77 </英语成绩>
        </学生>
    <学生>
    <姓名>李四</姓名>
        <高数成绩> 68 </高数成绩>
        <物理成绩> - 92 </物理成绩>
        <英语成绩> 48 </英语成绩>
    </学生>
</班级>
```

简易对象访问协议SOAP

内容导读

(SOAP)简易对象访问协议是一种轻量的、简单的、基于 XML 的协议,它被设计成在 Web 上交换结构化和固化的信息,SOAP 1.2 版在 2007 年 4 月 27 日成为 W3C 的推荐版本。

本章介绍 SOAP 的产生、发展历史,在对 SOAP 协议了解的基础上,详细介绍了 SOAP 协议中 SOAP 消息结构及所包含的 SOAP 元素,并在最后通过实际例子来讲述 SOAP 协议在跨平台服务调用及进行数据交换的应用,包括 Java 平台和.NET 平台。

本章要点

◇ 了解 SOAP 协议的概念和特点。

◇ 了解 SOAP 消息结构及 SOAP 元素。

◇ 了解 Web 服务创建方法。

◇ 掌握 Java 及.NET 平台使用 SOAP 协议调用 Web 服务的方法。

10.1 SOAP 概述

10.1.1 SOAP 定义

SOAP 是一种轻量的、简单的、基于 XML 的协议,它被设计成在 Web 上交换结构化和固化的信息。SOAP 可以和现存的许多因特网协议和格式结合使用,包括超文本传输协议(HTTP)、简单邮件传输协议(SMTP)、多用途网际邮件扩充协议(MIME),它还支持从消息系统到远程过程调用(RPC)等大量的应用程序。

10.1.2 SOAP 的意义

随着计算机技术的不断发展,现代企业面临的环境越来越复杂,其信息系统大多数为多平台、多系统的复杂系统。这就要求今天的企业解决方案具有广泛的兼容能力,可以支持不同的系统平台、数据格式和多种连接方式,要求在 Internet 环境下实现的系统是松散耦合的、跨平台的、与语言无关的、与特定接口无关的,而且要提供对 Web 应用程序的可靠访问。

随着异种计算环境的不断增加,各种系统间的互操作性就愈显得必要,要求系统能够无缝地进行通信和共享数据,从而在 Internet 环境下消除巨大的信息孤岛,实现信息共享、进行数据交换，达到信息的一致性。

目前的应用程序通过使用远程过程调用(RPC)，在如 DCOM 与 CORBA 等对象之间进行通信，但是 HTTP 不是为此设计的。RPC 会产生兼容性以及安全性问题；防火墙和代理服务器通常会阻止此类流量。

通过 HTTP 在应用程序间通信是更好的方法，因为 HTTP 得到了所有的因特网浏览器及服务器的支持。SOAP 就是被创造出来完成这个任务的。SOAP 提供了一种标准的方法，使得运行在不同的操作系统并使用不同的技术和编程语言的应用程序可以互相进行通信。

10.1.3 SOAP 发展及前景

SOAP(Simple Object Access Protocol)由 Dave Winer、Don Box、Bob Atkinson、Mohsen Al-Ghosein 于 1998 年设计，当时只是作为一种对象访问协议，SOAP 规范由万维网联盟的 XML 工作组维护。

W3C 于 2000 年 5 月 8 日发表了 SOAP 1.1 版本，具体规范发布在 http://www.w3.org/TR/SOAP/站点上。

2006 年 7 月 9 日推出了 SOAP 1.2 版本的建议草案，具体规范发布在 http://www.w3.org/TR/soap12/站点上，SOAP 1.2 版在 2007 年 4 月 27 日成为 W3C 的推荐版本。

SOAP 的推出是令人兴奋的，随着网络服务的不断发展，它将极大地改变我们的思考模式和开发模式。现在，已有许多大公司着手支持 SOAP 的开发，IBM 公司和 Microsoft 公司都发行了实现 SOAP 的第一批版本。IBM 公司启动了 Apache SOAP 项目计划，微软推出了 SOAPtoolkit 2.0 的正式版，主要特征包括 SOAP 的高层接口和低层接口、消息对象接口、完全支持 WSDL 1.1 标准、支持用户自定义类型映射，并且提供了丰富和完整的开发文档及应用实例。

10.2 SOAP 结构及语法

10.2.1 SOAP 消息结构

本节介绍了在 SOAP 消息中应该包含的 4 个元素。消息的基本结构如下：

```
<?xml version = "1.0"?>
< soap:Envelope xmlns:soap = "http://www.w3.org/2001/12/soap - envelope"
    soap:encodingStyle = "http://www.w3.org/2001/12/soap - encoding">
    < soap:Header >
    ...
    </soap:Header >
    < soap:Body >
    ...
        < soap:Fault >
    ...
        </soap:Fault >
```

```
    </soap:Body>
</soap:Envelope>
```

一条 SOAP 消息就是一个普通的 XML 文档,包含下列元素。

① 必需的 Envelope 元素,可把此 XML 文档标识为一条 SOAP 消息。

② 可选的 Header 元素,包含头部信息。

③ 必需的 Body 元素,包含所有的调用和响应信息。

④ 可选的 Fault 元素,提供有关在处理此消息所发生错误的信息。

10.2.2 SOAP 元素

1. Envelope 元素

SOAP Envelope 是一个计算机的程序代码,隶属消息的根元素。强制使用的 SOAP 的 Envelope 元素是 SOAP 消息的根元素,它可把 XML 文档定义为 SOAP 消息,实例如下:

```
<?xml version = "1.0"?>
< soap:Envelope xmlns:soap = http://www.w3.org/2001/12/soap - envelope
        soap:encodingStyle = "http://www.w3.org/2001/12/soap - encoding">
    ...
    Message information goes here
    ...
</soap:Envelope>
```

- xmlns: soap 命名空间。SOAP 消息必须拥有与命名空间 http://www.w3.org/2001/12/soap-envelope 相关联的一个 Envelope 元素。

如果使用了不同的命名空间,应用程序会发生错误,并抛弃此消息。

- encodingStyle 属性。SOAP 的 encodingStyle 属性用于定义在文档中使用的数据类型。此属性可出现在任何 SOAP 元素中,并会被应用到元素的内容及元素的所有子元素上。注意,SOAP 消息没有默认的编码方式。

2. Header 元素

SOAP Header 是 XML 标签,可包含有关 SOAP 消息的应用程序专用信息(如认证、支付等)。SOAP Header 元素是可选的。

如果 Envelope 中包含 Header 元素,则它必须是 Envelope 元素的第一个子元素。

注意: 所有 Header 元素的直接子元素必须是合格的命名空间。

```
<?xml version = "1.0"?>
< soap:Envelope xmlns:soap = "http://www.w3.org/2001/12/soap - envelope"
        soap:encodingStyle = "http://www.w3.org/2001/12/soap - encoding">
    < soap:Header >
        < m:Trans xmlns:m = "//www.situ.edu.cn/transaction/" > 234
        </m:Trans >
    </soap:Header >
        ...
</soap:Envelope >
```

上面的例子包含了带有 "Trans" 元素的头部，它的值是 234。

SOAP 在默认的命名空间中（"http://www.w3.org/2001/12/soap-envelope"）定义了 3 个属性。这 3 个属性是 actor、mustUnderstand 及 encodingStyle。这些定义了在 SOAP 头部的属性可定义容器如何对 SOAP 消息进行处理。

（1）mustUnderstand 属性。

SOAP 的 mustUnderstand 属性可用于标识标题项对于要对其进行处理的接收者来说是强制的还是可选的。可设置 mustUnderstand 为"0"或者"1"。

如果向 Header 元素的某个子元素添加 mustUnderstand="1"，则它可指示处理此头部的接收者必须认可此元素。假如此接收者无法认可此元素，则在处理此头部时必须失效。

实例如下：

```
<?xml version = "1.0"?>
< soap:Envelope xmlns:soap = "http://www.w3.org/2001/12/soap - envelope"
    soap:encodingStyle = "http://www.w3.org/2001/12/soap - encoding">
< soap:Header >?
    < m:Trans xmlns:m = "//www.w3cschool.cn/transaction/"
        soap:mustUnderstand = "1"> 234
            </m:Trans >
    </soap:Header > ...
</soap:Envelope >
```

（2）actor 属性。

SOAP 的 actor 属性可被用于将 Header 元素寻址到一个特定的端点。

实际通信过程中，并非 SOAP 消息的所有部分均打算传送到 SOAP 消息的最终端点，也许打算传送给消息路径上的一个或多个端点。

通过沿着消息路径经过不同的端点，SOAP 消息可从某个发送者传播到某个接收者。

实例如下：

```
<?xml version = "1.0"?>
< soap:Envelope
xmlns:soap = "http://www.w3.org/2001/12/soap - envelope"
soap:encodingStyle = "http://www.w3.org/2001/12/soap - encoding">
    < soap:Header >
        < m:Trans xmlns:m = "//www.situ.edu.cn/transaction/"
        soap:actor = "//www.situ.edu.cn/appml/"> 234
        </m:Trans >
    </soap:Header >
    ...
</soap:Envelope >
```

3. Body 元素

Body 元素是必需的，可以包含打算传送到消息最终端点的实际 SOAP 消息。

SOAP Body 元素的直接子元素可以是合格的命名空间。

以下是一个实例：

```
<?xml version = "1.0"?>
< soap:Envelope
xmlns:soap = "http://www.w3.org/2001/12/soap - envelope"
soap:encodingStyle = "http://www.w3.org/2001/12/soap - encoding">
    < soap:Body >
        < m:GetPrice xmlns:m = "//www.situ.edu.cn/prices">
            < m:Item > Orange </m:Item >
        </m:GetPrice >
    </soap:Body >
</soap:Envelope >
```

此例中，在 Body 元素的子元素中请求橘子的价格。注意，上面的 m：GetPrice 和 Item 元素是应用程序专用的元素。它们并不是 SOAP 标准的一部分。

与此请求相对应的 SOAP 响应应该类似这样：

```
<?xml version = "1.0"?>
< soap:Envelope
xmlns:soap = "http://www.w3.org/2001/12/soap - envelope"
soap:encodingStyle = "http://www.w3.org/2001/12/soap - encoding">
    < soap:Body >
        < m:GetPriceResponse xmlns:m = "//www.situ.edu.cn/prices">
            < m:Price > 1.90 </m:Price >
        </m:GetPriceResponse >
    </soap:Body >
</soap:Envelope >
```

4. Fault 元素

SOAP Fault 元素是 SOAP Body 元素内部的一个元素，用于指示错误消息。Fault 是可选的。

如果已提供了 Fault 元素，则它必须是 Body 元素的子元素，并且在一条 SOAP 消息中 Fault 元素只能出现一次。

SOAP 的 Fault 元素拥有的子元素如表 10-1 所示。

表 10-1 SOAP 的 Fault 元素的子元素

子元素	描 述
<faultcode>	供识别故障的代码
<faultstring>	可供人阅读的有关故障的说明
<faultactor>	有关是谁引发故障的信息
<detail>	存留涉及 Body 元素的应用程序专用错误信息

SOAP 的错误消息描述如表 10-2 所示。

表 10-2　SOAP 错误消息描述

错　误	描　述
VersionMismatch	SOAP Envelope 元素的无效命名空间被发现
MustUnderstand	Header 元素的一个直接子元素(带有设置为"1"的 mustUnderstand 属性)无法被理解
Client	消息被不正确地构成,或包含了不正确的信息
Server	服务器有问题,因此无法处理进行下去

10.2.3　SOAP HTTP Binding

1. SOAP HTTP 协议

SOAP 采用 HTTP 作为底层通信协议。HTTP 在 TCP/IP 之上进行通信。HTTP 客户机使用 TCP 连接到 HTTP 服务器。在建立连接之后,客户机可向服务器发送以下 HTTP 请求消息:

① POST /item HTTP/1.1;

② Host:189.123.255.239;

③ Content-Type:text/plain;

④ Content-Length:200。

随后服务器会处理此请求,然后向客户机发送一个 HTTP 响应。此响应包含了可指示请求状态的代码:

① 200 OK;

② Content-Type:text/plain;

③ Content-Length:200。

在上面的例子中,服务器返回了一个 200 的状态代码。这是 HTTP 的标准成功代码。假如服务器无法对请求进行解码,可能会返回类似以下的信息:

① 400 Bad Request;

② Content-Length:0。

2. SOAP HTTP Binding

SOAP 方法指的是遵守 SOAP 编码规则的 HTTP 请求/响应。

可以理解为:HTTP + XML = SOAP。SOAP 请求可能是 HTTP POST 或 HTTP GET 请求。HTTP POST 请求规定至少省两个 HTTP 头,即 Content-Type 和 Content-Length。

实例如下:

```
POST /item HTTP/1.1
Content - Type: application/soap + xml; charset = utf - 8
Content - Length: 250
```

① Content-Type。SOAP 的请求和响应的 Content-Type 头可定义消息的 MIME 类

型,以及用于请求或响应的 XML 主体的字符编码(可选)。

语法:Content-Type:MIMEType;charset=character-encoding

② Content-Length。SOAP 的请求和响应的 Content-Length 头规定请求或响应主体的字节数。

语法:Content-Length:bytes

10.3 SOAP 应用实践

本节以.NET 平台来新建 Web 服务,服务中发布一个 Login 方法,然后使用两种开发语言(Java 和 C#)分别通过使用 GET、POST、SOAP 方式调用这个 Login 服务方法。

10.3.1 Web 服务创建及发布

打开 VisualStudio 2015 开发工具,首先可以新建一个项目(Visual C# ——>ASP.NET Web 应用程序),或者新建一个网站(Visual C# ——>ASP.NET 空网站)。

下面以新建一个项目为例。项目名称为 WebService,具体操作如图 10-1 所示。

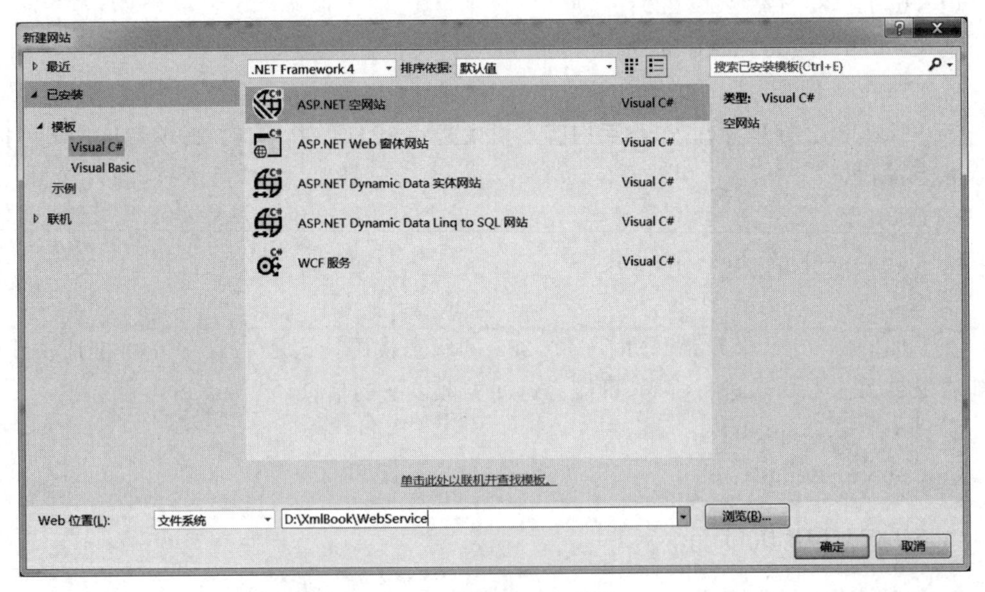

图 10-1 新建 Web 项目

在项目下添加一个 Web 服务(ASMX),命名为 LoginWS。添加后,文件里默认提供了一个 HelloWorld 的 Web 方法,在 HelloWorld 方法下面追加一个 Login 方法,通过账号、密码的验证模拟一个登录验证的过程,具体操作如图 10-2 所示。

创建 Web 服务代码:

文件 10-3-1-1.cs

```
public class LoginWS : System.Web.Services.WebService
{
```

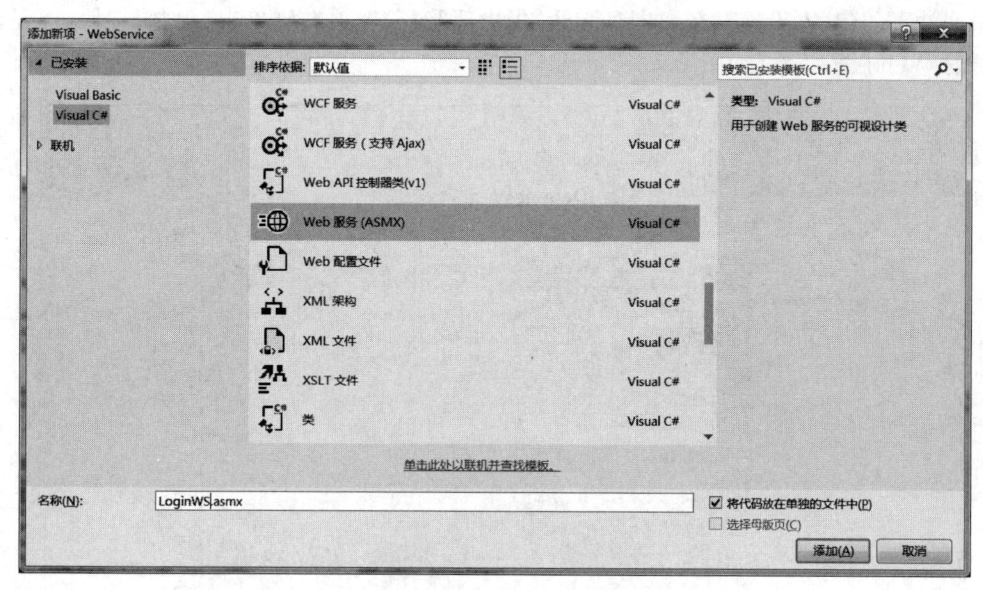

图 10-2　添加一个 Web 服务

```
    public CertificateSoapHeader soapHeader = new CertificateSoapHeader();
    public LoginWS()
    {
        //如果使用设计的组件,可取消注释以下行
        //InitializeComponent();
    }
    [WebMethod]
    public string HelloWorld()
    {
        return "Hello World";
    }
    [WebMethod]
    public string Login(string name, string pwd)
    {
        string tel = name.Trim().ToString();
        string psd = pwd.Trim().ToString();
        if (tel.Equals("admin") & psd.Equals("admin"))
        {
            return "Success";
        }
        else
        {
            return "False";
        }
    }
}
```

将新建的 Web 服务发布到 IIS(Internet 信息服务管理器),为了其他工程及客户端能够调用此方法,Windows 操作系统默认没有激活 IIS 服务器,需要手动重新安装,这里省略操作步骤。发布方法是:将选定默认的网站【Default Web Site】,然后在右侧操作栏里选择编辑网站下的【基本设置】,在弹出对话框的【物理路径】选项右侧单击【浏览】按钮(…)选择新建的 Web 服务工程,如图 10-3 所示。

图 10-3 Web 服务发布

发布成功后,通过单击右键网站内容【LoginWS. asmx】,选择【浏览】命令,或者通过打开浏览器并在地址栏里输入【http://localhost/LoginWS. asmx】,都可以查看 Web 服务发布是否正确。在浏览器中显示了该 Web 服务的两个方法,即【HelloWorld】和【Login】,表明服务发布成功。发布成功页面如图 10-4 所示。

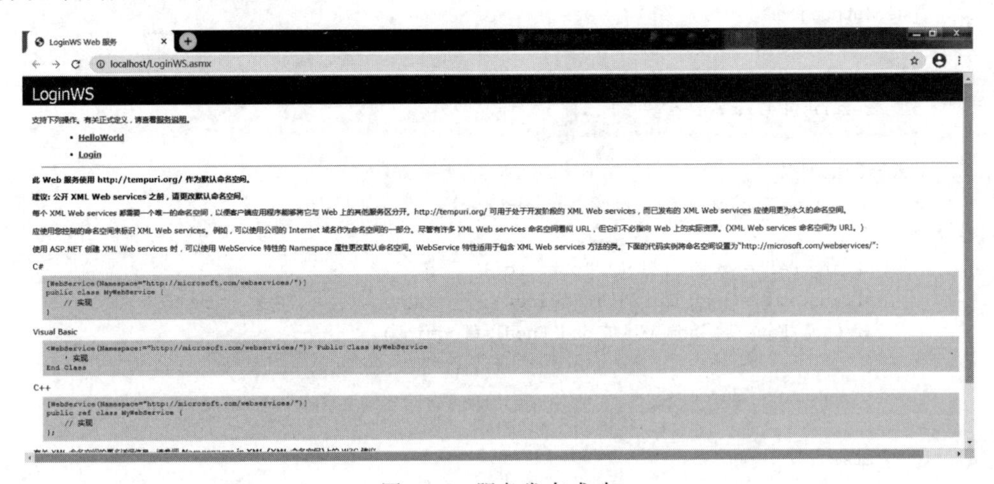

图 10-4 服务发布成功

单击 Login 链接跳转到 http://localhost/LoginWS. asmx? op=Login 页面。页面内会显示 SOAP、GET、POST 这 3 种方式调用的请求及响应示例,具体如下。

1. SOAP 1.1

以下是 SOAP 1.1 请求和响应示例。所显示的占位符需替换为实际值。

```
POST /LoginWS.asmx HTTP/1.1
Host: localhost
Content-Type: text/xml; charset=utf-8
Content-Length: length
SOAPAction: "http://tempuri.org/Login"

<?xml version="1.0" encoding="utf-8"?>
<soap:Envelope
xmlns:xsi=http://www.w3.org/2001/XMLSchema-instance xmlns:xsd="http://www.w3.org/2001/
XMLSchema" xmlns:soap="http://schemas.xmlsoap.org/soap/envelope/">
    <soap:Body>
        <Login xmlns="http://tempuri.org/">
            <name>string</name>[新5]
            <pwd>string</pwd>
        </Login>
    </soap:Body>
</soap:Envelope>

HTTP/1.1 200 OK
Content-Type: text/xml; charset=utf-8
Content-Length: length

<?xml version="1.0" encoding="utf-8"?>
<soap:Envelope
xmlns:xsi=http://www.w3.org/2001/XMLSchema-instance xmlns:xsd="http://www.w3.org/2001/
XMLSchema" xmlns:soap="http://schemas.xmlsoap.org/soap/envelope/">
    <soap:Body>
        <LoginResponse xmlns="http://tempuri.org/">
            <LoginResult>string</LoginResult>
        </LoginResponse>
    </soap:Body>
</soap:Envelope>
```

2. HTTP GET

以下是 HTTP GET 请求和响应示例。所显示的占位符需替换为实际值。

```
GET /LoginWS.asmx/Login?name=string&pwd=string HTTP/1.1
Host: localhost
HTTP/1.1 200 OK
Content-Type: text/xml; charset=utf-8
Content-Length: length

<?xml version="1.0" encoding="utf-8"?>
<string xmlns="http://tempuri.org/">string</string>
```

3. HTTP POST

以下是 HTTP POST 请求和响应示例。所显示的占位符需替换为实际值。

```
POST /LoginWS.asmx/Login HTTP/1.1
Host: localhost
Content-Type: application/x-www-form-urlencoded
Content-Length: length

name=string&pwd=string
HTTP/1.1 200 OK
Content-Type: text/xml; charset=utf-8
Content-Length: length

<?xml version="1.0" encoding="utf-8"?>
<stringxmlns="http://tempuri.org/">string</string>
```

10.3.2 Java 调用服务方法

1. SOAP 1.1

按照 SOAP 的请求示例，编写一个 SOAP 请求函数 sendSOAP，并使用以下方式调用并查看调用 Login 方法的返回值。

调用方法：

```
String resutlFSoap = RequestWebservice.sendSOAP("http://localhost/LoginWS.asmx");
System.out.println(resutlFSoap);
```

文件 10-3-2-1.java

```
public static String sendSOAP(String url) {
    //构造 soap 请求信息
    String soap = "<?xml version=\"1.0\" encoding=\"utf-8\"?>";
    soap += "<soap:Envelope
    xmlns:xsi=\"http://www.w3.org/2001/XMLSchema-instance\" xmlns:xsd=\"http://www.w3.
org/2001/XMLSchema\" xmlns:soap=\"http://schemas.xmlsoap.org/soap/envelope/\">";
    soap += "<soap:Body>";
    soap += "<Login xmlns=\"http://tempuri.org/\">";
    soap += "<name>admin</name>";
    soap += "<pwd>admin</pwd>";
    soap += "</Login>";
    soap += "</soap:Body>";
    soap += "</soap:Envelope>";

    PrintWriter out = null;
    BufferedReader in = null;
    StringBuilder result = new StringBuilder();
    try {
        URL realUrl = new URL(url);
        // 打开和 URL 之间的链接
        HttpURLConnection conn = (HttpURLConnection)realUrl.openConnection();
        // 设置通用的请求属性
        conn.setRequestProperty("accept", "*/*");
        conn.setRequestProperty("connection", "Keep-Alive");
```

```
        conn.setRequestProperty("user-agent", "Mozilla/4.0
                                (compatible; MSIE 6.0; Windows NT 5.1;SV1)");
        conn.setRequestProperty("Content-Type", "text/xml;charset=utf-8");
        conn.setRequestProperty("SOAPAction", "http://tempuri.org/Login");
        conn.setRequestMethod("POST");
        conn.setUseCaches(false);
        conn.setConnectTimeout(6 * 1000);
        conn.setReadTimeout(6 * 1000);
        conn.setRequestProperty("Charset", "utf-8");
        // 发送 POST 请求必须设置以下两行
        conn.setDoOutput(true);
        conn.setDoInput(true);
        // 获取 URLConnection 对象对应的输出流
        out = new PrintWriter(conn.getOutputStream());
        // 发送请求参数
        out.print(soap);
        // flush 输出流的缓冲
        out.flush();
        // 定义 BufferedReader 输入流来读取 URL 的响应
        in = new BufferedReader(new InputStreamReader
                            (conn.getInputStream(), "UTF-8"));
        String line;
        while ((line = in.readLine()) != null) {
            result.append(line);
        }
    } catch (Exception e) {
        System.out.println("发送 请求出现异常!" + e);
        System.out.println(e.getLocalizedMessage());
    }
    finally {
        try {
            if (out != null) {
                out.close();
            }
            if (in != null) {
                in.close();
            }
        } catch (IOException ex) {
            ex.printStackTrace();
        }
    }
    return result.toString();
}
```

调用 sendSOAP 函数打印输出返回值如下：

```
<?xml version="1.0" encoding="utf-8"?>
<soap:Envelope
xmlns:soap="http://schemas.xmlsoap.org/soap/envelope/"
xmlns:xsi="http://www.w3.org/2001/XMLSchema-instance"
xmlns:xsd="http://www.w3.org/2001/XMLSchema">
```

```
<soap:Body>
    <LoginResponse xmlns="http://tempuri.org/">
        <LoginResult>Success</LoginResult>
    </LoginResponse>
</soap:Body>
</soap:Envelope>
```

2. HTTP GET

按照 GET 的请求示例,编写一个 GET 请求函数 sendGET,并使用以下方式调用并查看调用 Login 方法的返回值。

调用方法:

```
String resutlFGet = RequestWebservice.
sendGET("http://localhost/LoginWS.asmx/Login?name=admin&pwd=admin");
System.out.println(resutlFGet);
```

文件 10-3-2-2.java

```
public static String sendGET(String url) {
    BufferedReader in = null;
    StringBuilder result = new StringBuilder();
    try {
        URL realUrl = new URL(url);
        // 打开和 URL 之间的链接
        HttpURLConnection conn =
                        (HttpURLConnection)realUrl.openConnection();
        // 设置通用的请求属性
        conn.setRequestProperty("accept", "*/*");
        conn.setRequestProperty("connection", "Keep-Alive");
        conn.setRequestProperty("user-agent", "Mozilla/4.0
                (compatible; MSIE 6.0; Windows NT 5.1;SV1)");
        conn.setRequestProperty("Content-Type",
                "application/x-www-form-urlencoded");
        conn.setRequestMethod("GET");
        conn.setDoOutput(false);
        conn.setDoInput(true);
        // 连接服务器
        conn.connect();
        // 定义 BufferedReader 输入流来读取 URL 的响应
        in = new BufferedReader(new InputStreamReader
                (conn.getInputStream(), "UTF-8"));
        String line;
        while ((line = in.readLine()) != null) {
            result.append(line);
        }
    } catch (Exception e) {
        System.out.println("发送 请求出现异常!" + e);
        System.out.println(e.getLocalizedMessage());
    }
```

```
        // 使用 finally 块来关闭输出流、输入流
        finally {
            try {
                if (out != null) {
                    out.close();
                }
                if (in != null) {
                    in.close();
                }
            } catch (IOException ex) {
                ex.printStackTrace();
            }
        }
        return result.toString();
    }
```

调用 sendGET 函数打印输出返回值如下：

```
<?xml version = "1.0" encoding = "utf - 8"?>
< string xmlns = "http://tempuri.org/"> Success </string >
```

3. HTTP POST

按照 POST 的请求示例，编写一个 SOAP 请求函数 sendPOST，并使用以下方式调用并查看调用 Login 方法的返回值。

调用方法：

```
String resutlFSoap  = RequestWebservice.sendSOAP("http://localhost/LoginWS.asmx");
System.out.println(resutlFSoap);
String resutlFPost  = RequestWebservice.sendPost
        ("http://localhost/LoginWS.asmx/Login", "name = admin&pwd = admin");
System.out.println(resutlFPost);
```

文件 10-3-2-3. java

```
public static String sendPost(String url, String param) {
    PrintWriter out  =  null;
    BufferedReader in  =  null;
    StringBuilder result  =  new StringBuilder();
    try {
        URL realUrl  =  new URL(url);
        // 打开和 URL 之间的链接
        HttpURLConnection conn = (HttpURLConnection)realUrl.openConnection();
        // 设置通用的请求属性
        conn.setRequestProperty("accept", "*/*");
        conn.setRequestProperty("connection", "Keep - Alive");
        conn.setRequestProperty("user - agent", "Mozilla/4.0
                    (compatible; MSIE 6.0; Windows NT 5.1;SV1)");
        conn.setRequestProperty("Content - Type",
                    "application/x - www - form - urlencoded");
        conn.setRequestMethod("POST");
```

```
            conn.setUseCaches(false);
            conn.setConnectTimeout(6 * 1000);
            conn.setReadTimeout(6 * 1000);
            conn.setRequestProperty("Charset", "utf-8");
            // 发送 POST 请求必须设置以下两行
            conn.setDoOutput(true);
            conn.setDoInput(true);
            // 获取 URLConnection 对象对应的输出流
            out = new PrintWriter(conn.getOutputStream());
            // 发送请求参数
            out.print(param);
            // flush 输出流的缓冲
            out.flush();
            // 定义 BufferedReader 输入流来读取 URL 的响应
            in = new BufferedReader(new InputStreamReader
                            (conn.getInputStream(), "UTF-8"));
            String line;
            while ((line = in.readLine()) != null) {
                result.append(line);
            }
        } catch (Exception e) {
            System.out.println("发送 请求出现异常!" + e);
            System.out.println(e.getLocalizedMessage());
        }
        // 使用 finally 块关闭输出流、输入流
        finally {
            try {
                if (out != null) {
                    out.close();
                }
                if (in != null) {
                    in.close();
                }
            } catch (IOException ex) {
                ex.printStackTrace();
            }
        }
        return result.toString();
    }
```

调用 sendPOST 函数打印输出返回值如下：

```
<?xml version="1.0" encoding="utf-8"?>
<string xmlns="http://tempuri.org/">Success</string>
```

10.3.3 .NET 调用服务方法

1. SOAP 1.1

按照 SOAP 的请求示例，编写一个 SOAP 请求函数 QuerySoapWebService，调用此函

数,控制台打印输出服务端返回值如下:

```
<?xml version = "1.0" encoding = "utf - 8"?>
< soap:Envelope xmlns:soap = "http://schemas.
      xmlsoap.org/soap/envelope/"
      xmlns:xsi = "http://www.w3.org/2001/XMLSchema - instance
      "xmlns:xsd = "http://www.w3.org/2001/XMLSchema">
   < soap:Body >< LoginResponse xmlns = "http://tempuri.org/">
      < LoginResult > Success </LoginResult ></LoginResponse >
   </soap:Body >
</soap:Envelope >
```

文件 10-3-3-1.cs

```
static void QuerySoapWebService()
{
      //构造 soap 请求信息
      StringBuilder soap = new StringBuilder();
      soap.Append("<?xml version = \"1.0\" encoding = \"utf - 8\"?>");
      soap.Append("< soap:Envelope
            xmlns:xsi = \http://www.w3.org/2001/XMLSchema - instance\
            xmlns:xsd = \"http://www.w3.org/2001/XMLSchema\"
            xmlns:soap = \"http://schemas.xmlsoap.org/soap/envelope/\">");
      soap.Append("< soap:Body >");
      soap.Append("< Login xmlns = \"http://tempuri.org/\">");
      soap.Append("< name > admin </name >");
      soap.Append("< pwd > admin </pwd >");
      soap.Append("</Login >");
      soap.Append("</soap:Body >");
      soap.Append("</soap:Envelope >");
      //发起请求
      HttpWebRequest request = (HttpWebRequest)HttpWebRequest.Create
            ("http://localhost/LoginWS.asmx");
      request.Method = "POST";
      request.ContentType = "text/xml;charset = utf - 8";
      request.Headers.Add("SOAPAction", "http://tempuri.org/Login");
      using (Stream requestStream = request.GetRequestStream())
      {
          byte[] paramBytes = Encoding.UTF8.GetBytes(soap.ToString());
          requestStream.Write(paramBytes, 0, paramBytes.Length);
          requestStream.Close();
      }
      //响应
      WebResponse webResponse = request.GetResponse();
      using (StreamReader myStreamReader =
          new StreamReader(webResponse.GetResponseStream(), Encoding.UTF8))
      {
          Console.WriteLine(myStreamReader.ReadToEnd());
      }

   Console.ReadKey();
}
```

2. HTTP GET

按照GET的请求示例,编写一个GET请求函数QueryGetWebService,调用此函数,控制台打印输出服务端返回值如下:

```
<?xml version = "1.0" encoding = "utf - 8"?>
< string xmlns = "http://tempuri.org/"> Success </string >
```

文件10-3-3-2.cs

```
static void QueryGetWebService()
{
    Hashtable Pars = new Hashtable();
    Pars.Add("name", "admin");
    Pars.Add("pwd","admin");
    string URL = "http://localhost/LoginWS.asmx", MethodName = "Login";
    HttpWebRequest request = (HttpWebRequest)HttpWebRequest.Create
                    (URL + "/" + MethodName + "?" + ParsToString(Pars));
    request.Method = "GET";
    request.ContentType = "application/x - www - form - urlencoded";
    //响应
    WebResponse webResponse = request.GetResponse();
    using (StreamReader myStreamReader
            = new StreamReader(webResponse.GetResponseStream(), Encoding.UTF8))
    {
        Console.WriteLine(myStreamReader.ReadToEnd());
    }
    Console.ReadKey();
}
```

3. HTTP POST

按照POST的请求示例,编写一个POST请求函数QueryPostWebService,调用此函数控制台打印输出服务端返回值如下:

```
<?xml version = "1.0" encoding = "utf - 8"?>
< string xmlns = "http://tempuri.org/"> Success </string >
```

文件10-3-3-3.cs

```
static void QueryPostWebService()
{
        Hashtable Pars = new Hashtable();
        Pars.Add("name", "admin");
        Pars.Add("pwd", "admin");
        string URL = "http://localhost/LoginWS.asmx", MethodName = "Login";
        HttpWebRequest request =
                (HttpWebRequest)HttpWebRequest.Create(URL + "/" + MethodName);
        request.Method = "POST";
        request.ContentType = "application/x - www - form - urlencoded";
        using (Stream requestStream = request.GetRequestStream())
```

```
            {
                byte[] paramBytes = Encoding.UTF8.GetBytes(ParsToString(Pars));
                requestStream.Write(paramBytes, 0, paramBytes.Length);
                requestStream.Close();
            }
            //响应
            WebResponse webResponse = request.GetResponse();
            using (StreamReader myStreamReader =
                new StreamReader(webResponse.GetResponseStream(), Encoding.UTF8))
            {
                Console.WriteLine(myStreamReader.ReadToEnd());
            }

        Console.ReadKey();
    }
```

10.4　小结

本章主要介绍了 SOAP 协议的消息结构及所包含的元素，并介绍了在不同平台(Java、.NET)中使用 SOAP 协议来实现 Web 服务方法的调用，实现了理论与实践的完美结合，让读者在实践的基础上更加透彻地理解了 SOAP 协议。

10.5　习题

1. 选择题

(1) 下列(　　)是 SOAP 消息的根元素。

A. Envelope　　B. Header　　C. Body　　D. Fault

(2) 下列(　　)是 SOAP 消息必需的元素。

A. Envelope　　B. Body　　C. Fault　　D. Header

2. 填空题

(1) SOAP 是基于 XML 的简易协议，可使应用程序在________之上进行信息交换。

(2) ________是 XML 语言标签，作用是可包含有关 SOAP 消息的应用程序专用信息(如认证、支付等)。

(3) ________+________= SOAP。

3. 上机操作

建立并发布一个查询学生姓名的 Web 服务方法，要求如下：

(1) 方法参数为学生 ID，输入 ID：0001 返回【张三】；输入 ID：0002 返回【李四】。

(2) 输入 0001 及 0002 以外的学生 ID 返回消息【没有查询到此学生信息！】。

(3) Java 或.NET 语言使用 SOAP 协议实现调用。

第11章 可伸缩矢量图形SVG

内容导读

SVG(Scalable Vector Graphics,可伸缩矢量图形)是一种用 XML 定义的语言,用来描述二维矢量及矢量/栅格图形。SVG 是一种图像文件格式,是基于 XML(eXtensible Markup Language),由 W3C 联盟进行开发的。严格来说,应该是一种开放标准的矢量图形语言,可设计激动人心的、高分辨率的 Web 图形页面。用户可以直接用代码来描绘图像,可以用任何文字处理工具打开 SVG 图像,通过改变部分代码来使图像具有交互功能,并可以随时插入 HTML 中用浏览器来观看。

本章首先介绍 SVG 的概念、发展历史及优势;然后介绍 SVG 基本图形对象的概念,通过相应例子展示了各个图形描画的效果;并通过示例介绍 SVG 特殊效果展示的两种技术,即滤镜和渐变;最后通过 JavaScript 语言与 SVG 对象的结合展示 SVG 的动态交互性。

本章要点

◇ 了解 SVG 协议的概念和优势。

◇ 掌握 SVG 的基本图形对象的创建。

◇ 掌握 SVG 特殊效果实现技术。

◇ 掌握使用 JavaScript 实现与 SVG 对象的动态交互。

11.1 SVG 概述

11.1.1 SVG 简介

SVG 是一种用 XML 定义的语言,用来描述二维矢量及矢量/栅格图形。SVG 提供了 3 种类型的图形对象,即矢量图形(vector graphicshape,如由直线和曲线组成的路径)、图像(image)、文本(text)。图形对象还可进行分组、添加样式、变换、组合等操作,特征集包括嵌套变换(nested transformations)、剪切路径(clipping paths)、alpha 蒙板(alpha masks)、滤镜效果(filter effects)、模板对象(template objects)和其他扩展(extensibility)。

SVG 图形是可交互的和动态的,可以在 SVG 文件中嵌入动画元素或通过脚本来定义动画。

它提供了目前网络流行的 PNG 和 JPEG 格式无法具备的优势:可以任意放大图形显示,但不会以牺牲图像质量为代价;可在 SVG 图像中保留可编辑和可搜寻的状态;平均来讲，SVG 文件比 JPEG 和 PNG 格式的文件要小很多，因而下载也很快。可以相信，SVG 的开发将会为 Web 提供新的图像标准。以下是 SVG 的特性。

① SVG 指可伸缩矢量图形（scalable vector graphics）。

② SVG 用来定义用于网络的基于矢量的图形。

③ SVG 使用 XML 格式定义图形。

④ SVG 图像在放大或改变尺寸的情况下其图形质量不会有所损失。

⑤ SVG 是万维网联盟的标准。

⑥ SVG 与诸如 DOM 和 XSL 之类的 W3C 标准是一个整体。

11.1.2 SVG 历史及优势

2003 年 1 月 SVG 1.1 被确立为 W3C 标准。参与定义 SVG 的组织有太阳微系统、Adobe、苹果公司、IBM 及柯达。

与其他图像格式相比，使用 SVG 的优势在于以下几点。

① SVG 可被非常多的工具读取和修改(如记事本)。

② SVG 与 JPEG 和 GIF 图像比起来，尺寸更小，且可压缩性更强。

③ SVG 是可伸缩的。

④ SVG 图像可在任何的分辨率下被高质量地打印。

⑤ SVG 可在图像质量不下降的情况下被放大。

⑥ SVG 图像中的文本是可选的，同时也是可搜索的(很适合制作地图)。

⑦ SVG 可以与 JavaScript 技术一起运行。

⑧ SVG 是开放的标准。

⑨ SVG 文件是纯粹的 XML。

SVG 的主要竞争者是 Flash。与 Flash 相比，SVG 最大的优势是与其他标准(如 XSL 和 DOM)相兼容；而 Flash 则是未开源的私有技术。

目前，不是所有的浏览器都支持 SVG，这也是 SVG 普及的最大障碍。Mozilla、Firefox、Opera、Chrome 以及微软的 Internet Explorer 和 Microsoft Edge 等主流浏览器都已经支持 SVG 格式。

SVG 编辑器的数量正在增长，Adobe GoLive 5 也支持 SVG。

11.2 SVG 形状

SVG 有一些预定义的形状元素，可被开发者使用和操作，经常使用的图形有：矩形<rect>、圆形<circle>、椭圆<ellipse>、线<line>、折线<polyline>、多边形<polygon>、路径<path>。

11.2.1 矩形

<rect>标签可用来创建矩形以及矩形的变种。把下面代码复制到记事本，然后保存为 11-2-1-1.svg 文件，即可得到一个 SVG 文件。

文件 11-2-1-1.svg

```
<?xml version = "1.0" standalone = "no"?>
<!DOCTYPE svg PUBLIC " - //W3C//DTD SVG 1.1//EN"
    "http://www.w3.org/Graphics/SVG/1.1/DTD/svg11.dtd">
< svg width = "100 % " height = "100 % " version = "1.1"
    xmlns = "http://www.w3.org/2000/svg">
        < rect width = "300" height = "100" style = "fill:rgb(0,0,255);stroke - width:1;
    stroke:rgb(0,0,0)"/>
</svg >
```

打开 Chrome 浏览器,并将 rect1.svg 文件拖到浏览器中运行,运行效果如图 11-1 所示。

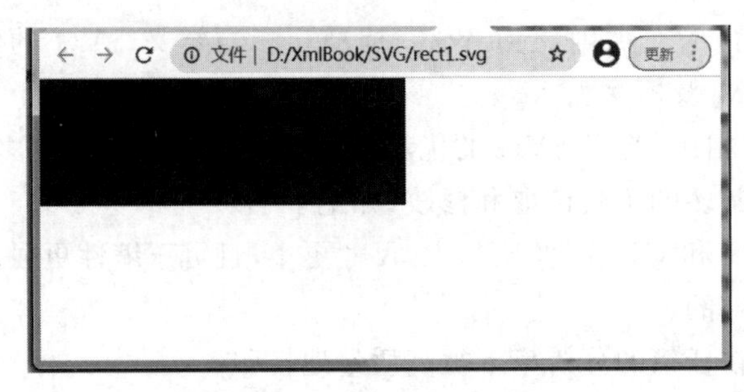

图 11-1 创建矩形运行效果

以下是 React 元素的各个属性。

① rect 元素的 width 和 height 属性可定义矩形的高度和宽度。

② style 属性用来定义 CSS 属性。

③ CSS 的 fill 属性定义矩形的填充颜色(rgb 值、颜色名或者十六进制值)。

④ CSS 的 stroke-width 属性定义矩形边框的宽度。

⑤ CSS 的 stroke 属性定义矩形边框的颜色。

接下来对上面的蓝色矩形进行一下改进,将其颜色改成红色,并设定透明度使其颜。色变浅,将其显示位置调整为距离浏览器左边及上面有一定距离,将矩形的 4 个直角改成圆角。

文件 11-2-1-2.svg

```
<?xml version = "1.0" standalone = "no"?>
<!DOCTYPE svg PUBLIC " - //W3C//DTD SVG 1.1//EN"
    "http://www.w3.org/Graphics/SVG/1.1/DTD/svg11.dtd">
< svg width = "100 % " height = "100 % " version = "1.1"
    xmlns = "http://www.w3.org/2000/svg">
    < rect x = "20" y = "20" rx = "20" ry = "20" width = "250"
        height = "100" style = "fill:red;stroke:black;
        stroke - width:5;opacity:0.5"/>
</svg >
```

浏览器中显示效果如图 11-2 所示。

实现改进效果的属性及属性值为上面黑体加粗部分,以下是相关的属性。

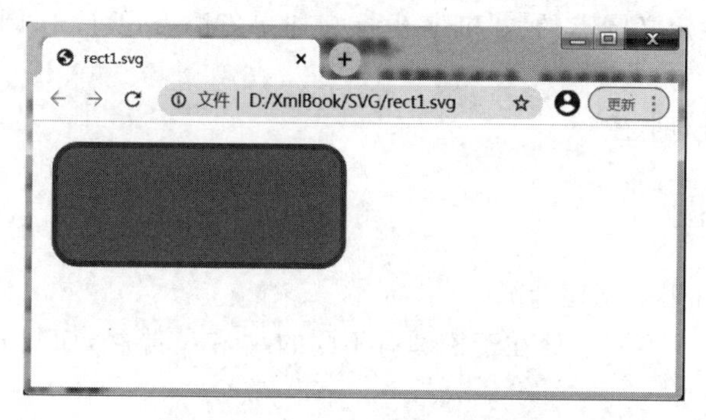

图 11-2　改进后的矩形显示效果

① x 属性定义矩形的左侧位置。

例如，x="0" 定义矩形到浏览器窗口左侧的距离是 0px。

② y 属性定义矩形的顶端位置。

例如，y="0" 定义矩形到浏览器窗口顶端的距离是 0px。

③ CSS 的 opacity 属性定义整个元素的透明值，合法的范围是 0～1。

④ rx 和 ry 属性可使矩形产生圆角。

11.2.2　圆形

<circle>标签可用来创建一个圆。

文件 11-2-2-1.svg

```
<?xml version = "1.0" standalone = "no"?>
<!DOCTYPE svg PUBLIC " - //W3C//DTD SVG 1.1//EN"
"http://www.w3.org/Graphics/SVG/1.1/DTD/svg11.dtd">
< svg width = "100 % " height = "100 % " version = "1.1"
    xmlns = "http://www.w3.org/2000/svg">
    < circle cx = "100" cy = "50" r = "40" stroke = "black" stroke - width = "2" fill = "red"/>
</svg >
```

浏览器中运行效果如图 11-3 所示。

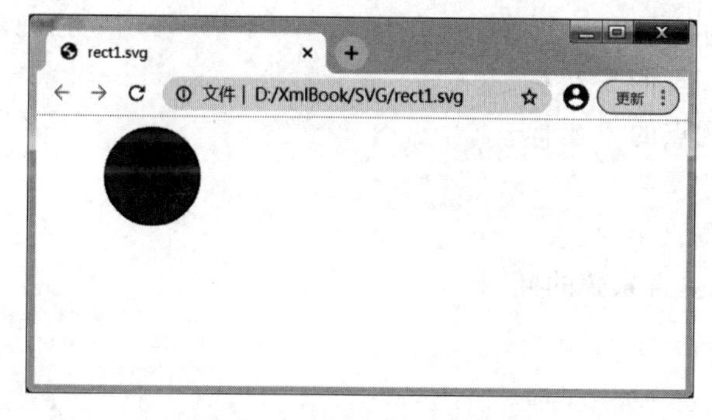

图 11-3　创建圆形运行效果

圆形主要包括圆心和半径两个属性。

① cx 和 cy 属性定义圆点的 x 和 y 坐标。如果省略 cx 和 cy,圆的中心会被设置为(0, 0)。

② r 属性定义圆的半径。

11.2.3 椭圆

< ellipse >标签可用来创建椭圆。

椭圆与圆很相似。不同之处在于椭圆有不同的 x 和 y 半径,而圆的 x 和 y 半径是相同的。

文件 11-2-3-1. svg

```
<?xml version = "1.0" standalone = "no"?>
<! DOCTYPE svg PUBLIC " - //W3C//DTD SVG 1.1//EN"
"http://www.w3.org/Graphics/SVG/1.1/DTD/svg11.dtd">
< svg width = "100 % " height = "100 % " version = "1.1"
    xmlns = "http://www.w3.org/2000/svg">
    < ellipse cx = "300" cy = "150" rx = "200" ry = "80" style = "fill:rgb(200,100,50);
        stroke:rgb(0,0,100);stroke - width:2"/>
</svg >
```

浏览器中运行效果如图 11-4 所示。

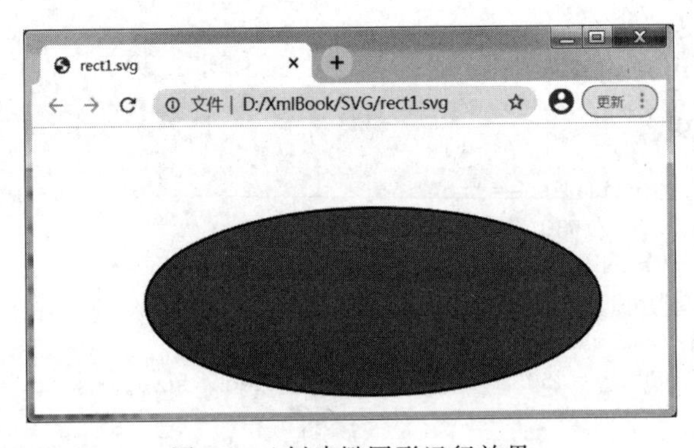

图 11-4 创建椭圆形运行效果

< ellipse >标签的属性如下。

① cx 属性定义圆点的 x 坐标。

② cy 属性定义圆点的 y 坐标。

③ rx 属性定义水平半径。

④ ry 属性定义垂直半径。

下面的代码实现垂直累叠的椭圆。

文件 11-2-3-2. svg

```
<?xml version = "1.0" standalone = "no"?>
<! DOCTYPE svg PUBLIC " - //W3C//DTD SVG 1.1//EN"
    "http://www.w3.org/Graphics/SVG/1.1/DTD/svg11.dtd">
< svg width = "100 % " height = "100 % " version = "1.1"
    xmlns = "http://www.w3.org/2000/svg">
```

```
    <ellipse cx = "240" cy = "100" rx = "220" ry = "30" style = "fill:purple"/>
    <ellipse cx = "220" cy = "70" rx = "190" ry = "20" style = "fill:lime"/>
    <ellipse cx = "210" cy = "45" rx = "170" ry = "15" style = "fill:yellow"/>
</svg>
```

浏览器中运行效果如图 11-5 所示。

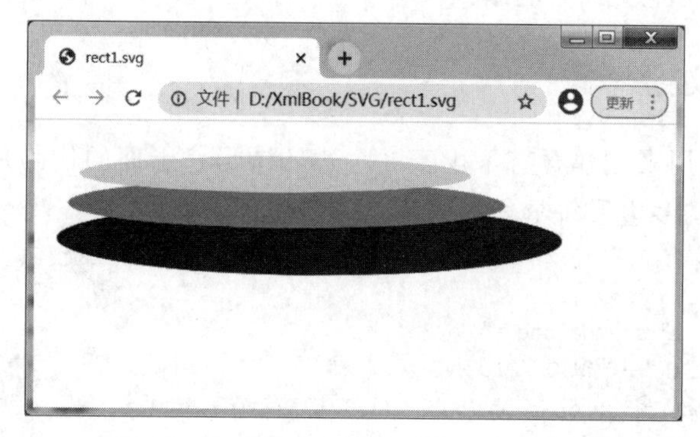

图 11-5 创建垂直累叠的椭圆运行效果

11.2.4 线条

<line>标签用来创建线条。

文件 11-2-4-1.svg

```
<?xml version = "1.0" standalone = "no"?>
<!DOCTYPE svg PUBLIC " - //W3C//DTD SVG 1.1//EN"
    "http://www.w3.org/Graphics/SVG/1.1/DTD/svg11.dtd">
<svg width = "100 % " height = "100 % " version = "1.1" xmlns = "http://www.w3.org/2000/svg">
    <line x1 = "0" y1 = "0" x2 = "300" y2 = "300" style = "stroke:rgb(99,99,99);stroke - width:
5"/>
</svg>
```

运行效果如图 11-6 所示。

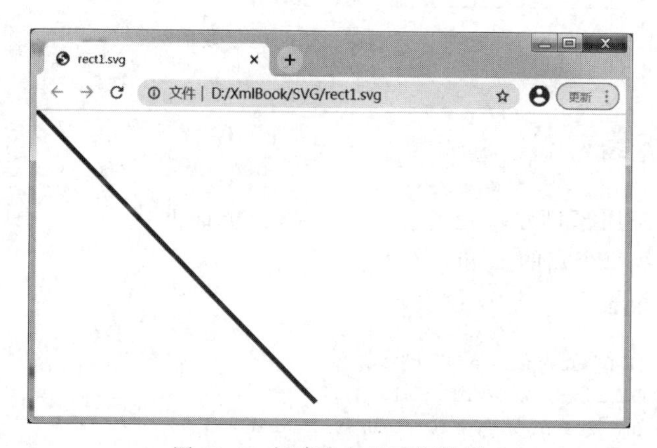

图 11-6 创建线条的运行效果

<line>标签的属性如下。

① x1 属性在 x 轴定义线条的开始。

② y1 属性在 y 轴定义线条的开始。

③ x2 属性在 x 轴定义线条的结束。

④ y2 属性在 y 轴定义线条的结束。

11.2.5 多边形

<polygon>标签用来创建含有不少于 3 个边的图形。下面的代码是含有 4 个顶点的四边形，points 属性定义多边形每个角的 x 和 y 坐标。

文件 11-2-5-1.svg

```
<?xml version = "1.0" standalone = "no"?>
<!DOCTYPE svg PUBLIC " - //W3C//DTD SVG 1.1//EN"
        "http://www.w3.org/Graphics/SVG/1.1/DTD/svg11.dtd">
< svg width = "100 % " height = "100 % " version = "1.1" xmlns = "http://www.w3.org/2000/svg">
    < polygon points = "220,100 300,210 170,250 123,234" style = "fill: # cccccc;
        stroke: # 000000;stroke - width:1"/>
</svg >
```

运行效果如图 11-7 所示。

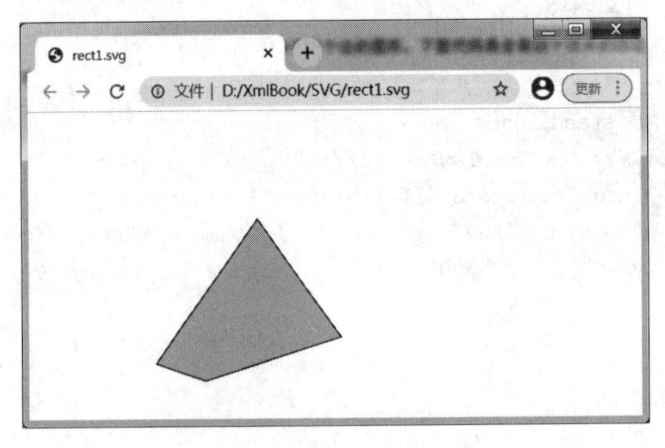

图 11-7　创建线条的运行效果

11.2.6 折线

<polyline>标签用来创建仅包含直线的形状。下面的代码是含有 4 个顶点的折线，points 属性定义折线每个点的 x 和 y 坐标。

文件 11-2-6-1.svg

```
<?xml version = "1.0" standalone = "no"?>
<!DOCTYPE svg PUBLIC " - //W3C//DTD SVG 1.1//EN"
"http://www.w3.org/Graphics/SVG/1.1/DTD/svg11.dtd">
< svg width = "100 % " height = "100 % " version = "1.1"
    xmlns = "http://www.w3.org/2000/svg">
    < polyline points = "100,100 100,120 120,120 120,140 140,140 140,160"
```

```
    style = "fill:white;stroke:red;stroke - width:2"/>
</svg>
```

运行效果如图 11-8 所示。

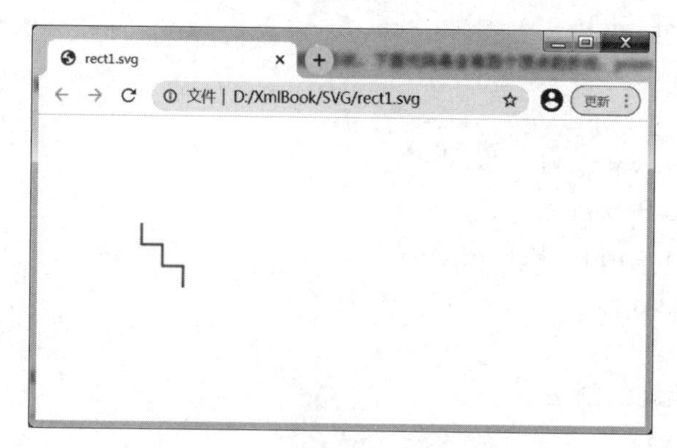

图 11-8　创建折线的运行效果

11.2.7　路径

<path>标签用来定义路径。下面的例子定义了一条路径，它开始于位置(250,150)，到达位置(150,350)，然后从那里开始到(350,350)，最后在(250,150)关闭路径。

文件 11-2-7-1.svg

```
<?xml version = "1.0" standalone = "no"?>
<!DOCTYPE svg PUBLIC " - //W3C//DTD SVG 1.1//EN"
    "http://www.w3.org/Graphics/SVG/1.1/DTD/svg11.dtd">
< svg width = "100 % " height = "100 % " version = "1.1" xmlns = "http://www.w3.org/2000/svg">
    < path d = "M250 150 L150 350 L350 350 Z" />
</svg>
```

运行效果如图 11-9 所示。

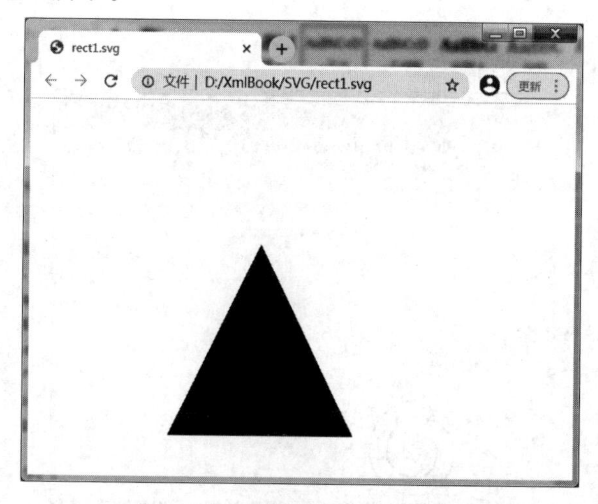

图 11-9　创建路径的运行效果

<path>标签内可以有以下命令用于路径数据。

① M=moveto。

② L=lineto。

③ H=horizontal lineto。

④ V=vertical lineto。

⑤ C=curveto。

⑥ S=smooth curveto。

⑦ Q=quadratic Belzier curve。

⑧ T=smooth quadratic Belzier curveto。

⑨ A=elliptical Arc。

⑩ Z=closepath。

由此可扩展出螺旋的画法。

文件 11-2-7-2. svg

```
<?xml version = "1.0" standalone = "no"?>
<! DOCTYPE svg PUBLIC " - //W3C//DTD SVG 1.1//EN"
    "http://www.w3.org/Graphics/SVG/1.1/DTD/svg11.dtd">
< svg width = "100 % " height = "100 % " version = "1.1" xmlns = "http://www.w3.org/2000/svg">
    < path d = "M153 334
        C153 334 151 334 151 334
        C151 339 153 344 156 344
        C164 344 171 339 171 334
        C171 322 164 314 156 314
        C142 314 131 322 131 334
        C131 350 142 364 156 364
        C175 364 191 350 191 334
        C191 311 175 294 156 294
        C131 294 111 311 111 334
        C111 361 131 384 156 384
        C186 384 211 361 211 334
        C211 300 186 274 156 274"
    style = "fill:white;stroke:red;stroke - width:2"/>
</svg >
```

运行效果如图 11-10 所示。

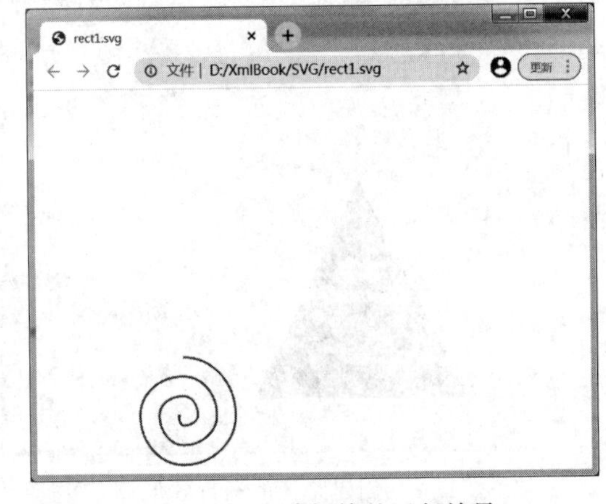

图 11-10 创建螺旋的运行效果

11.3 SVG 滤镜

11.3.1 滤镜简介

SVG 滤镜用来向形状和文本添加特殊的效果。下面列出的版本号是各种浏览器对 SVG 滤镜特征支持的最低版本。常用数据类型细节如表 11-1 所示。

表 11-1 常用数据类型细节描述

Chrome	IE	Firefox	Safari	Opera
8.0	10.0	3.0	6.0	9.6

在 SVG 里共有以下滤镜,这些 SVG 滤镜都可以混合使用,即< feBlend >、< feColorMatrix >、< feComponentTransfer >、< feComposite >、< feConvolveMatrix >、< feDiffuseLighting >、< feDisplacementMap >、< feFlood >、< feGaussianBlur >、< feImage >、< feMerge >、< feMorphology >、< feOffset >、< feSpecularLighting >、< feTile >、< feTurbulence >、< feDistantLight >、< fePointLight >、< feSpotLight >。

所有的 SVG 滤镜元素都需要定义在 < defs > 标记内。< defs >标记是 definitions 单词的缩写,可以包含很多种其他标签,包括各种滤镜。

< filter >标记用来定义 SVG 滤镜。< filter >标记需要一个 id 属性,它是这个过滤器的标志。SVG 图形使用 id 来引用滤镜。

11.3.2 模糊滤镜

< feGaussianBlur >标记能给 SVG 图形带来模糊效果。

文件 11-3-2-1. svg

```
<?xml version = "1.0" standalone = "no"?>
<! DOCTYPE svg PUBLIC " - //W3C//DTD SVG 1.1//EN"
    "http://www.w3.org/Graphics/SVG/1.1/DTD/svg11.dtd">
< svg width = "230" height = "120" xmlns = "http://www.w3.org/2000/svg"
    xmlns:xlink = "http://www.w3.org/1999/xlink">
        < filter id = "blurMe">
    < feGaussianBlur in = "SourceGraphic" stdDeviation = "5" />
    </filter >
    < circle cx = "60" cy = "60" r = "50" fill = "green" />
    < circle cx = "170" cy = "60" r = "50" fill = "green" filter = "url( # blurMe)" />
</svg >
```

运行效果如图 11-11 所示。

< filte >滤镜及< feGaussianBlur >标签的属性说明如下。

① id 属性定义了这个滤镜的唯一标志。

② 使用< feGaussianBlur >标记定义模糊效果。

③ in="SourceGraphic"属性指明了模糊效果要应用于整个图片。

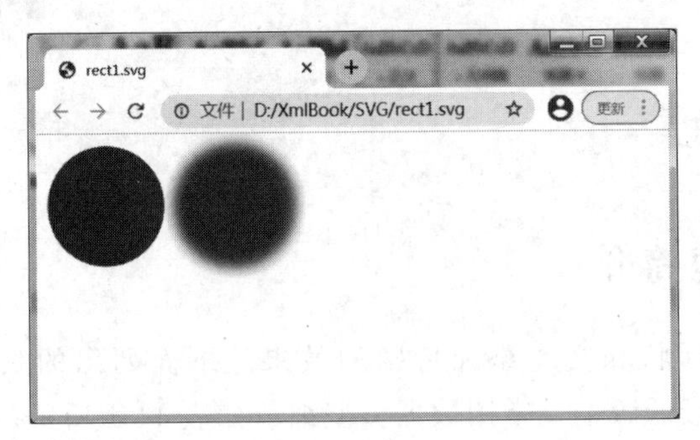

图 11-11 具有模糊滤镜效果的图形

④ stdDeviation 属性定义了模糊的程度。

⑤ < rect >标记内的 filter 属性里引用了过滤器“f1”。

11.3.3 阴影滤镜

产生阴影效果主要通过 3 个标记的组合来完成。< feOffset >标记可以让 SVG 图像的副本沿着 x、y 轴移动一点。所以,先偏移图像的副本(使用< feOffset >);然后进行图像合并(使用< feBlend >);最后将偏移的图形副本进行模糊处理(使用< feGaussianBlur >)。

文件 11-3-3-1. svg

```
<?xml version = "1.0" standalone = "no"?>
<! DOCTYPE svg PUBLIC " - //W3C//DTD SVG 1.1//EN"
    "http://www.w3.org/Graphics/SVG/1.1/DTD/svg11.dtd">
< svg width = "230" height = "120" xmlns = "http://www.w3.org/2000/svg"
    xmlns:xlink = "http://www.w3.org/1999/xlink">
    < defs >
        < filter id = "f3" x = "0" y = "0" width = "200 % " height = "200 % ">
            < feOffset result = "offOut" in = "SourceAlpha" dx = "20" dy = "20" />
            < feGaussianBlur result = "blurOut" in = "offOut" stdDeviation = "10" />
            < feBlend in = "SourceGraphic" in2 = "blurOut" mode = "normal" />
        </filter >
    </defs >
    < rect width = "90" height = "90" stroke = "green" stroke - width = "3"
        fill = "yellow" filter = "url( # f3)" />
</svg >
```

运行效果如图 11-12 所示。

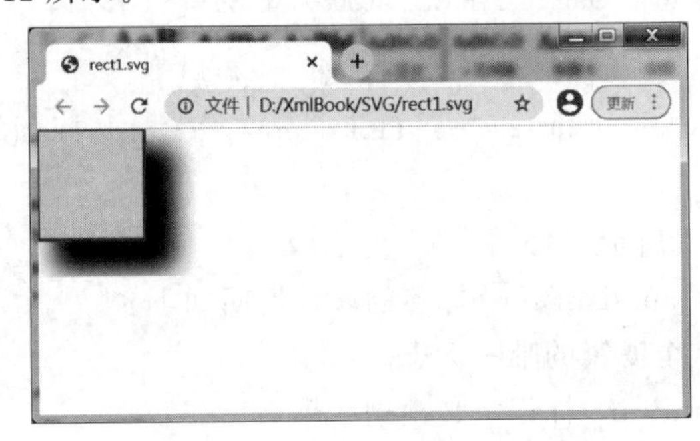

图 11-12 具有阴影滤镜效果的图形

标记内的属性说明如下。

① <feGaussianBlur>标记的 stdDeviation 属性定义了模糊的程度。

② <feOffset>标记的 in 属性的值现在使用的是"SourceAlpha",意思是使用图片的 Alpha 通道进行模糊,而不是完整的 RGBA 图像。

11.3.4 颜色滤镜

<feColorMatrix>过滤器可以根据颜色矩阵来修改目标图形的色彩效果。每一个像素的颜色值(使用[R,G,B,A]矢量表示)乘以矩阵获得新的颜色值。<feColorMatrix>标记里的 type 属性的值可以是 matrix | saturate | hueRotate | luminanceToAlpha。运行以下代码:

文件 11-3-4-1.svg

```
<?xml version = "1.0" standalone = "no"?>
<!DOCTYPE svg PUBLIC " - //W3C//DTD SVG 1.1//EN"
    "http://www.w3.org/Graphics/SVG/1.1/DTD/svg11.dtd">
<svg width = "100 % " height = "100 % " viewBox = "0 0 150 360"
     preserveAspectRatio = "xMidYMid meet"
     xmlns = "http://www.w3.org/2000/svg"
     xmlns:xlink = "http://www.w3.org/1999/xlink">
     <g>
          <circle cx = "30" cy = "30" r = "20" fill = "blue" fill - opacity = "0.5" />
          <circle cx = "20" cy = "50" r = "20" fill = "green" fill - opacity = "0.5" />
          <circle cx = "40" cy = "50" r = "20" fill = "red" fill - opacity = "0.5" />
       </g>
     <filter id = "colorMeMatrix">
          <feColorMatrix in = "SourceGraphic" type = "matrix"
               values = "0 0 0 0 0
                     1 1 1 1 0
                     0 0 0 0 0
                     0 0 0 1 0" />
</filter>
<text x = "70" y = "120"> type = "matrix"</text>
<g filter = "url( #colorMeMatrix)">
        <circle cx = "30" cy = "100" r = "20" fill = "blue" fill - opacity = "0.5" />
        <circle cx = "20" cy = "120" r = "20" fill = "green" fill - opacity = "0.5" />
        <circle cx = "40" cy = "120" r = "20" fill = "red" fill - opacity = "0.5" />
</g>
<text x = "70" y = "190"> type = "saturate"</text>
<filter id = "colorMeSaturate">
        <feColorMatrix in = "SourceGraphic" type = "saturate" values = "0.2" />
</filter>
<g filter = "url( #colorMeSaturate)">
        <circle cx = "30" cy = "170" r = "20" fill = "blue" fill - opacity = "0.5" />
        <circle cx = "20" cy = "190" r = "20" fill = "green" fill - opacity = "0.5" />
        <circle cx = "40" cy = "190" r = "20" fill = "red" fill - opacity = "0.5" />
</g>
<text x = "70" y = "260"> type = "hueRotate"</text>
```

```
<filter id="colorMeHueRotate">
        <feColorMatrix in="SourceGraphic" type="hueRotate" values="180" />
</filter>
<g filter="url(#colorMeHueRotate)">
        <circle cx="30" cy="240" r="20" fill="blue" fill-opacity="0.5" />
        <circle cx="20" cy="260" r="20" fill="green" fill-opacity="0.5" />
        <circle cx="40" cy="260" r="20" fill="red" fill-opacity="0.5" />
</g>
<text x="70" y="320">type="luminanceToAlpha"</text>
<filter id="colorMeLTA">
        <feColorMatrix in="SourceGraphic" type="luminanceToAlpha" />
</filter>
<g filter="url(#colorMeLTA)">
        <circle cx="30" cy="310" r="20" fill="blue" fill-opacity="0.5" />
        <circle cx="20" cy="330" r="20" fill="green" fill-opacity="0.5" />
        <circle cx="40" cy="330" r="20" fill="red" fill-opacity="0.5" />
    </g>
</svg>
```

运行效果如图 11-13 所示。

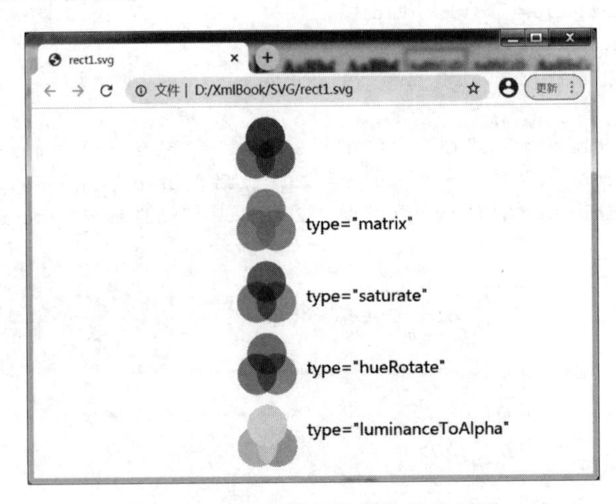

图 11-13 具有颜色滤镜效果的图形

11.3.5 光照滤镜

<feDiffuseLighting>标记的作用是产生光照效果滤镜，它使用原图的 Alpha 通道作为纹理图，输出的结果取决于光线颜色、光源位置和图片的物体表面纹理。

下面的例子里将使用<feDiffuseLighting>元素产生点光、平行光、聚光照射的滤镜效果。

文件 11-3-5-1.svg

```
<?xml version="1.0" standalone="no"?>
<!DOCTYPE svg PUBLIC "-//W3C//DTD SVG 1.1//EN"
    "http://www.w3.org/Graphics/SVG/1.1/DTD/svg11.dtd">
<svg width="440" height="140" xmlns="http://www.w3.org/2000/svg">
```

```
    <circle cx = "60" cy = "80" r = "50" fill = "green" />
    <filter id = "lightMe1">
        <feDiffuseLighting in = "SourceGraphic" result = "light" lighting - color = "white">
        <fePointLight x = "150" y = "60" z = "20" />
        </feDiffuseLighting>
        <feComposite in = "SourceGraphic" in2 = "light"
            operator = "arithmetic" k1 = "1" k2 = "0" k3 = "0" k4 = "0"/>
    </filter>
<circle cx = "170" cy = "80" r = "50" fill = "green" filter = "url(#lightMe1)" />
<filter id = "lightMe2">
    <feDiffuseLighting in = "SourceGraphic" result = "light" lighting - color = "white">
        <feDistantLight azimuth = "240" elevation = "20"/>
    </feDiffuseLighting>
    <feComposite in = "SourceGraphic" in2 = "light"
        operator = "arithmetic" k1 = "1" k2 = "0" k3 = "0" k4 = "0"/>
</filter>
<circle cx = "280" cy = "80" r = "50" fill = "green" filter = "url(#lightMe2)" />
<filter id = "lightMe3">
    <feDiffuseLighting in = "SourceGraphic" result = "light" lighting - color = "white">
        <feSpotLight x = "360" y = "5" z = "30" limitingConeAngle = "20"
            pointsAtX = "390" pointsAtY = "80" pointsAtZ = "0"/>
    </feDiffuseLighting>
    <feComposite in = "SourceGraphic" in2 = "light"
        operator = "arithmetic" k1 = "1" k2 = "0" k3 = "0" k4 = "0"/>
    </filter>
    <circle cx = "390" cy = "80" r = "50" fill = "green" filter = "url(#lightMe3)" />
</svg>
```

运行效果如图 11-14 所示。

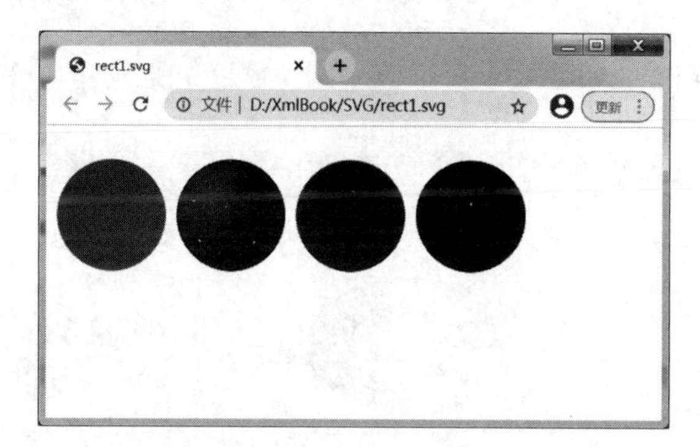

图 11-14　具有光照滤镜效果的图形

11.4 SVG 渐变

渐变色(gradient)是指从一种颜色平滑地过渡到另一种颜色。而且,可以将多种渐变色应用到同一个网页元素上。

在 SVG 里,有两种主要的渐变色类型:

① 线性渐变色：Linear；

② 辐射式(放射式)渐变色：Radial。

11.4.1 线性渐变

<linearGradient>标记就是用来定义渐变色的。

<linearGradient>标记必须放在<defs>标记内。<defs>标记是 definitions 单词的简写，用来容纳其他各种 SVG 标记。

线性渐变色可以定义成水平渐变色、垂直渐变色和斜向渐变色。

① 当 y1 和 y2 相等，而 x1 和 x2 不等时，就形成了水平渐变色。

② 当 y1 和 y2 不等，而 x1 和 x2 相等时，就形成了垂直渐变色。

③ 当 y1 和 y2 不等，而 x1 和 x2 也不等时，就形成了斜向渐变色。

下面代码先定义一个椭圆，然后用一个从黄色到红色的渐变色渲染它。

文件 11-4-1-1.svg

```
<?xml version = "1.0" standalone = "no"?>
<!DOCTYPE svg PUBLIC " - //W3C//DTD SVG 1.1//EN"
    "http://www.w3.org/Graphics/SVG/1.1/DTD/svg11.dtd">
<svg width = "440" height = "140" xmlns = "http://www.w3.org/2000/svg">
    <defs>
        <linearGradient id = "grad1" x1 = "0 %" y1 = "0 %" x2 = "100 %" y2 = "0 %">
            <stop offset = "0 %" style = "stop - color:rgb(255,255,0);stop - opacity:1" />
            <stop offset = "100 %" style = "stop - color:rgb(255,0,0);stop - opacity:1" />
        </linearGradient>
    </defs>
    <ellipse cx = "200" cy = "70" rx = "85" ry = "55" fill = "url(#grad1)" />
</svg>
```

运行效果如图 11-15 所示。

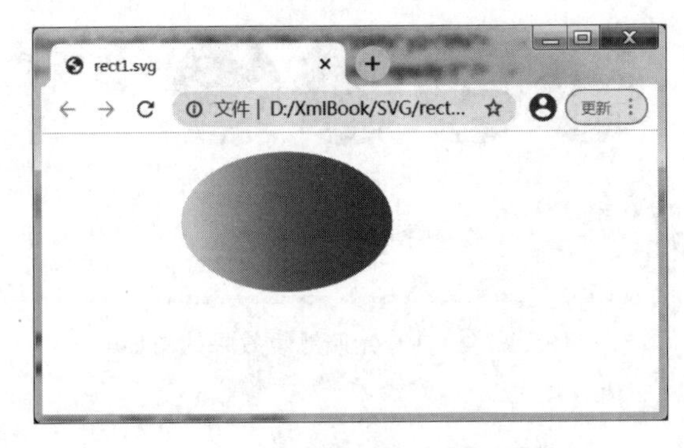

图 11-15　具有线性渐变效果的图形

<linearGradient>标记内的属性说明如下。

① <linearGradient>标记的 id 属性定义了这个渐变色的唯一标志。

② <linearGradient>标记的 x1、x2、y1、y2 这 4 个属性定义了渐变色的起始位置和终止位置。

③ 渐变色的颜色组成可以是两种或两种以上的颜色。每种颜色都使用一个< stop >标记定义。offset 属性用来定义渐变色的开始位置和结束位置。

④ fill 属性定义了需要引用的渐变色的 ID。

11.4.2　放射渐变

< radialGradient >标记用来定义辐射式渐变色。

下面的代码先定义一个椭圆形，然后用一个从白到蓝的辐射式渐变色渲染它：

文件 11-4-2-1. svg

```
<?xml version = "1.0" standalone = "no"?>
<! DOCTYPE svg PUBLIC " - //W3C//DTD SVG 1.1//EN"
    "http://www.w3.org/Graphics/SVG/1.1/DTD/svg11.dtd">
    < svg width = "440" height = "140" xmlns = "http://www.w3.org/2000/svg">
        < defs >
    < radialGradient id = "grad1" cx = "50 % " cy = "50 % " r = "50 % " fx = "50 % " fy = "50 % ">
            < stop offset = "0 % " style = "stop - color:rgb(255,255,255); stop - opacity:0" />
            < stop offset = "100 % " style = "stop - color:rgb(0,0,255);stop - opacity:1" />
        </radialGradient >
    </defs >
      < ellipse cx = "200" cy = "70" rx = "85" ry = "55" fill = "url( # grad1)" />
</svg >
```

运行效果如图 11-16 所示。

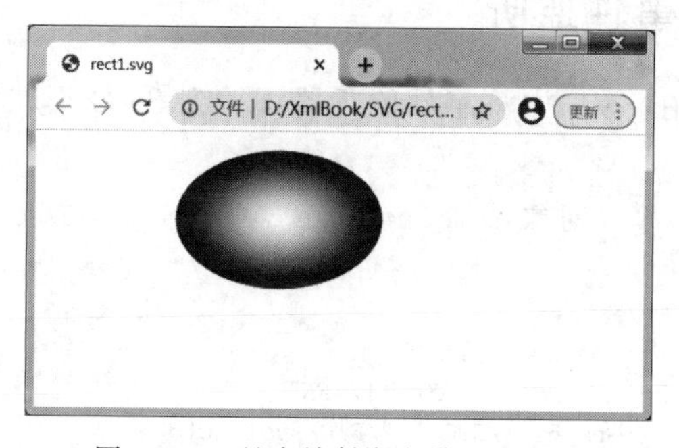

图 11-16　具有放射渐变效果的图形

< radialGradient >标记内的属性说明如下。

① < radialGradient >标记的 id 属性定义了这个渐变色的唯一标志。

② cx、cy 和 r 属性定义了辐射的最大圆，fx 和 fy 属性定义了辐射的焦点。

③ 渐变色是由两种或两种以上的颜色组成。各种颜色使用< stop >标记定义。

④ offset 定义了渐变色的起始位置和终止位置。

⑤ fill 属性里指明了需要引用的渐变色 id。

11.5　SVG JavaScript

使用 JavaScript，可以编写 SVG 脚本。通过脚本编写，可以修改 SVG 元素，为其设置动画或监听形状上的鼠标事件。

当SVG嵌入HTML页面中时,可以在JavaScript中使用SVG元素,可以使用JavaScript编写SVG脚本。通过编写脚本,可以修改SVG元素,设置它们的动画,或者监听形状上的鼠标事件。

11.5.1 SVG对象访问

使用document.getElementById()函数获得对SVG形状的引用,获得了SVG元素引用后,就可以使用setAttribute()函数更改其属性。

```
var svgElement = document.getElementById("rect1");
svgElement.setAttribute("width","100");
```

上面的代码示例为设置选定的SVG元素的width属性。可以使用setAttribute()函数设置任何其他属性,包括style属性;还可以使用getAttribute()函数获取属性的值。

```
var svgElement = document.getElementById("rect1");
var width = svgElement.getAttribute("width");
svgElement.style.stroke = "#ff0000";
```

也可以通过这种方式设置任何其他CSS属性。只需将其名称放在svgElement.style后面,然后将其设置为某种值即可。

11.5.2 SVG事件监听

可以根据需要直接在SVG中将事件监听器添加到SVG形状中,就像使用HTML元素一样进行操作。

下面的代码示例为SVG对象添加onmouseover和onmouseout事件监听器。

文件11-5-2-1.svg

```
<?xml version = "1.0" standalone = "no"?>
<!DOCTYPE svg PUBLIC "-//W3C//DTD SVG 1.1//EN"
    "http://www.w3.org/Graphics/SVG/1.1/DTD/svg11.dtd">
<svg width = "500" height = "100">
        <rect x = "10" y = "10" width = "100" height = "75" style = "stroke: #000000;
            fill: #eeeeee;" onmouseover = "this.style.stroke = '#ff0000';
            this.style['stroke-width'] = 5;"
        onmouseout = "this.style.stroke = '#000000'; this.style['stroke-width'] = 1;" />
</svg>
```

此示例在鼠标悬停在矩形上时更改笔触颜色和笔触宽度,并在鼠标离开矩形时重置笔触颜色和笔触宽度。

还可以使用addEventListener()函数将事件监听器附加到SVG元素:

```
var svgElement = document.getElementById("rect1");
svgElement.addEventListener("mouseover", mouseOver);
function mouseOver() {
    alert("event fired!");
}
```

11.5.3 SVG 脚本示例

前面介绍了 SVG 中 JavaScript 脚本的应用。通过 ID 获取对 SVG 元素的引用，通过改变属性值和 CSS 属性，实现事件监听器的应用。下面通过一个综合示例实现以下功能。

① 通过【改变尺寸】按钮实现 SVG 大小设定。

② 鼠标移入、移出 SVG 对象实现边线颜色和边线宽度的变化。

文件 11-5-3-1. html

```
<! DOCTYPE html >
< html >
    < head >
        < meta charset = "utf - 8">
            < title >项目</title >
        </head >
        < body style = "background - color: aqua;">
            < svg width = "500" height = "100">
                < rect id = "rect1" x = "10" y = "10" width = "50" height = "75"
                    style = "stroke: #000000; fill: #eeeeee;"
                    onmouseover = "this. style. stroke  =  '#ff0000'; this. style[ 'stroke - 
width'] = 5;"
                    onmouseout = "this. style. stroke  =  '#000000'; this. style['stroke - width'] = 
1;" />
                </svg >
                < input id = " button1 "  type  =  " button "  value  =  " 更 改 尺 寸 "  onclick  = 
"changeDimensions()" />
                < script >
                    function changeDimensions() {
                document. getElementById("rect1"). setAttribute("width", "100");
            }
        </script >
    </body >
</html >
```

11.6 小结

本章首先介绍了 SVG 的概念、发展历史及优势；然后介绍了 SVG 基本图形对象的概念，并通过相应例子展示了各个图形描画的效果。通过示例介绍了 SVG 特殊效果展示的两种技术，即滤镜和渐变。最后通过 JavaScript 语言与 SVG 对象的结合使用展示了 SVG 的动态交互性。本章对于所有知识点都提供了对应示例，让读者在实践的基础上更加透彻地理解 SVG 相关技术。

11.7 习题

1. 选择题

(1) 对于同样一个形状，使用下列(　　)文件格式实现文件容量最小。

A. GIF　　B. JPEG　　C. SVG　　D. Flash

(2) 下列(　　)属性定义图形对象的透明程度。

A. fill　　B. stroke　　C. opacity　　D. rx,ry

2. 填空题

(1) SVG是一种用________定义的语言,用来描述二维矢量及矢量/栅格图形。

(2) SVG滤镜元素都需要定义在________标记内,________标记用来定义SVG滤镜。

(3) 在SVG中,有两种主要的渐变色类型:________和________。

3. 上机操作

(1) 使用SVG中的多边形建立一个五角星,要求如下:

① 边线宽度为5;

② 边线颜色:purple;

③ 填充颜色:lime。

(2) 使用SVG中的圆形建立一个红色填充的圆,要求如下:

① 边线宽度为5;

② 添加一个按钮,单击按钮实现圆形位置平移100像素;

③ 添加监听鼠标移入移出事件:移入后填充颜色为黄色,移出后填充颜色为红色。

图书资源支持

感谢您一直以来对清华版图书的支持和爱护。为了配合本书的使用，本书提供配套的资源，有需求的读者请扫描下方的“书圈”微信公众号二维码，在图书专区下载，也可以拨打电话或发送电子邮件咨询。

如果您在使用本书的过程中遇到了什么问题，或者有相关图书出版计划，也请您发邮件告诉我们，以便我们更好地为您服务。

我们的联系方式：

清华大学出版社计算机与信息分社网站：https://www.shuimushuhui.com/

地　　址：北京市海淀区双清路学研大厦 A 座 714

邮　　编：100084

电　　话：010-83470236　010-83470237

客服邮箱：2301891038@qq.com

QQ：2301891038（请写明您的单位和姓名）

资源下载：关注公众号“书圈”下载配套资源。

资源下载、样书申请

书圈

图书案例

清华计算机学堂

观看课程直播